码上行动

零基础学会Python编程

ChatGPT版

袁昕 贾炜 —— 编著

北京大学出版社
PEKING UNIVERSITY PRESS

内容提要

本书从零开始，由浅入深地介绍了 Python 编程语言的基础知识，是面向零基础编程学习者的入门教程。全书共 17 章，其中第 1~9 章为基础篇，介绍了 Python 的语言基础，包括环境安装、输入 / 输出变量、常见数据类型、数学与逻辑运算、条件判断与循环语句、复合数据类型、函数、模块、文件操作；第 10~13 章为进阶篇，介绍了与 Python 编程相关的拓展知识，包括 Excel 表格数据处理、使用正则表达式进行信息匹配、面向对象编程设计、多线程与多进程；第 14~16 章为实战篇，介绍了 3 个实战项目，分别是使用 requests 开发网络爬虫、使用 tkinter 开发 GUI 计算器、使用 pygame 开发飞机大战游戏；第 17 章为 ChatGPT 篇，主要介绍了初学者如何利用当下最热门的 AI 工具 ChatGPT 学习 Python 编程。

本书内容系统、全面，案例丰富，讲解浅显易懂，既适合 Python 零基础入门读者学习，也适合作为广大中职、高职院校相关专业的教材用书。

图书在版编目(CIP)数据

码上行动：零基础学会Python编程（ChatGPT版）/袁昕，贾炜编著. — 北京：北京大学出版社，2023.5
ISBN 978-7-301-33835-3

Ⅰ. ①码… Ⅱ. ①袁… ②贾… Ⅲ. ①软件工具—程序设计 Ⅳ. ①TP311.561

中国国家版本馆CIP数据核字(2023)第065563号

书　　名 码上行动：零基础学会Python编程（ChatGPT版）
MASHANG XINGDONG: LINGJICHU XUEHUI Python BIANCHENG (ChatGPT BAN)
著作责任者 袁　昕　贾　炜　编著
责 任 编 辑 王继伟　刘羽昭
标 准 书 号 ISBN 978-7-301-33835-3
出 版 发 行 北京大学出版社
地　　址 北京市海淀区成府路205 号　100871
网　　址 http://www. pup. cn　　新浪微博：@ 北京大学出版社
电 子 信 箱 pup7@ pup. cn
电　　话 邮购部 010-62752015　发行部 010-62750672　编辑部 010-62570390
印 刷 者 北京市科星印刷有限责任公司
经 销 者 新华书店
787毫米×1092毫米　16开本　17印张　386千字
2023年5月第1版　2023年5月第1次印刷
印　　数 1-4000册
定　　价 79.00 元

前言

INTRODUCTION

为什么写这本书

Python 是一门语法简单、功能强大的编程语言，不仅可以作为软件的开发工具，在信息采集、数据分析、科学计算等领域也广受青睐。

近年来，随着大数据和人工智能的发展，Python 被越来越多的人熟知和使用，可以说是当下最受欢迎的编程语言。而由于开发者众多，又使得 Python 拥有了大量第三方模块和解决方案，对于大部分我们可能遇到的开发场景，都有前人为我们造好的“轮子”可以直接拿来使用，这就进一步让 Python 变得更加简单易用，即使是没有太多编程经验的人，也可以通过不甚复杂的代码实现功能、解决问题、提升效率。

笔者作为学习过多种编程语言并长期使用 Python 的开发者，切身体会到了 Python 的易用和强大，因此非常愿意将这门优秀的编程语言介绍给更多的人。在过去的开发和教学经历中，笔者意识到，教授编程语言不能只讨论理论知识，更多的是需要通过实际的代码案例来讲解和操作，学习者既可以更容易地理解和接受，也更接近实际应用场景，做到学会就能使用。因此本书配套了大量的代码示例，并附以详细的解读说明，让初学者也能一目了然。

本书还创新性地将 ChatGPT 引入 Python 教学当中，重点讲解了当下热门 AI 工具 ChatGPT 在 Python 编程学习中的应用，给读者带来全新的学习方式。希望这些内容可以让各位读者顺利踏入 Python 的世界，享受编程技术带来的便利和快乐。

本书的特点

本书力求做到通俗易懂，让完全没有编程经验的零基础“小白”也能学会 Python 是笔者对本书的期望。因此，在内容选择和文字表达上，本书尽可能考虑初学者的情况。书中用了较多篇幅讲解 Python 的入门知识，从环境搭建等最基础的步骤开始讲起，逐渐深入到常见的实际应用当中。并且，本书在讲解知识点的同时配有相应的代码示例，让读者可以边学边练，通过动手尝试辅助学习并加深理解。通过本书学习完 Python 基础，即可具备编写日常小工具的能力。本书整体特点可归纳如下。

（1）本书面向零基础读者，无须额外的背景知识即可学习 Python。本书讲解细致，便于读者由浅入深地学习。

（2）内容系统、体系完整，可以帮助读者快速全面地了解 Python 的基本语法并掌握开发能力。

（3）理论与实践相结合，每个理论都有对应的代码示例，读者参考代码示例完成编写，就可以看到实践效果。

（4）本书配有实训与问答，方便读者阅读后尽快巩固知识点，做到举一反三、学以致用。

（5）将 AI 前沿产品 ChatGPT 应用到 Python 学习的过程中，演示了如何利用 ChatGPT 提高学习和开发的效率。

本书的内容安排

本书内容安排如下。

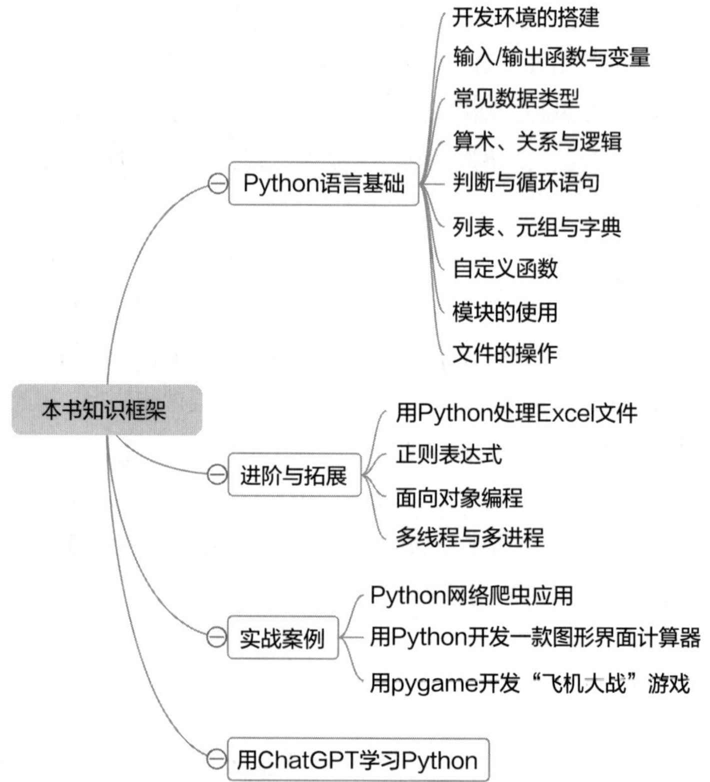

学习建议

读者阅读本书时，如果没有 Python 基础，建议从第 1 章开始按顺序学习。在学习的过程中，务必打开代码编辑器，一边学习，一边尝试编写和运行书中的配套代码示例。第一遍学习的过程中可能会遇到一些不太能理解的细节，可先不深究，继续往下学习。学习编程是一个反复的过程，学习并练习一段时间之后，再回头阅读，会有更深入的理解。

如果读者已经有了一些 Python 基础，则不必将每个代码示例都运行一遍，但仍然建议读者快速浏览一遍第 1~9 章内容，查漏补缺，然后再针对自己薄弱的环节和第 10~16 章的进阶与实战内容进行重点学习。

另外，强烈推荐阅读本书的第 17 章，因为 ChatGPT 很可能成为使教学模式产生重大变革的划时代产品。

总的来说，Python 是一门对新手相对友好的语言，入门阶段的学习难度并不高，但学习 Python 也离不开足量的代码编写练习。只有通过编写和运行代码，对代码中的 Bug 进行调试，才能发现可能忽视的细节问题，从而更深入地理解和掌握 Python 编程。所谓欲速则不达，学习者既要有信心，也要保持长期学习的心态，不断在写代码和改代码的过程中积累经验，提升能力，为以后的软件开发打下良好基础。

除了书，您还能得到什么

（1）赠送：案例源代码。提供书中完整的案例源代码，方便读者参考学习、使用。

（2）赠送：与书中案例同步的教学视频。

（3）赠送：23 个 Crossin 老师针对 Python 初学者的经验分享视频与教学视频。

（4）赠送：100 道 Python 练习题，方便读者学习后进行巩固练习，测试自己对 Python 编程基础的掌握情况。在浏览器地址栏中输入“python666.cn/c/100”即可获取。

（5）赠送：Python 打卡学习交流群。可定期参与打卡学习活动，与其他学习者一起学习、交流讨论，并可在阅读本书遇到问题时得到解答，让读者在学习道路上少走弯路。搜索 QQ 群“560562884”并申请加入即可。

（6）赠送：PPT 课件。本书配有与书中讲解内容同步的 PPT 课件，方便老师教学使用。

温馨提示

以上资源，请用微信扫描下方二维码关注微信公众号，输入本书 77 页的资源下载码，获取下载地址及密码。

另外，读者若有学习问题，可以关注微信公众号“Crossin 的编程教室”，发送相关问题，Crossin 老师看到消息后会及时回复。

本书由凤凰高新教育策划，袁昕（Crossin）、贾炜两位老师执笔编写。在本书的编写过程中，作者竭尽所能地为您呈现最好、最全的实用内容，但仍难免有疏漏和不妥之处，敬请广大读者不吝指正。

第11章 信息的匹配方法：正则表达式......134

第12章 万物皆对象：面向对象编程......153

第13章 多个任务同时干：多线程与多进程......172

第 14 章 实战：Python 网络爬虫应用......................................187

第 15 章 实战：用 Python 开发一款图形界面计算器 204

第 1 章

Python 编程的准备工作：开发环境的搭建

★本章导读★

所谓“工欲善其事，必先利其器”，在正式学习一门编程语言之前，我们一般需要先搭建该语言的编程和运行环境。本章 Crossin 老师将带大家一起学习 Python 的发展历史和应用领域，并重点学习如何在自己的计算机上搭建开发环境。

★知识要点★

通过对本章内容的学习，读者能掌握以下知识。

- ◆ 了解 Python 的发展历史和应用领域。
- ◆ 掌握 Python 环境的搭建方法。
- ◆ 掌握编程环境的搭建。

1.1 Python 介绍

Python 的创始人是吉多 · 范罗苏姆（Guido van Rossum）。1989 年的圣诞节期间，吉多为了在阿姆斯特丹打发时间，决心开发一个新的解释程序，作为 ABC 语言的一种继承，于是便有了 Python。

1.1.1 Python 的历史

Python 是一门面向对象的动态语言，它源自许多其他编程语言，包括 ABC、Modula-3、C、C++、Algol-68、SmallTalk 和 Unix shell，以及其他脚本语言。

Python 源代码现在可以在 GNU 通用公共许可证（GPL）下使用。Python 目前由一个核心开发团队维护，吉多在指导其发展方面仍然发挥着至关重要的作用。

Python 1.0 于 1994 年 11 月发布，Python 2.0 于 2000 年发布，Python 3.0 于 2008 年发布。Python 3 不兼容 Python 2，除了一些老旧的项目，现在绝大多数项目都使用 Python 3 开发。在编写本书时，Python 2 的最新版本是 2.7，Python 3 的最新版本是 3.10。

1.1.2 Python 的应用领域

Python 的发展速度很快，应用领域也越来越广，主要应用领域包括 Web、爬虫、科学计算、人工智能等。下面进行简要介绍。

1. Web

Django：Python 最著名的 Web 开发框架，采用 MVC 架构，有一个大而全的后台管理系统。只需建好 Python 类与数据库表之间的映射关系，就能自动生成对数据库的管理功能。

Flask：一个用 Python 编写的轻量级 Web 应用框架，没有太多复杂功能，开箱即用，可以快速上手。

2. 爬虫

Requests：一个易于使用的 HTTP 请求库，主要用来发送 HTTP 请求，如 get、post、put、delete 等。

Beautifulsoup：一个网页文本解析工具，与 Requests 搭配使用，可以很简便地完成爬虫开发和数据提取。

Scrapy：一个快速、高层次的 Web 抓取框架，可抓取 Web 站点并从页面中提取结构化数据，便于修改和拓展；用途广泛，常用于自动化测试、监测、数据挖掘等。

3. 科学计算

NumPy：可用于存储和处理大型矩阵，比 Python 自身的嵌套列表结构要高效得多，多用于数值计算场景。

Pandas：一个基于 NumPy 的数据分析工具包。Pandas 引入了大量计算库和标准的数学模型，并提供了高效操作大型数据集所需的工具。Pandas 广泛应用于金融、神经科学、统计学、广告学、网络分析等领域。

Matplotlib：一个 Python 的 2D 绘图库，用于生成高质量的数据可视化图表。通过 Matplotlib，开发者仅需编写几行代码，便可以生成折线图、直方图、功率谱、条形图、误差线、散点图等。

4. 人工智能

在人工智能（AI）领域，Python 几乎处于绝对领导地位，PyTorch、Caffe2、Sklearn 等都是在 Github 上非常流行的机器学习库。大名鼎鼎的深度学习框架 Tensorflow 接近一半的功能是通过 Python 开发的。

1.2 Python 的编程环境

每种编程语言都有自己的开发工具，本节将介绍 Python 开发环境及 IDLE 编辑器的安装与使用。

IDLE 是开发 Python 程序的基本 IDE（Integrated Development Environment，集成开发环境），它会随着 Python 开发环境自动安装，当安装好 Python 以后，IDLE 就会自动安装，不需要另行下载。

1.2.1 Python 下载

进入 Python 的官方下载页面，把鼠标指针放置在 Downloads 选项上，会看到适合当前计算机系统的最新版本 Python 的下载按钮，直接单击该按钮下载即可，如图 1-1 所示。

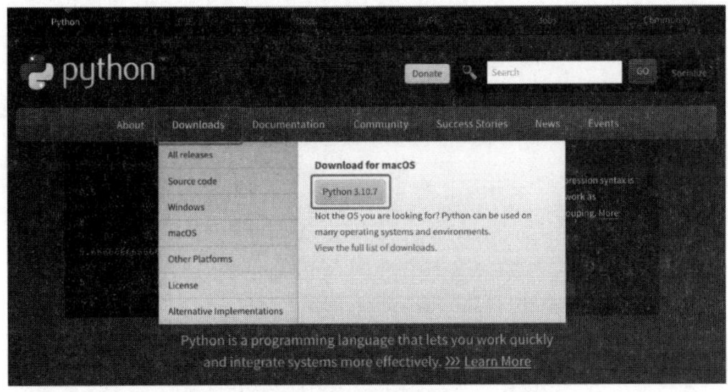

图 1-1　官方下载页面

如果没有自动下载，可以单击对应的操作系统选项，选择需要的版本，在下方的“Files”界面中选择安装包进行下载。例如，使用 64 位 Windows 操作系统的读者可以选择“Windows installer(64-bit)”。如果不能确定自己使用的 Windows 操作系统是 64 位，请安装非 64 位版本“Windows installer(32-bit)”。Python 3 是当前的主流 Python 版本，不建议安装 Python 2。“Files”界面如图 1-2 所示。

Files

Version	Operating System	Description	MD5 Sum
Gzipped source tarball	Source release		1aea68575c0
XZ compressed source tarball	Source release		b8094f007b3a
macOS 64-bit universal2 installer	macOS	for macOS 10.9 and later	4c89649f6ca7
Windows embeddable package (32-bit)	Windows		7e4de22bfe1
Windows embeddable package (64-bit)	Windows		7f90f8642c1b
Windows help file	Windows		643179390f5f
Windows installer (32-bit)	Windows		58755d6906f8
Windows installer (64-bit)	Windows	Recommended	bfbe8467c7e3

图 1-2　选择对应下载选项

1.2.2 Python 安装

下载好 Python 的安装包后，可以参考以下步骤进行安装。

第 1 步: 双击安装包打开安装界面，先勾选下方的“Install launcher for all users (recommended)”和“Add Python 3.8 to PATH”两个复选框，然后单击“Install Now”选项，开始安装，如图 1-3 所示。

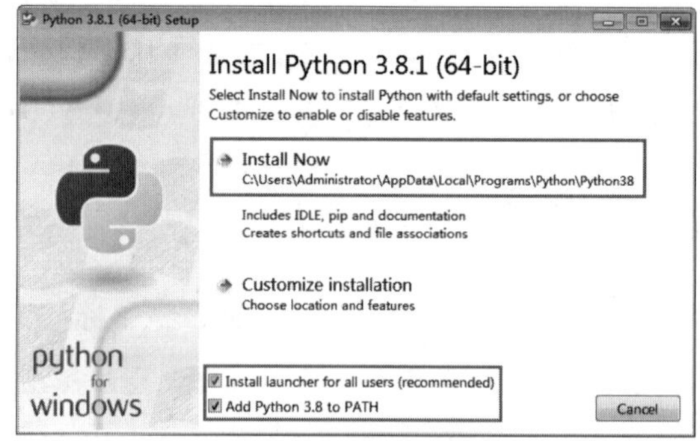

图 1-3　勾选复选框

第 2 步：软件开始安装，如图 1-4 所示。

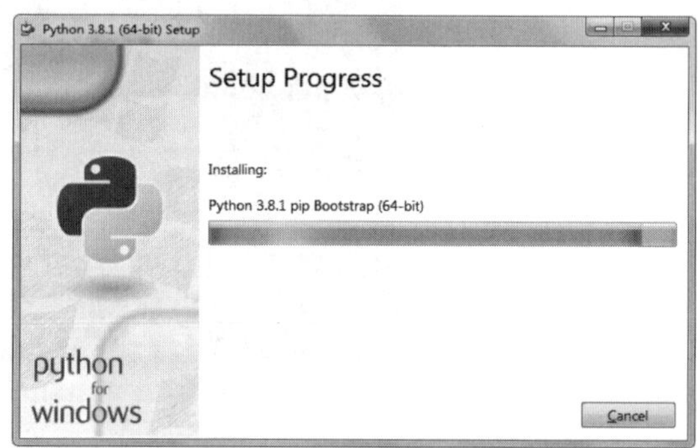

图 1-4　软件开始安装

第 3 步：安装完成后，单击“Close”按钮完成安装即可，如图 1-5 所示。

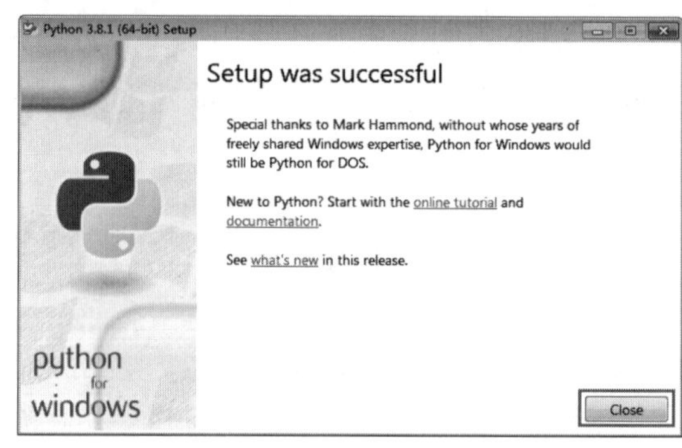

图 1-5　完成安装

温馨提示

Python 版本更新很快，不同版本的安装界面可能会有差别。本书内容讲解以 Python 3.8 为蓝本，在程序执行上与其他 Python 3.x 版本几乎没有差别。如果读者在安装 Python 的过程中遇到问题，可以关注“Crossin 的编程教室”公众号，发送信息寻求帮助。

1.3 IDLE 的使用

成功安装 Python 会附带 IDLE 编辑器。打开 IDLE 编辑器会出现一个增强的交互命令行解释器窗口，我们称为 shell 模式或交互模式。此外，还有一个针对 Python 的编辑器，我们称为文本模式。

1.3.1 shell 模式

首先介绍 IDLE 的 shell 模式。单击计算机的“开始”按钮，选择“所有程序”选项，找到 Python 文件夹，单击展开，会发现下面有 4 个 Python 选项，如图 1-6 所示。

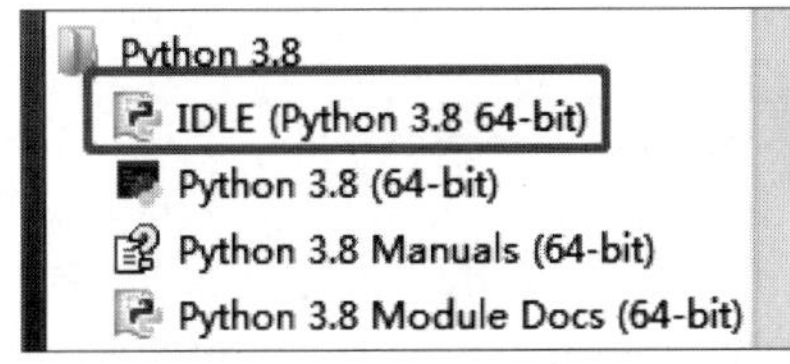

图 1-6　Python 文件夹

其中，“IDLE(Python 3.8 64-bit)”是 Python 的图形界面开发环境；“Python 3.8(64-bit)”是字符界面开发环境；“Python 3.8 Manuals(64-bit)”是用户文档；“Python 3.8 Module Docs(64-bit)”是模块文档。

单击“IDLE(Python 3.8 64-bit)”选项，可以看到图 1-7 所示的界面，表示已经成功启动 IDLE。IDLE 默认启动界面为 Python IDLE Shell。“Shell”是外壳的意思，很形象地说明了这个程序用于包裹 Python 内含的复杂机制，给用户提供可操作的界面。用户在 Shell 中可以与 Python 内核进行交互，所以 shell 模式也称为交互模式。

界面中“>>>”符号后面有一个闪烁的光标。“>>>”是提示符，光标指示程序正在等待用户输入信息。在“>>>”符号后面输入代码“print("Crossin 老师教小白学 Python 编程 ")”，如图 1-8 所示。

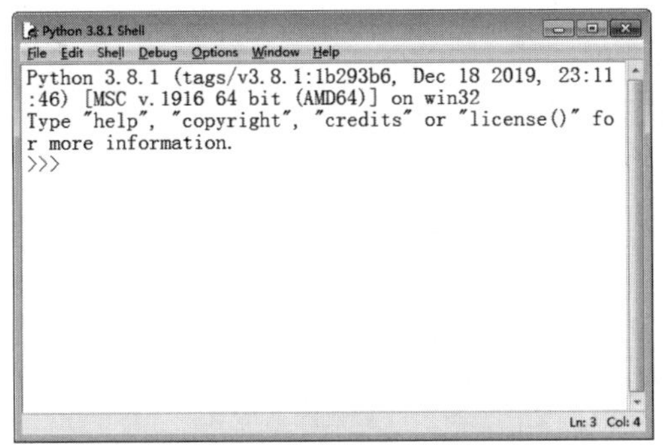

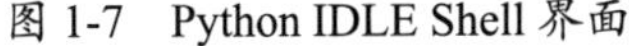

图 1-7　Python IDLE Shell 界面

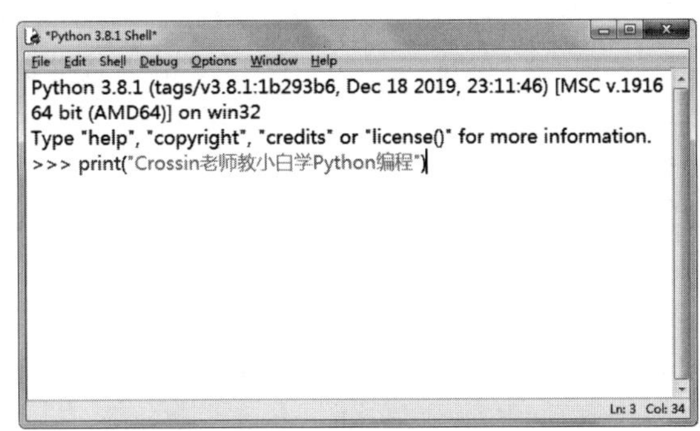

图 1-8　程序输入界面

输入完成后，按 Enter 键，IDLE 就会运行这段代码，运行结果如图 1-9 所示，可以看到程序输出了“Crossin 老师教小白学 Python 编程”。

为什么会输出这样的结果呢？因为刚刚输入的代码是一句简单的 Python 语言，print() 是一个输出函数，可以输出 print 后括号中的内容。

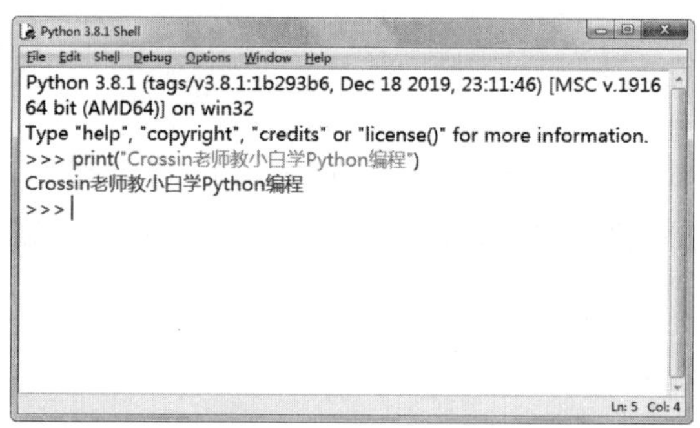

图 1-9　代码运行结果

1.3.2 文本模式

IDLE 的交互模式的优点是编写与运行程序方便快捷，缺点是不方便编写多行程序，也无法将代码保存下来。IDLE 的文本模式相对来说更方便多行程序的编写与运行，所以更多的时候我们使用的是文本模式，接下来将介绍如何使用文本模式。

第 1 步：启动 IDLE 后，单击左上方菜单栏中的“File”选项，然后单击“New File”命令新建一个文档，用于编写程序，如图 1-10 所示。

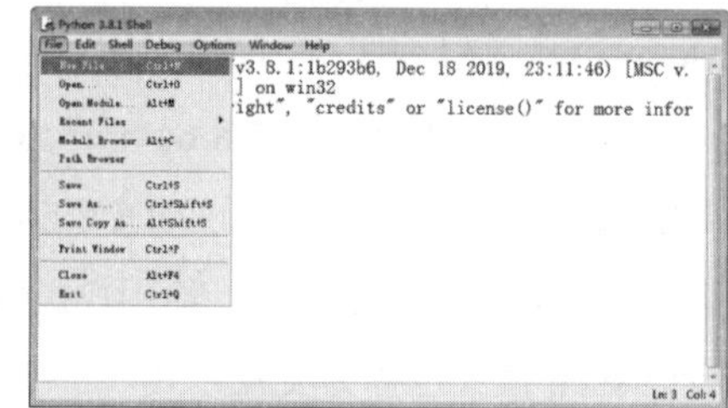

图 1-10　新建文档

第 2 步：弹出一个新的界面，可以看到闪烁的光标，如图 1-11 所示，用户可以在这个界面中编写自己的程序。

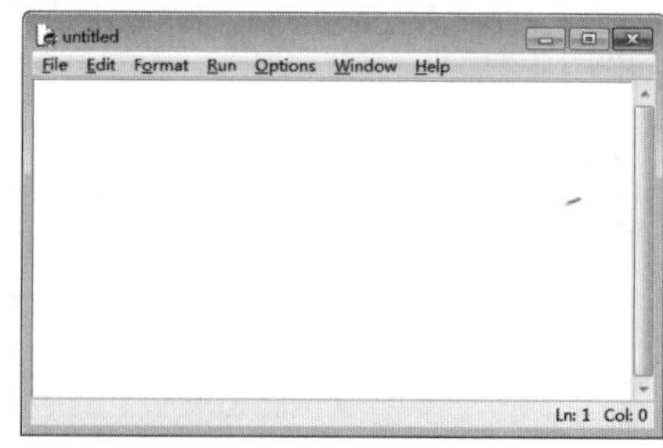

图 1-11　新建的空文档

第 3 步：在图 1-11 所示的空文档中输入“print("Crossin 老师教小白学 Python 编程 !")”，如图 1-12 所示。

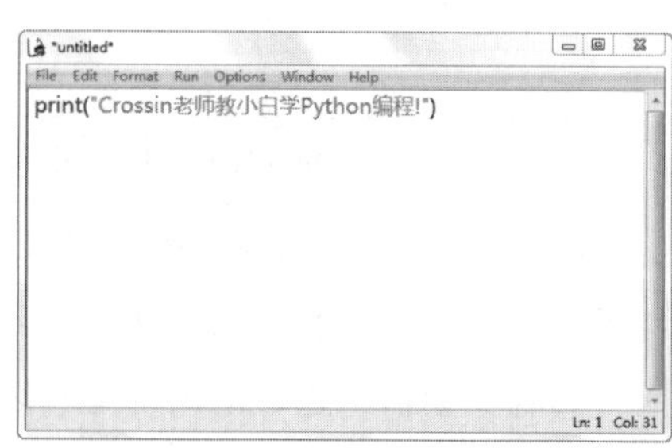

图 1-12　编写程序

第 4 步：编写好程序后，需要保存程序。单击“File”选项，然后单击“Save As”命令，会弹出图 1-13 所示的界面。

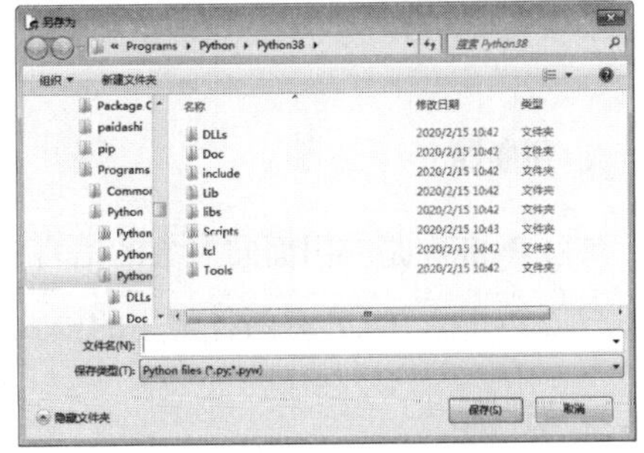

图 1-13　保存程序界面

第 5 步：选择程序保存目录，输入文件名，然后单击“保存”按钮，如图 1-14 所示。

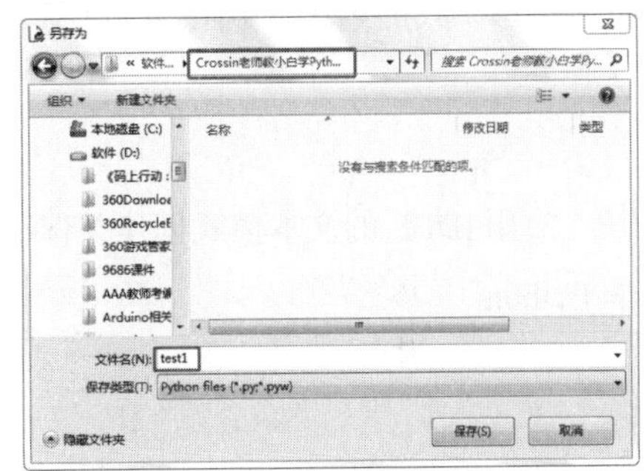

图 1-14　保存程序

第 6 步：保存好程序以后，就可以运行程序了。单击菜单栏中的“Run”选项，再单击“Run Module”命令，会弹出一个新的界面，即程序的运行界面，如图 1-15 所示，可以看到程序输出了“Crossin 老师教小白学 Python 编程！”。

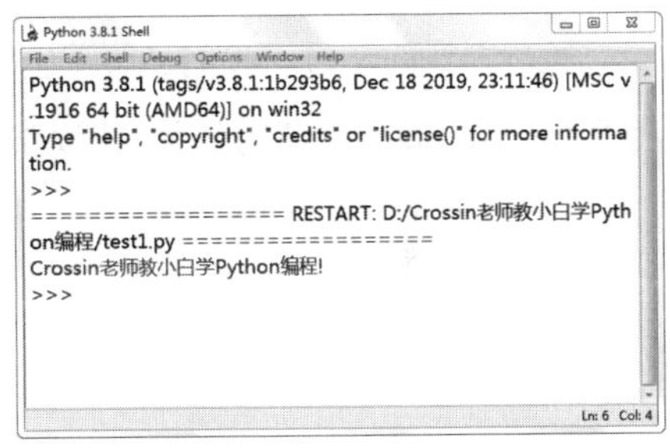

图 1-15　程序运行界面

Crossin 老师答疑

问题 1：如何选择 Python 版本?

答：Python 3 和 Python 2 是不兼容的，而且差异比较大，目前主流版本是 Python 3。建议使用 Python 3 的最新版本。

问题 2：如何同时安装多个版本的 Python？

答：初学 Python 时建议计算机上只安装一个版本的 Python，以免混淆。如果以后需要多个版本，可以通过 venv、conda、virtualenv 等工具创建并管理多个 Python 版本的虚拟环境，也可以编写多个对应版本的批处理文件，在批处理文件中设置 path 变量，将对应版本的路径添加到 path 路径的最前面，要运行某个版本或虚拟环境时打开对应的批处理文件即可。

思考与练习

一、判断题

1.Python 是一门面向对象的语言。（　　）

2.Python IDLE 有两种常用的模式，分别是 shell 模式和文本模式。（　　）

二、编程题

1. 请参照本章讲解的方法，在自己的计算机上搭建 Python 开发环境，并使用 print 函数输出一行字符串“我的第一个 Python 程序”。

2. 用 IDLE 的文本模式创建并保存一个 .py 文件，在文件中使用 print 函数输出“人生苦短，快学 Python”。

本章小结

通过本章的学习，我们了解了 Python 语言的发展历史和使用领域，掌握了 Python 的开发环境和 Python IDLE 的下载安装及使用方法。

第 2 章

编程第一步：输入 / 输出函数与变量

★本章导读★

在第一章中，我们搭建好了 Python 编程环境，掌握了编程环境的使用方法。本章将介绍 Python 语言的输入与输出函数和变量的使用。

★知识要点★

通过对本章内容的学习，读者能掌握以下知识。

◆ 掌握 print 函数的使用方法。

◆ 掌握 input 函数的使用方法。

◆ 认识和理解变量，灵活使用变量。

2.1 输入与输出函数

在 Python 语言中，输入与输出函数是最基本的两个函数。输入函数是 input，输出函数是 print。接下来将详细讲解这两个函数的用法。

2.1.1 print 函数

在第一章中，我们已经使用过 print 函数。print 的中文含义是“打印”，在 Python 中它的意思不是在纸上打印，而是在命令行中打印，或者是在终端、控制台里打印。print 函数是 Python 中很基本、常见的一个函数，语法格式如下。

```
print( 要打印的内容 )
```

这里的代码中的括号一定要是英文字符中的括号，所有程序中出现的符号都必须是英文字符。

【示例 2-1 程序】

在 shell 模式下输入如下程序。

第 1 ~ 2 行：使用 print 函数输出字符串。

第 3 ~ 4 行：使用 print 函数输出整数。

第 5 ~ 6 行：使用 print 函数输出小数。

第 7 ~ 8 行：使用 print 函数输出算术表达式。

第 9 ~ 10 行：使用 print 函数输出关系运算表达式。

示例 2-1　print 函数

```
1. >>> print('world')
2. world
3. >>> print(2)
4. 2
5. >>> print(3.14)
6. 3.14
7. >>> print(1 + 2 * 3)
8. 7
9. >>> print(2 > 5)
10. False
```

可以发现，print 函数除了可以输出文字，还能输出各种数字、运算结果、比较结果等。使用 print 函数输出文字，需要给文字加上双引号或单引号，输出数字、计算式、变量则不需要加引号。

【示例 2-2 程序】

在 shell 模式下，print 函数是可以省略的，Python 默认会输出每一次命令的结果，示例如下。

示例 2-2　在 shell 模式下省略 print 函数

```
>>> 'Hello, Python!'
'Hello, Python!'
>>> 2 + 13 + 250
265
>>> 5 < 50
True
```

print 函数可以一次输出多个内容，只需要用逗号将要输出的多个内容隔开即可。

【示例 2-3 程序】

在 shell 模式下，通过一个 print 函数，依次输出“Hello”“Crossin”“Python”。

示例 2-3　使用 print 函数输出多个内容

```
>>> print('Hello', 'Crossin', "Python")
Hello Crossin Python
```

2.1.2 input 函数

在程序中，输入和输出像是一对孪生兄弟，既然有输出函数，那么就一定有输入函数。Python 中的输入函数是 input。input 函数通过键盘获取输入内容，并将运算结果返回，基本格式如下。

```
a = input( 提示信息 )
```

注意，左边的变量“a=”和提示信息都是可以省略的。

【示例 2-4 程序】

在文本模式下输入如下程序。

第 1 行：使用 input 函数获取用户输入内容，并把输入结果赋值给变量 a。

第 2 行：使用 print 函数输出变量 a 的值。

示例 2-4　input 函数

```
1. a = input(" 请输入你的名字：")
2. print(a, " 你好啊 ")
```

运行该程序，结果如图 2-1 所示。当我们输入“Crossin”后，程序输出“Crossin 你好啊”。

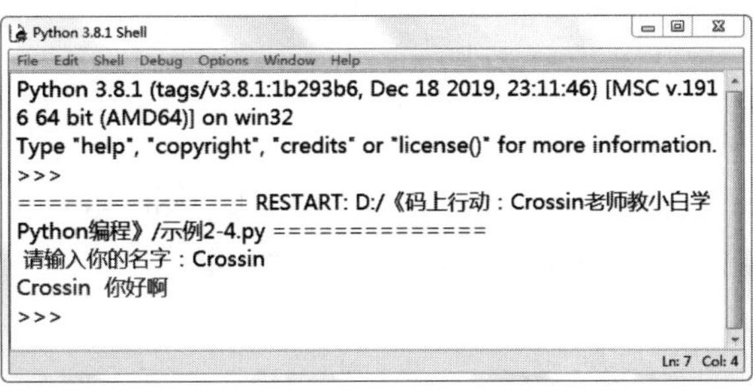

图 2-1　程序运行结果

2.2 变量

学习一门编程语言，首先应知道什么是变量，如何创建变量与使用变量，同时还需要了解变量的内存分配和程序的运行过程。我们对变量并不陌生，在 2.1.2 小节的示例程序中，我们就用到了变量；变量来源于数学，是计算机语言中存储计算结果或表示值的抽象概念。变量可以通过变量名访问，在 Python 语言中，变量值是可变的。

2.2.1 变量的作用

在 Python 中，所有符号、数字、字母、文字等统称为数据。Python 程序就是由这些数据按照一定的语法规则组成的。在一个完整的程序中，有很多的数据，为了更方便地使用这些数据，我们要给这些数据取名字。简单来说，变量就是数据的名字，用于存取数据，通过不同的变量名区分不同的数据。

2.2.2 变量的命名

我们在给变量取名的时候，要遵循一定的规则，一般规则如下。

- 变量名可以包含字母、数字、下划线，但是数字不能作为开头。例如，a2 是合法变量名，而 2a 则不合法。
- Python 系统自带的关键字不能作为变量名使用，如 import、with、class。
- 除了下划线，其他符号不能作为变量名使用。
- Python 中的变量名是区分大小写的。
- 在 Python 3 中，中文变量名也是合法的。
- 不建议使用内置的模块 / 类型 / 函数名称作为变量名，如果使用了这样的变量名，会失去其原本的功能。

2.2.3 变量的创建

在 Python 语言中，变量应遵循先创建 (赋值) 后使用的原则。如果直接使用一个没有赋值过的变量名，会引发名称未定义的 NameError 错误，导致程序中断。

【示例 2-5 程序】

在 shell 模式下输入如下程序。

第 1 行：创建一个变量 a，并赋值 365。

示例 2-5 创建变量并赋值

```
1. a = 365
```

2.2.4 变量的使用

创建变量是为了使用变量，变量的使用分为两种，一种是存放数值，另一种是提取存放的数值。

【示例 2-6 程序】

在 shell 模式下输入如下程序。

第 1 行：创建一个变量 a，并赋值 3。

第 2 行：创建一个变量 b，并赋值 5。

第 3 行：创建一个变量 c，并把变量 a 与变量 b 的和赋值给变量 c。

第 4 ~ 5 行：查看变量 c 的值为 8。

示例 2-6　创建变量并使用

```
1. >>> a = 3
2. >>> b = 5
3. >>> c = a+b
4. >>> c
5. 8
```

• 2.2.5 变量的类型

Python 是一门动态类型的语言，与 C、C++ 等静态编程语言不同，在创建变量时不需要指定变量类型，而是根据给它赋值的类型确定，并且变量类型是可变的。

【示例 2-7 程序】

在 shell 模式下输入如下程序。

第 1 行：创建一个变量 a，并赋值 100。

第 2 行：使用 type 函数查看变量 a 的类型。

第 3 行：输出变量 a 的类型为 int，即整数类型。

第 4 行：重新给变量 a 赋值“Python”。

第 5 行：再次查看变量 a 的类型。

第 6 行：输出变量 a 的类型为 str，即字符串类型。

示例 2-7　变量的类型

```
1. >>> a = 100
2. >>> type(a)
3. <class 'int'>
4. >>> a = "Python"
5. >>> type(a)
6. <class 'str'>
```

2.3 程序注释

程序注释有两个功能，一是通过注释对程序的功能进行说明，二是屏蔽不需要执行的代码。接下来对注释的使用方法进行讲解。

2.3.1 单行注释

Python 中使用单行注释非常简单，只需在需要作为注释的内容前加上“#”即可。当解释器看到“#”（字符串中的“#”除外）时，则忽略这一行代码中“#”后面的内容。

【示例 2-8 程序】

如下程序中，使用“#”分别给各行代码添加注释。

示例 2-8　单行注释

```
A1 = 10                 # 创建变量 A1，并赋值 10
A2 = 20                 # 创建变量 A2，并赋值 20
print(A1)               # 输出变量 A1 的值
print(A2)               # 输出变量 A2 的值
```

运行该程序，结果如图 2-2 所示。程序只输出了变量 A1 和 A2 的值，注释符号“#”和后面的内容都没有出现在输出结果中。

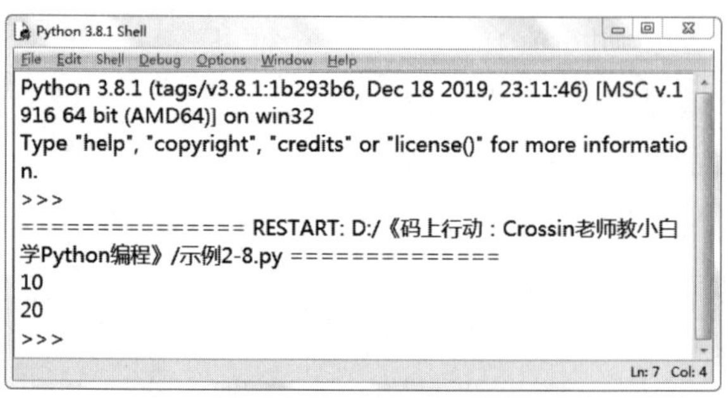

图 2-2　程序运行结果

2.3.2 多行注释

当有多行内容需要作为注释时，可以使用三个连续单引号“'''”或双引号“"""”把要作为注释的内容括起来。例如，有连续多行代码不需要执行时，可以在这段代码的首尾添加三引号，而不用在每行代码开头添加“#”。

【示例 2-9 程序】

如下程序中，使用三引号添加多行注释。

示例 2-9　多行注释

```
1. '''
2. 这是一段求两个变量的和的程序
3. 其中变量 A 的值为 1，变量 B 的值为 2
4. 变量 C 存放变量 A 与 B 的和
5. 最后输出变量 C 的值
6. '''
7. A = 1
8. B = 2
9. C = A + B
10. print(C)
```

运行该程序，结果如图 2-3 所示，程序只输出了变量 C 的值，第 1 ~ 6 行注释并没有影响程序正常运行。

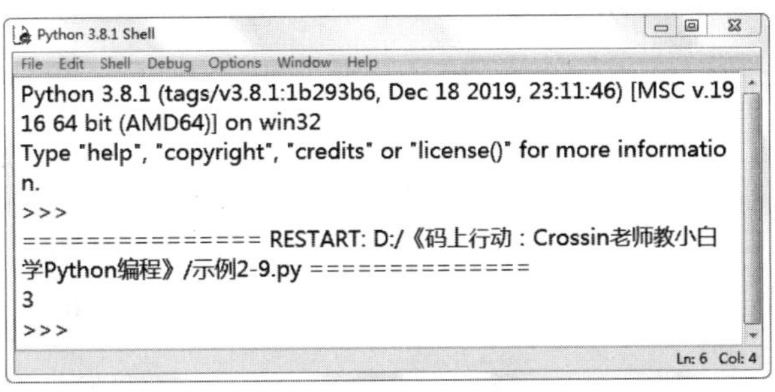

图 2-3　程序运行结果

Crossin 老师答疑

问题 1：Python 文件是否支持中文?

答：Python 3 默认支持中文。Python 最初只能处理 8 位，即一个字节的 ASCII 值，后来在 Python 1.6 版本中支持了 unicode。unicode 是使程序能支持多种语言的编码工具。unicode 一般使用 16 位来存储字符，正好支持双字节的中文，但是文本中若是英文居多，中文较少，则会浪费存储空间，于是出现了 utf-8。utf-8 存储英文只使用一个字节，存储中文使用两个字节，但是这种变长的编码方式在内存中使用时很不方便。因此将数据存到文件可以使用 utf-8 编码节省空间，将数据存到内存可以使用 unicode 方便内存管理。所以在 Python 2 中，为了使 .py 文件在各类操作系统（平台）上都支持中文，一般在程序的第一行加上“# -*- coding: UTF-8 -*-”，设置文件的编码格式为 utf-8。而在 Python 3 中，这一步骤可以省略。

问题 2：能不能用“print”作为变量名?

答：从 Python 语法上来说，“print”符合变量命名规范，可以用作变量名，程序可正常执行，不会报错。但在实践中不建议这么做，因为对 print 这个变量进行赋值之后，后续代码中 print 函数会失去原本的含义，无法起到打印输出的作用，调用时会报错。同理，其他函数名、类型名和模块名也都存在同样的问题。所以为了避免这种冲突发生，建议一律不使用内置的名称和关键字作为变量名。如果不确定会不会重名，可以在自定义的名称前加上前缀，如 my_print、my_input 等，确保变量名的唯一性。

上机实训：字符组成的菱形

【实训介绍】

根据用户输入的字符，输出由该字符组成的菱形。示例程序的运行结果如图 2-4 所示。

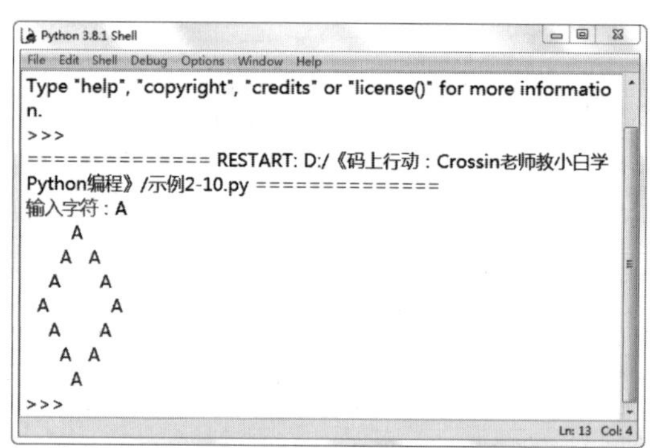

图 2-4　示例程序运行结果

【编程分析】

可以用一个变量接收用户输入的字符，然后以该字符输出菱形。因为在 Python 中，一个字符乘以数字可以得到多个连续相同的字符，所以连续的多个空格可以通过“空格 * 长度”来实现。

在文本模式下编写如下程序。

示例 2-10　实训程序

```
a = input("输入字符：")
print(" " * 7, a)
print(" " * 5, a, " " * 1, a)
print(" " * 3, a, " " * 5, a)
print(" " * 1, a, " " * 9, a)
print(" " * 3, a, " " * 5, a)
print(" " * 5, a, " " * 1, a)
print(" " * 7, a)
```

【程序说明】

第 1 行：获取用户输入的字符并赋值给变量 a。

第 2 ~ 8 行：输出由变量 a 组成的菱形。

【程序运行结果】

程序编写完成后，运行程序，结果如图 2-5 所示。可以看到当输入字符 X 后，程序输出了一个由 X 组成的菱形。由于字体不同，不同计算机上的显示效果会略有差异。

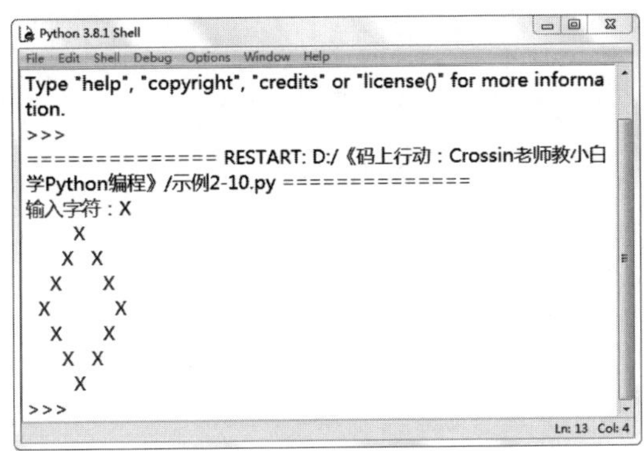

图 2-5　输出由 X 组成的菱形

思考与练习

一、判断题

1. 合法的变量名一般由字母、数字、下划线和空格组成。（　　）

2. 可以使用 print 函数获取用户输入的内容。（　　）

二、选择题

1. 下列不是合法变量名的是（　　）。

A. abc2　　B. 2abc　　C. a2bc　　D. _abc

2. 程序“print('12', 'abc')”的输出结果是（　　）。

A.12　　B.abc　　C.12 abc　　D.12,abc

三、编程题

1. 编写一段程序，分别输入“姓”和“名”，然后输出完整的姓名。

2. 编写一段程序，输入一个人名“× × ×”，然后输出“hello，× × ×”。

本章小结

在本章中，我们学习了 Python 语言中的两个基础函数，分别是输入函数 input 和输出函数 print；另外，我们还学习了变量，变量是一门编程语言中比较常用的知识。最后，通过上机实训，我们编写了一个输出由任意字符组成菱形的程序。也许你会觉得这段代码过于烦琐，不要着急，后面的章节中我们会学习更优的写法。

第 3 章

数据也分类：常见数据类型

★本章导读★

在编程时，我们会遇到各种各样的数据。Python 语言中的常用数据类型主要有数字类型、字符串类型、布尔类型。本章将详细讲解这几种数据类型，以及不同数据类型之间的相互转换。

★知识要点★

通过对本章内容的学习，读者能掌握以下知识。

- ◆ 掌握不同数据类型的区别。
- ◆ 掌握不同数据类型之间的相互转换。

3.1 数字类型

数字类型数据，就是与数字相关的数据。在 Python 语言中，数字类型数据主要有整数类型（int）和浮点数类型（float）。

3.1.1 整数类型

Python 中的整数类型数据就是数学中的整数，整数类型数据能表示所有正整数、0 和负整数。

【示例 3-1 程序】

下面演示创建一个整数类型数据，在 shell 模式下输入如下语句。

第 1 行：定义一个变量 a，并赋值 200。

第 2 ~ 3 行：查看变量 a 的值。

第 4 行：使用 type 函数查看变量 a 的类型。

第 5 行：输出变量 a 为一个 int 类，即为整数类型数据。

示例 3-1　整数类型

```
>>> a = 200
>>> a
200
>>> type(a)
<class 'int'>
```

• 3.1.2 浮点数类型

Python 中的浮点数类型数据就像数学中的小数。由于浮点数在计算机内部是以二进制形式存储，浮点数的运算不是绝对精确的，会存在微小的误差。

【示例 3-2 程序】

下面演示创建一个浮点数类型数据，在 shell 模式下输入如下语句。

第 1 行：定义一个变量 b，并赋值 3.14159。

第 2～3 行：查看变量 b 的值。

第 4 行：使用 type 函数查看变量 b 的类型。

第 5 行：输出变量 b 为一个 float 类，即为浮点数类型数据。

示例 3-2　浮点数类型

```
1. >>> b = 3.14159
2. >>> b
3. 3.14159
4. >>> type(b)
5. <class 'float'>
```

3.2 布尔类型

不同于数字类型数据，布尔（bool）类型数据只有两个值，即 True 和 False，分别代表真和假，通常用在条件判断和循环语句中。

• 3.2.1 布尔类型数据的取值

除了直接赋值，布尔类型数据通常通过比较运算和逻辑运算得到。

【示例 3-3 程序】

下面演示创建一个布尔类型数据，在 shell 模式下输入如下语句。

第 1 行：定义一个变量 a，并赋值 True。

第 2～3 行：查看变量 a 的类型为布尔类型。

第 4 行：定义一个变量 b，并赋值 False。

第 5～6 行：查看变量 b 的类型为布尔类型。

第 7～8 行：比较运算 1 < 3 的结果为 True。

第 9～10 行：逻辑运算 True and False 的结果为 False。

示例 3-3　布尔类型

```
1. >>> a = True
2. >>> type(a)
3. <class 'bool'>
4. >>> b = False
5. >>> type(b)
6. <class 'bool'>
7. >>> 1 < 3
8. True
9. >>> True and False
10. False
```

在 Python 程序中，任何对象都可以转换成布尔类型数据，除了下面几种情况的转换结果是 False，其他转换结果都是 True。

- 空值 None。
- 整数 0 和浮点数 0.0。
- 空字符串 ''。
- 空集合，如空元组 (), 空列表 [], 空字典 {}；还有 set()、range(0) 等。

3.2.2 布尔类型数据的使用

布尔类型数据常用在判断语句中，作为判断的条件。接下来举例说明布尔类型数据的使用方法。

【示例 3-4 程序】

下面演示在判断语句中使用布尔类型数据，在 shell 模式下输入如下语句。

第 1 行：定义一个变量 a，并赋值 True。

第 2～3 行：使用 if 判断语句，如果条件为真，则输出字符串“a 为真”（注意第 3 行，最前面的“...”是 shell 模式的换行提示，不需要输入。但 print 前面需要有 1 个制表符或 4 个空格的缩进）。

第 4 行：程序运行结果，可以看到输出了字符串“a 为真”。

示例 3-4　布尔类型数据

```
>>> a = True
>>> if a :
...     print("a 为真 ")
a 为真
```

关于 if 语句，将在后面的章节中进行详细说明。

3.3 字符串类型

在 Python 中，凡是被引号（单引号 / 双引号 / 三引号）括起来的数据都称为字符串，如 "100"、'abc' 都是字符串。

3.3.1 字符串的创建

在 Python 中，字符串可以通过 str 函数创建，也可以通过单引号或双引号直接创建，下面一一举例说明。

【示例 3-5 程序】

使用 str 函数创建一个空字符串，在 shell 模式下输入如下语句。

第 1 行：使用 str 函数创建一个空字符串 str1。

第 2 行：查看字符串 str1 中的内容，因为 str1 是一个空字符串，所以第 3 行中输出了一对引号，引号里面没有任何元素。

第 4 行：使用 type 函数查看变量 str1 的类型。

第 5 行：输出变量 str1 为一个 str 类，即为字符串类型数据。

示例 3-5　字符串的创建

```
1. >>> str1 = str()
2. >>> str1
3. ''
4. >>> type(str1)
5. <class 'str'>
```

【示例 3-6 程序】

使用一对引号创建一个字符串，在 shell 模式下输入如下语句。

第 1 行：使用一对引号创建一个字符串 str2。

第 2 行：查看字符串 str2 中的内容。

第 4 行：使用 type 函数查看变量 str2 的类型。

第 5 行：输出变量 str2 为一个 str 类，即为字符串类型数据。

示例 3-6　创建字符串

```
1. >>> str2 = "Crossin"
2. >>> str2
3. 'Crossin'
4. >>> type(str2)
5. <class 'str'>
```

3.3.2 字符串的切片

切片是 Python 语言中特有的功能，通过一行代码就可以实现获取子串的功能。切片有三个参数 [a:b:c]，a 是起始位置，不提供则默认为开头；b 是结束位置，不包含在子串内，不提供则默认至结尾；c 是间隔步长，不提供可省去第 2 个冒号，默认为 1，负数为倒序。注意：字符串的索引是从 0 开始的，所以索引位置 n 表示第 n+1 个字符。

【示例 3-7 程序】

字符串的切片示例如下，在 shell 模式下编写如下程序。

第 1 行：创建一个字符串 s，s 的值为 abcd123456789。

第 2 ~ 3 行：从索引为 1 开始取，总共取出 4–1 即 3 个字符“bcd”。

第 4 ~ 5 行：从索引为 10 开始倒序取，总共取出 10–1 即 9 个字符“7654321dc”。

第 6 ~ 7 行：从索引为 1 开始正序取，步长为 2，取出的字符为“bd246”。

示例 3-7　字符串切片

```
1. >>> s = "abcd123456789"
2. >>> s[1:4]
3. 'bcd'
4. >>> s[10:1:-1]
5. '7654321dc'
6. >>> s[1:10:2]
7. 'bd246'
```

关于切片，将在后面的章节中进行详细说明。

3.3.3 split 函数

在 Python 编程中，除了上述的切片方法，还可以通过 split 函数指定分隔符（不指定则默认为空白符，包括空格、制表符、换行符）对字符串进行分割。

【示例 3-8 程序】

使用 split 函数对字符串进行分割的示例如下，在 shell 模式下编写如下程序。

第 1 行：创建一个字符串 str1 并赋值。

第 2 行：使用 split 函数对字符串 str1 以空白符为分隔符进行分割，并把分割后的结果赋值给变量 str2。

第 3 ~ 4 行：查看变量 str2 的值，可以看到分割后的结果为一个列表，列表的相关知识请参考 6.1 节的内容。

第 5 ~ 8 行：以逗号 “,” 为分割符对字符串进行分割。

示例 3-8　使用 split 函数对字符串进行分割

```
1. >>> str1 = "abc 123 jack lili"
2. >>> str2 = str1.split()
3. >>> str2
4. ['abc', '123', 'jack', 'lili']
5. >>> str3 = "123,467,dsf,56fg,etre"
6. >>> str4 = str3.split(",")
7. >>> str4
8. ['123', '467', 'dsf', '56fg', 'etre']
```

3.3.4 f-string

f-string 是一种格式化字符串，它的作用是将变量的值按照需要填充到一个字符串的内部。f-string 的语法很简单，在字符串的引号前加上字母 f，然后在需要填充变量的位置加上大括号 { 变量名 } 即可。

【示例 3-9 程序】

f-string 格式化字符串示例如下，在 shell 模式下编写如下程序。

第 1 ~ 2 行：创建 2 个变量并赋值。

第 3 行：通过 f-string 将变量填充到字符串中，并赋值给新变量。

第 4 ~ 5 行：查看填充后的字符串内容。

示例 3-9　f-string 格式化字符串

```
1. >>> name = "Crossin"
2. >>> age = 18
3. >>> s = " 我叫 {name}，今年 {age} 岁 "
4. >>> s
5. ' 我叫 Crossin，今年 18 岁 '
```

3.3.5 字符串遍历

字符串的遍历就是依次对字符串中的每个字符进行访问操作，也就是把字符串中的每一个字符都单独取出一次。

【示例 3-10 程序】

下面演示对字符串的遍历操作，在 shell 模式下编写如下程序。

第 1 行：创建一个字符串 s，并赋值“abc123”。

第 2 ~ 3 行：使用 for 循环语句遍历字符串 s，在循环语句下使用 print 函数输出变量 i 的值（第 3 行开头应缩进）。

第 4 ~ 9 行：程序输出的遍历结果，可以看到字符串 s 中的字符被依次输出。

示例 3-10　字符串遍历

```
1. >>> s = "abc123"
2. >>> for i in s:
3. ...     print(i)
4. a
5. b
6. c
7. 1
8. 2
9. 3
```

关于 for 循环遍历，将在后面的章节中进行详细说明。

3.4 数据类型的相互转换

变量的类型由所赋值的数据类型决定。在某些情况下，可以通过相关函数对数据进行类型转换。

3.4.1 int 函数

如果想把其他类型数据转换为整数类型数据，可以使用 int 函数。需要注意的是，如果原类型是字符串，只有纯数字字符串才能转换为整数类型数据，带有字母和其他符号（包括小数点，但数字前的正负号除外）的字符串不能转换为整数类型，否则程序会报错。

【示例 3-11 程序】

把字符串数据转换为整数类型数据，在 shell 模式下编写如下程序。

第 1 ~ 6 行：通过 int 函数把字符串“10”转换为整数 10。

示例 3-11　int 函数的使用

```
1. >>> d = "10"
2. >>> d1 = int(d)
3. >>> d1
4. 10
5. >>> type(d1)
6. <class 'int'>
```

【示例 3-12 程序】

浮点数类型数据都可以被 int 函数转换为整数类型数据，但此转换并不是采用四舍五入的方式，而是直接把小数部分去除。

在 shell 模式下编写如下程序。

第 1～3 行：通过 int 函数把浮点数 2.23 转换为整数 2。

第 4～6 行：通过 int 函数把浮点数 2.89 转换为整数 2。

示例 3-12　int 函数的使用

```
1. >>> d1 = int(2.23)
2. >>> d1
3. 2
4. >>> d2 = int(2.89)
5. >>> d2
6. 2
```

【示例 3-13 程序】

我们知道布尔类型数据只有两个值 True 和 False，那么把布尔类型数据转换为整数类型数据会获得什么结果呢？在 shell 模式下编写如下程序。

第 1～3 行：使用 int 函数把布尔类型数据“False”转换为整数类型数据的结果是 0。

第 4～6 行：使用 int 函数把布尔类型数据“True”转换为整数类型数据的结果是 1。

示例 3-13　int 函数的使用

```
1. >>> d1 = int(False)
2. >>> d1
3. 0
4. >>> d2 = int(True)
5. >>> d2
6. 1
```

事实上，在 Python 中 True/False 和 1/0 是相同的数据。

3.4.2 str 函数

把其他类型数据转换为整数类型数据可以使用 int 函数，而如果想把其他类型数据转换为字符串类型数据，可以使用 str 函数。

【示例 3-14 程序】

把其他类型数据转换为字符串类型数据，在 shell 模式下编写如下程序。

第 1 行：定义一个变量 a，并赋值整数 123456789。

第 2 行：使用 str 函数把变量 a 的类型转换为字符串类型，并把转换后的结果赋值给变量 a1。

第 3～4 行：查看变量 a1 的值，可以看到多了一对引号，即把整数类型数据转换为了字符串类型数据。

第 5 行：定义一个变量 b，并赋值浮点数 3.1415。

第 6 行：使用 str 函数把变量 b 的类型转换为字符串类型，并把转换后的结果赋值给变量 b1。

第 7～8 行：查看变量 b1 的值，可以看到多了一对引号，即把浮点数类型数据转换为了字符串类型数据。

示例 3-14　str 函数的使用

```
1. >>> a = 123456789
2. >>> a1 = str(a)
3. >>> a1
4. '123456789'
5. >>> b = 3.1415
6. >>> b1 = str(b)
7. >>> b1
8. '3.1415'
```

3.4.3 bool 函数

如果想要把其他类型数据转换为布尔类型数据，可以使用 bool 函数。

【示例 3-15 程序】

把其他类型数据转换为布尔类型数据，在 shell 模式下编写如下程序。

第 1～3 行：把整数 2020 转换为布尔类型数据的结果为 True。

第 4～6 行：把整数 0 转换为布尔类型数据的结果为 False。

第 7～9 行：把字符串“hello”转换为布尔类型数据的结果为 True。

第 10～12 行：把空字符串转换为布尔类型数据的结果为 False。

第 13～15 行：把浮点数 3.14 转换为布尔类型数据的结果为 True。

第 16～18 行：把浮点数 0.0 转换为布尔类型数据的结果为 False。

示例 3-15　bool 函数的使用

```
1. >>> b = bool(2020)
2. >>> b
3. True
4. >>> b = bool(0)
5. >>> b
6. False
7. >>> b = bool("hello")
8. >>> b
9. True
10. >>> b = bool("")
11. >>> b
12. False
13. >>> b = bool(3.14)
14. >>> b
15. True
16. >>> b = bool(0.0)
17. >>> b
18. False
```

通过上面的示例程序，可以发现无论将何种类型的数据转换为布尔类型数据，都只有 True 和 False 两个值。

3.4.4 float 函数

如果想要把其他类型数据转换为浮点数类型数据，可以使用 float 函数，同样需要注意的是不能把带字母和其他符号（小数点和数字前的正负号除外）的字符串转换为浮点数。

【示例 3-16 程序】

把其他类型数据转换为浮点数类型数据，在 shell 模式下编写如下程序。

第 1～6 行：把布尔类型数据“False”与“True”转换为浮点数类型数据，结果分别为 0.0 与 1.0。

第 7～9 行：把带小数点和数字的字符串“3.14”转换为浮点数类型数据的结果为 3.14。

第 10～12 行：把整数 2020 转换为浮点数类型数据的结果为 2020.0。

第 13～15 行：把纯数字的字符串“2020”转换为浮点数类型数据的结果为 2020.0。

示例 3-16　float 函数的使用

```
1. >>> f1 = float(False)
2. >>> f1
3. 0.0
```

```
>>> f2 = float(True)
>>> f2
1.0
>>> f3 = float("3.14")
>>> f3
3.14
>>> f4 = float(2020)
>>> f4
2020.0
>>> f5 = float("2020")
>>> f5
2020.0
```

3.4.5 eval 函数

Python 提供了许多内置函数，这些函数让 Python 更加便捷，而 eval 函数是其中之一。

【示例 3-17 程序】

eval 函数可以把一个字符串表达式当作代码来执行，并返回表达式的值。在 shell 模式下编写如下程序。

第 1 行：定义一个变量 x 并赋值整数 7。

第 2～3 行：输出表达式“3 * 7”的值为 21。

第 4～5 行：输出表达式“2 + 2”的值为 4。

第 6～7 行：输出表达式“8 / 4”的值为 2.0。

示例 3-17　eval 函数的使用

```
1. >>> x = 7
2. >>> eval("3 * x")
3. 21
4. >>> eval("2 + 2")
5. 4
6. >>> eval("8 / 4")
7. 2.0
```

Crossin 老师答疑

问题 1：整数和浮点数都是数字类型数据，在编程时如何选择？

答：浮点数有比整数更高的精度，如果我们用整数类型数据来存放一个浮点数，那么浮点数的小数部分就没了。我们要根据实际情况选择，如个数、次数等选择整数类型数据，而身高、体重、长度等最好选择浮点数类型数据。

问题 2：在转换数据类型时，类似字符串“1.23”这样的数据要如何转换为整数 1 呢？

答：在 Python 中直接使用 int 函数转换字符串“1.23”会出错，程序并不支持这样的转换。正确的方法是先使用 float 函数转换字符串“1.23”，结果为浮点数 1.23，然后再使用 int 函数转换浮点数 1.23，结果为整数 1。即 int(float("1.23"))。

上机实训：统计文章的单词数

【实训介绍】

输入英文文章，通过程序输出该文章的单词数。

【编程分析】

可以用一个变量接收用户输入的字符串，然后使用 split 函数对该字符串进行分割，分割后的数据存放在列表中，使用 len 函数可以得到列表中元素的个数（列表相关的知识见 6.1 节），最后使用 print 函数输出单词数。

根据编程分析，在文本模式下编写如下程序。

示例 3-18　实训程序

```
1. string = input("请输入：")
2. list1 = string.split()
3. num = len(list1)
4. print(f"这段文字共有{num}个单词")
```

【程序说明】

第 1 行：获取用户输入的字符串。

第 2 行：使用 split 函数对字符串进行分割，分割后的内容放入列表 list1 中。

第 3 行：使用 len 函数求出列表 list1 的长度，并把长度赋值给变量 num。

第 4 行：使用 f-string 输出变量 num 的值。

【程序运行结果】

程序编写完成后，运行程序，结果如图 3-1 所示。可以看到当输入字符串后，程序输出了该段字符串的单词数。

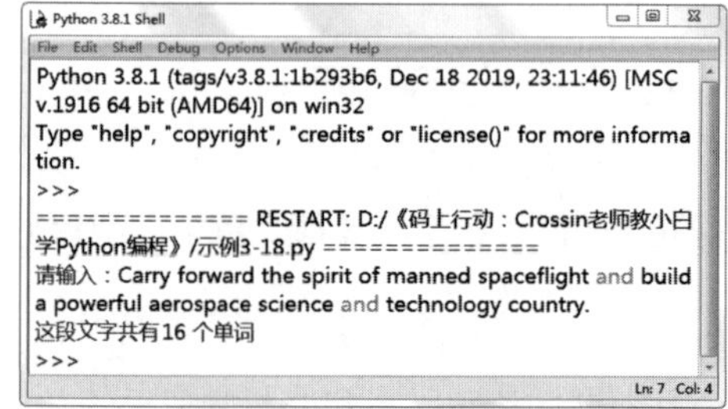

图 3-1　程序运行结果

思考与练习

一、判断题

1. 凡是通过 float 函数转换后的数据都带有小数点。（　　）

2. 可以使用 str 函数创建字符串，也可以使用它把一个整数转换为字符串。（　　）

二、选择题

1. 有一个字符串 a = "abcdefg123456789"，怎么取出整数 123？（　　）

A. a[7:10]　　B.a[8:11]　　C.int(a[7:10])　　D.a[7:9]

2. 有一个字符串 a = "abcdefg123456789"，怎么取出字符串“bdf”？（　　）

A. a[0:6:2]　　B. a[1:6:2]　　C.a[0:6]　　D.a[1:6]

三、编程题

1. 编写一段程序，输入两个整数，输出这两个整数的和。

2. 编写一段程序，输入一个数据，输出该数据的类型。

本章小结

在本章中，我们学习了 Python 语言的基本数据类型，分别是数字类型、字符串类型和布尔类型，每种数据的特点和用途有所不同；同时我们还学习了这几种数据类型之间的相互转换，在某些情况下，需要把数据从一种类型转换为另一种类型，以便进行相关运算。

第 4 章

不同的运算：算术、关系与逻辑

★本章导读★

在第 3 章中，我们学习了 Python 语言中的数据类型，以及它们之间的相互转换。不管是 Python 编程还是其他语言的编程，都离不开运算。本章将讲解这些数据类型相关的运算，主要包括算术运算、关系运算和逻辑运算。

★知识要点★

通过对本章内容的学习，读者能掌握以下知识。

◆ 掌握算术运算。

◆ 掌握关系运算符和关系运算。

◆ 掌握逻辑运算符和逻辑运算。

4.1 算术运算

在 Python 中常用算术运算包括加法、减法、乘法、除法、取余、整除、乘方等。参与计算的可以是数值，也可以是变量。接下来一一举例说明，算术运算符如表 4-1 所示。

表 4-1 算术运算符

运算符号	功能描述
+	加：两个数相加
-	减：得到负数或一个数减去另一个数
*	乘：两个数相乘或返回一个被重复若干次的字符串
/	除：一个数除以另一个数
%	取余：返回整除的余数
//	整除：返回两个数相除的商的整数部分
**	乘方：x**y，返回 x 的 y 次方

4.1.1 加法运算

在 Python 中整数、浮点数、布尔类型数据三者之间可以进行加法运算，注意在运算中布尔类型数据 True 表示整数 1，False 表示整数 0。字符串与字符串可以相加，字符串不支持与其他类型数据相加。

【示例 4-1 程序】

在 shell 模式下编写如下程序。

第 1～2 行：整数 100 加 100 的和为 200。

第 3～4 行：浮点数 3.14 和整数 2 的和为 5.140000000000001，浮点数计算不精确是因为计算机存储浮点数的机制所造成的误差。

第 5～6 行：布尔值 True 和整数 100 的和为 101。

第 7～8 行：布尔值 False 和小数 3.0 的和为 3.0。

第 9～10 行：字符串“abc”和字符串“123”相加的结果为“abc123”。

示例 4-1　不同类型数据相加

```
1. >>> 100 + 100
2. 200
3. >>> 3.14 + 2
4. 5.140000000000001
5. >>> True + 100
6. 101
7. >>> False + 3.0
8. 3.0
9. >>> "abc" + "123"
10. 'abc123'
```

4.1.2 减法运算

与加法运算相似，在 Python 中整数、浮点数、布尔类型数据三者之间可以进行减法运算。字符串不支持与其他类型数据相减，并且字符串也不能与字符串相减，即字符串不支持减法。

【示例 4-2 程序】

在 shell 模式下编写如下程序。

第 1～2 行：整数 200 减去 100 的结果为 100。

第 3～4 行：浮点数 3.0 减去整数 2 的结果为 1.0。

第 5～6 行：布尔值 True 减去整数 3 的结果为 –2。

第 7～8 行：整数 3 减去布尔值 False 的结果为 3。

示例 4-2　不同类型数据相减

```
>>> 200 - 100
100
>>> 3.0 - 2
1.0
>>> True - 3
-2
>>> 3 - False
3
```

4.1.3 乘法运算

在 Python 中整数、浮点数、布尔类型数据三者之间可以进行乘法运算。字符串仅支持与整数类型数据相乘，注意乘法运算符号为星号“*”。

【示例 4-3 程序】

在 shell 模式下编写如下程序。

第 1～2 行：整数 100 乘以 2 的结果为 200。

第 3～4 行：浮点数 3.14 乘以整数 2 的结果为 6.28。

第 5～6 行：整数 100 乘以布尔值 True 的结果为 100。

第 7～8 行：整数 100 乘以布尔值 False 的结果为 0。

第 9～10 行：字符串“abcdef”乘以整数 2 的结果为字符串“abcdefabcdef”。

第 11～12 行：字符串“abc”乘以整数 0 的结果为空字符串。

示例 4-3　不同类型数据相乘

```
1. >>> 100 * 2
2. 200
3. >>> 3.14 * 2
4. 6.28
5. >>> 100 * True
6. 100
7. >>> 100 * False
8. 0
9. >>> "abcdef" * 2
10. 'abcdefabcdef'
11. >>> "abc" * 0
12. ''
```

4.1.4 除法运算

在 Python 中除法运算符号为斜杠“/”，而不是反斜杠“\”。在 Python 中整数、浮点数、布尔类型数据三者之间可以进行除法运算，字符串不支持除法运算。另外，0 不能作为除数，否则会引发 ZeroDivisionError 报错。

【示例 4-4 程序】

在 shell 模式下编写如下程序。

第 1～2 行：整数 100 除以 2 的结果为 50.0。

第 3～4 行：浮点数 4.4 除以整数 2 的结果为 2.2。

第 5～6 行：整数 100 除以布尔值 True 的结果为 100.0。

可以非常容易地看出，除法运算的结果都是浮点数。

示例 4-4　不同类型数据的除法运算

```
1. >>> 100 / 2
2. 50.0
3. >>> 4.4 / 2
4. 2.2
5. >>> 100 / True
6. 100.0
```

4.1.5 取余运算

在 Python 中除了常用的加、减、乘、除运算，还有一个非常好用的运算——取余运算，可以方便地帮助我们求得两数相除的余数；取余运算符号是一个百分号“%”。

【示例 4-5 程序】

在 shell 模式下编写如下程序。

第 1～2 行：整数 100 除以 2 的余数为 0。

第 3～4 行：整数 5 除以 2 的余数为 1。

第 5～6 行：整数 10 除以浮点数 3.5 的余数为 3.0。

可以看出有浮点数参与运算时，取余运算仍然有效，但结果是浮点数类型数据。

示例 4-5　取余运算

```
1. >>> 100 % 2
2. 0
3. >>> 5 % 2
4. 1
```

```
>>> 10 % 3.5
3.0
```

4.1.6 整除运算

和取余运算对应的是整除运算。整除运算就是计算两个数相除的整数商；整除运算的符号是两个斜杠“//”。

【示例 4-6 程序】

在 shell 模式下编写如下程序。

第 1 ~ 2 行：整数 5 除以 2 的取整结果为 2。

第 3 ~ 4 行：整数 99 除以 6 的取整结果为 16。

第 5 ~ 6 行：整数 10 除以浮点数 3.5 的取整结果为 2.0。

可以看出有浮点数参与运算时，整除运算仍然有效，但结果是浮点数类型数据。

示例 4-6　整除运算

```
1. >>> 5 // 2
2. 2
3. >>> 99 // 6
4. 16
5. >>> 10 // 3.5
6. 2.0
```

4.1.7 乘方运算

乘方运算，即幂运算，用于计算一个数的 *n* 次方。注意，Python 中的乘方运算符号是两个乘号“**”，而不是很多语言中的“^”（该符号在 Python 中表示“按位异或”操作）。

【示例 4-7 程序】

在 shell 模式下编写如下程序。

第 1 ~ 2 行：计算 2 的 3 次方，结果为 8。

第 3 ~ 4 行：计算 9 的 0.5 次方，结果为 3。

第 5 ~ 6 行：计算 -1.5 的 0.5 次方，结果是一个虚数。

示例 4-7　乘方运算

```
1. >>> 2 ** 3
2. 8
3. >>> 9 ** 0.5
4. 3
```

```
>>> (-1.5) ** 0.5
(7.499399432609231e-17+1.224744871391589j)
```

4.2 关系运算

关系运算可以理解为比较两个数的大小。关系运算不同于算术运算，算术运算的结果可能是整数、浮点数、字符串、布尔类型数据等，而关系运算的结果只有一种数据类型，即布尔类型。

4.2.1 关系运算符

关系运算符包括等于、不等于、大于、小于、大于等于、小于等于，如表 4-2 所示。在编程中通过关系运算符完成关系运算，得到的结果是布尔类型数据。同算术运算一样，参与关系运算的数据可以是数值，也可以是变量。

表 4-2　关系运算符

运算符号	功能描述
==	等于：x==y，判断 x、y 是否相等
!=	不等于：x!=y，判断 x、y 是否不相等
>	大于：x>y，判断 x 是否大于 y
<	小于：x<y，判断 x 是否小于 y
>=	大于等于：x>=y，判断 x 是否大于等于 y
<=	小于等于：x<=y，判断 x 是否小于等于 y

4.2.2 关系运算

4.2.1 小节中介绍了 6 种关系运算符号，通过关系运算即可实现对两个数据进行大小判断。

【示例 4-8 程序】

下面分别演示 6 种关系运算，在 shell 模式下编写如下程序。

通过下面的示例程序，可以验证关系运算的结果只有一种数据类型——布尔类型，即关系运算式成立的时候结果为 True，不成立的时候结果为 False。

示例 4-8　关系运算

```
>>> 110 > 120
False
>>> 110 < 120
True
```

```
>>> 110 <= 120
True
>>> 110 == 120
False
>>> 110 >= 110
True
>>> 110 != 120
True
```

4.3 逻辑运算

判断语句中，逻辑运算包括与、或、非三种。逻辑运算可以看作关系运算的扩展与延伸，灵活使用逻辑运算，可以提高我们的编程效率。逻辑运算符如表 4-3 所示。

表 4-3　逻辑运算符

运算符号	逻辑表达式	描述
and	x and y	与：如果 x 和 y 都为 True，返回 True，否则返回 False
or	x or y	或：如果 x 和 y 中至少有一个为 True，返回 True，否则返回 False
not	not x	非：如果 x 为 True，返回 False；如果 x 为 False，返回 True

4.3.1 与运算

与运算由关键字“and”完成，当“and”左右两边的条件同时为真时，与运算的结果为真（True），有一个条件为假，则结果即为假（False）。

【示例 4-9 程序】

在 shell 模式下编写如下程序。

第 1～2 行：True 与 True 的与运算结果为 True。

第 3～4 行：True 与 False 的与运算结果为 False。

第 5～6 行：False 与 False 的与运算结果为 False。

示例 4-9　与运算

```
1. >>> True and True
2. True
3. >>> True and False
4. False
5. >>> False and False
6. False
```

4.3.2 或运算

或运算由关键字“or”完成，当“or”左右两边至少有一个条件为真时，或运算的结果即为真（True），都为假时，结果才为假（False）。

【示例 4-10 程序】

在 shell 模式下编写如下程序。

第 1～2 行：True 与 True 的或运算结果为 True。

第 3～4 行：True 与 False 的或运算结果为 True。

第 5～6 行：False 与 False 的或运算结果为 False。

示例 4-10　或运算

```
1. >>> True or True
2. True
3. >>> True or False
4. True
5. >>> False or False
6. False
```

4.3.3 非运算

非运算由关键字“not”完成，当“not”右边的条件为假时，非运算的结果为真（True）；当“not”右边的条件为真时，非运算的结果为假（False）。

【示例 4-11 程序】

在 shell 模式下编写如下程序。

第 1～2 行：True 的非运算结果为 False。

第 3～4 行：False 的非运算结果为 True。

示例 4-11　非运算

```
1. >>> not True
2. False
3. >>> not False
4. True
```

4.3.4 非布尔类型数据的逻辑运算

非布尔类型数据也是可以进行逻辑运算的，运算规则参考转换为布尔类型数据后的运算，即数字 0 和空字符相当于 False，非零数字和非空字符串相当于 True。但是运算的结果会保留原值，而不是布尔值。

例如，当两个非布尔类型数据进行与运算时，如“0 and x”，x 的值对结果没有影响，那么与运算的结果就是 0；再如“1 and x”，x 的值对结果有影响，那么与运算的结果就是 x。

或运算的结果也是如此，如“1 or x”，不管 x 的值如何，对结果都没有影响，所有或运算的结果都为 1；再如“0 or x”，x 的值对结果有影响，所有或运算的结果为 x。

【示例 4-12 程序】

非布尔类型数据进行与运算示例如下，在 shell 模式下编写如下程序。

第 1～2 行：整数 6 和浮点数 3.14 的与运算结果为 3.16。

第 3～4 行：浮点数 3.14 和整数 6 的与运算结果为 6。

第 5～6 行：整数 0 和浮点数 3.14 的与运算结果为 0。

第 7～8 行：字符串“111”和整数 0 的与运算结果为 0。

第 9～10 行：空字符串和整数 6 的与运算结果为空字符串。

第 11～12 行：整数 0 和空字符串的与运算结果为 0。

示例 4-12　非布尔类型数据进行与运算

```
1. >>> 6 and 3.14
2. 3.14
3. >>> 3.14 and 6
4. 6
5. >>> 0 and 3.14
6. 0
7. >>> "111" and 0
8. 0
9. >>> "" and 6
10. ''
11. >>> 0 and ""
12. 0
```

【示例 4-13 程序】

非布尔类型数据进行或运算示例如下，在 shell 模式下编写如下程序。

第 1～2 行：整数 6 和浮点数 3.14 的或运算结果为 6。

第 3～4 行：浮点数 3.14 和整数 6 的或运算结果为 3.14。

第 5～6 行：整数 0 和 1 的或运算结果为 1。

第 7～8 行：整数 1 和 0 的或运算结果为 1。

示例 4-13　非布尔类型数据进行或运算

```
1. >>> 6 or 3.14
```

```
6
>>> 3.14 or 6
3.14
>>> 0 or 1
1
>>> 1 or 0
1
```

Crossin 老师答疑

问题 1：字符串能否和负数进行运算？

答：字符串不能和数字类型数据进行加、减、除法运算，但是可以和整数进行乘法运算，即将字符串成倍复制。如果与之相乘的数字小于等于 0，结果为空字符串。

问题 2：整数与任何数的除法运算结果都为浮点数吗？

答：是的，整数与任何数的除法运算结果都为浮点数，如 100 / 2 的结果为浮点数 50.0；如果想要得到一个整数结果，可以考虑使用整除运算，如 100 // 2 的结果就是整数 50。

上机实训一：计算小能手

【实训介绍】

输入两个数，分别输出这两个数相加、相减、相乘、相除的结果。

【编程分析】

数字的输入可以使用 input 函数，输出可以使用 print 函数。根据编程分析，在文本模式下编写示例 4-14 所示程序。

示例 4-14　实训程序

```
a = input("a:")
b = input("b:")
a = float(a)
b = float(b)
print("a+b=", a + b)
print("a-b=", a - b)
print("a*b=", a * b)
print("a/b=", a / b)
```

【程序说明】

第 1～2 行：获取用户的输入数据，分别赋值给变量 a、b。

第 3～4 行：把输入的数据转换为浮点数类型数据。

第 5～8 行：分别输出变量 a、b 加、减、乘、除运算后的结果。

【程序运行结果】

程序编写完成后，运行程序，结果如图 4-1 所示。

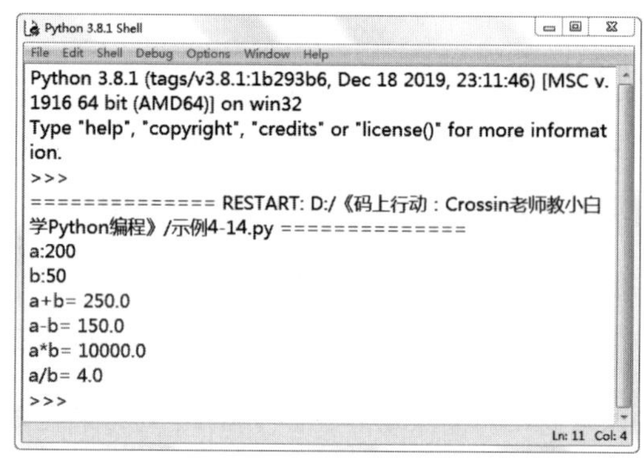

图 4-1　程序运行结果

上机实训二：矩形的面积

【实训介绍】

输入矩形的长和宽，输出矩形的面积。

【编程分析】

矩形的面积计算公式：面积 = 长 × 宽；使用 input 函数获取输入的长和宽，使用公式计算后，使用 print 函数输出面积。根据编程分析，在文本模式下编写示例 4-15 所示程序。

示例 4-15　实训程序

```
1. a = input("输入矩形的长：")
2. b = input("输入矩形的宽：")
3. area = float(a) * float(b)
4. print("面积：", area)
```

【程序说明】

第 1～2 行：获取用户输入的长和宽，分别赋值给变量 a、b。

第 3 行：把输入的数据转换为浮点数类型数据并相乘，把运算结果赋值给变量 area。

第 4 行：使用 print 函数输出变量 area 的值。

【程序运行结果】

程序编写完成后，运行程序，结果如图 4-2 所示。

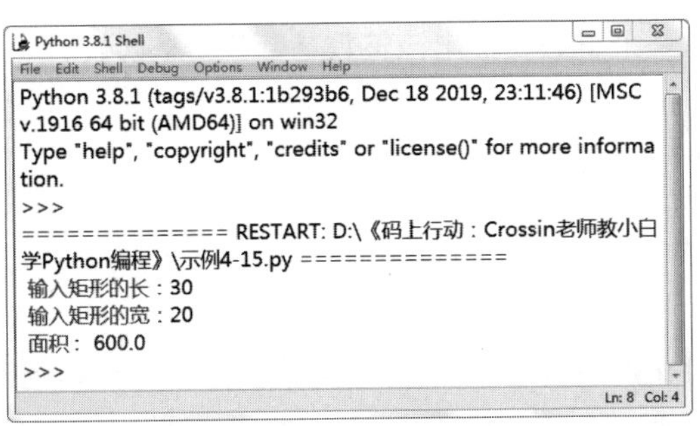
Python 3.8.1 (tags/v3.8.1:1b293b6, Dec 18 2019, 23:11:46) [MSC v.1916 64 bit (AMD64)] on win32
Type "help", "copyright", "credits" or "license()" for more information.
>>>
============== RESTART: D:\《码上行动：Crossin老师教小白学Python编程》\示例4-15.py ==============
输入矩形的长：30
输入矩形的宽：20
面积： 600.0
>>>

图 4-2　程序运行结果

思考与练习

一、判断题

1. 关系运算的结果是一个布尔类型数据。（　　）

2. 表达式“a >= b”与“a > b or a == b”的结果是一样的。（　　）

二、选择题

1. 以下程序的输出结果为（　　）。

```
a = True
b = False
print(a and a)
print(a and b)
print(b and b)
```

A. True、False、False　　B. 1、1、1

C. True、True、False　　D. 0、1、0

2. 以下程序的输出结果为（　　）。

```
a = 1
b = 2
print(a and b or a)
```

A.True　　B.1

C.False　　D.2

三、编程题

1. 编写一段程序，输入三个数，输出这三个数的平均数。

2. 编写一段程序，输入一个整数，输出该整数是奇数还是偶数。

本章小结

在本章中，我们学习了 Python 语言中的算术运算、关系运算和逻辑运算。其中算术运算包括常见的加、减、乘、除运算，以及取余、整除、乘方运算；关系运算包括等于、不等于、大于、小于、大于等于、小于等于；逻辑运算包括与、或、非。这些运算都是深入学习 Python 必须掌握的基础知识。

第 5 章

程序的逻辑：判断与循环语句

★本章导读★

在生活中，判断几乎无处不在，我们每天都在做各种各样的判断。在程序中也是如此，我们经常会遇到判断是否满足条件的情况。条件判断是编程中非常重要和常用的知识点之一。

在程序中和条件判断同样重要的还有循环。通过使用循环语句可以优化程序，减少代码量，还可以快速实现一些复杂的功能。

★知识要点★

通过对本章内容的学习，读者能掌握以下知识。

- ◆ 掌握 if 判断分支语句。
- ◆ 掌握 for 循环和 while 循环。
- ◆ 掌握 break 和 continue 语句的使用。

5.1 判断语句

条件判断需要通过专门的判断语句来完成。在 Python 中实现程序的判断功能，需要用 if 语句及 elif/else 语句来完成。

5.1.1 if 语句

在 Python 中，if 语句就是用来进行条件判断的，格式如下。

```
if 要判断的条件 :
    条件成立时，要做的事情
```

需要注意的是，if 语句的内部，即条件满足时执行的代码，每行都需要比 if 多缩进一层，一般是 4 个空格或 1 个制表符。

与很多语言中使用大括号“{}”区分代码块不同，Python 中通过缩进来区分代码块，连续地保持同一缩进量的代码即表示在同一个代码块内。但建议同一个代码文件内不要混用空格和制表符。

【示例 5-1 程序】

新冠肺炎疫情期间，很多公共场所门口都设有测温设备，当检测到人的体温大于等于 37.5 摄氏度时，就会发出“哔哔哔”的警报声。编写一段程序，模拟类似的警报功能。在文本模式下编写如下程序。

第 1 行：通过 input 函数获取检测到的体温。

第 2 行：使用 float 函数将输入的体温转换为浮点数类型数据。

第 3 行：使用 if 语句判断体温是否大于等于 37.5 摄氏度，如果是则执行第 4 行程序，输出提示信息。

示例 5-1　体温判断程序

```
1. T = input("检测到的体温：")
2. T = float(T)
3. if T >= 37.5:
4.     print("哔哔哔")
```

运行编写完成的程序，当输入 38 时，如图 5-1 所示，可以看到程序输出“哔哔哔”的提示信息。

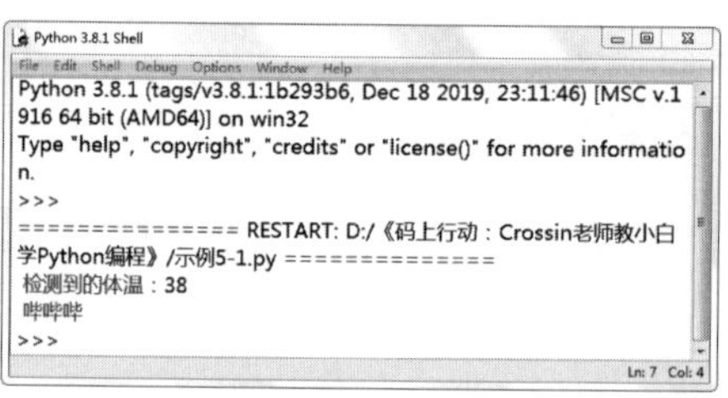

图 5-1　程序运行结果

当输入 37 时，如图 5-2 所示，可以看到程序没有输出任何提示信息。

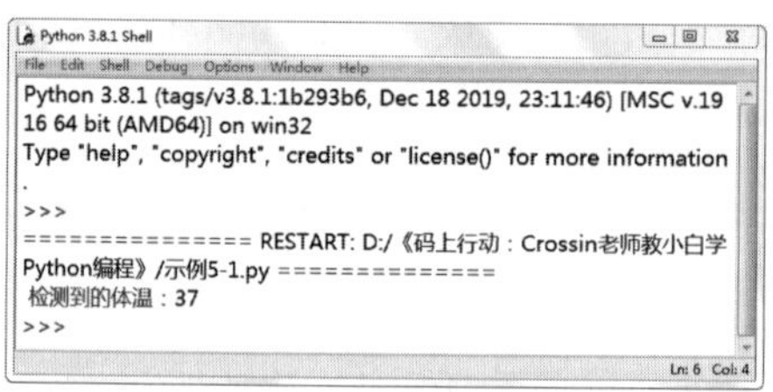

图 5-2　程序运行结果

5.1.2 if-else 语句

在 5.1.1 小节的示例中，如果想要实现检测到的体温小于 37.5 摄氏度也有对应的信息输出，在 Python 中也有相应的判断语句可以使用，即 if-else 语句。if-else 语句的格式如下。

```
if 要判断的条件：
    条件成立时，要做的事情
else:
    条件不成立时，要做的事情
```

【示例 5-2 程序】

研究发现，26 摄氏度是人体最适宜的环境温度，使用判断语句判断环境温度是否适宜，在文本模式下编写如下程序。

第 1～2 行：输入当前温度并转换为浮点数类型数据。

第 3～4 行：如果温度大于 26 摄氏度，则输出“温度偏高！”的提示信息。

第 5～6 行：如果温度不大于 26 摄氏度，则输出“温度偏低！”的提示信息。

示例 5-2　温度判断程序

```
1. h = input("请输入温度：")
2. h = float(h)
3. if h > 26:
4.     print("温度偏高！")
5. else:
6.     print("温度偏低！")
```

运行编写完成的程序，当输入 27 时，如图 5-3 所示，程序输出了正确的提示信息。

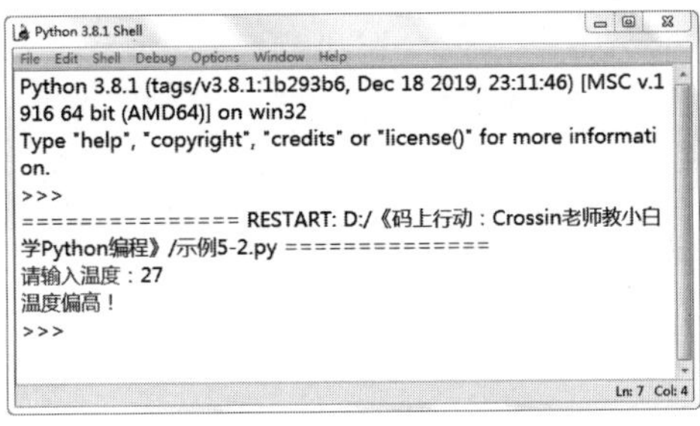

图 5-3　程序运行结果

当输入 25 时，如图 5-4 所示，程序也输出了正确的提示信息。

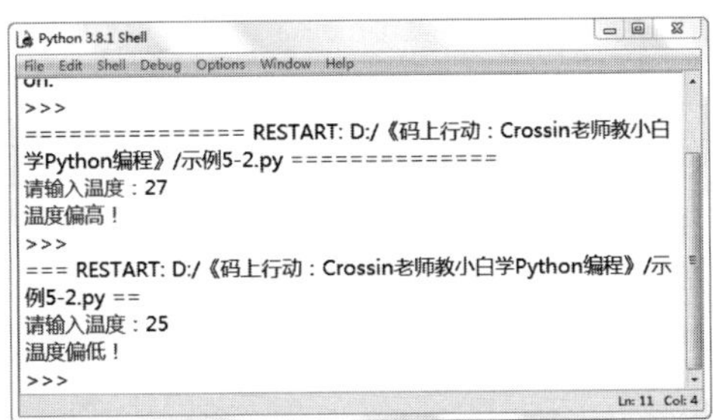

图 5-4　程序运行结果

当输入 26 时，程序输出的结果如图 5-5 所示。

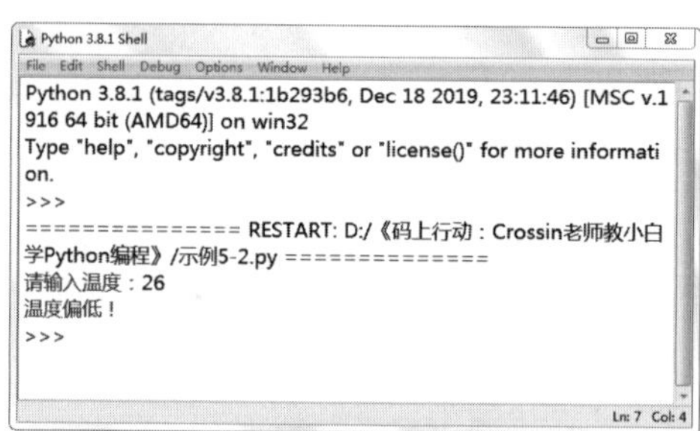

图 5-5　程序运行结果

图 5-5 中，程序还是输出了“温度偏低！”的提示信息，但这不是我们想要的结果。对此，可以使用多分支条件判断进一步优化。

5.1.3 elif 语句

多分支条件判断可以解决判断条件有三种及三种以上时的情况。在 Python 中使用 if-elif-else 语句可以实现多分支判断，该语句的格式如下。

```
if 条件 1:
    条件 1 成立时，要执行的代码块
elif 条件 2:
    条件 2 成立时，要执行的代码块
elif 条件 3:
    条件 3 成立时，要执行的代码块
......
else:
    以上条件都不成立时，要执行的代码块
```

【示例 5-3 程序】

在示例 5-2 程序的基础上添加第 5、6 行代码，判断温度是否正好适宜。

示例 5-3　温度判断程序

```
1. h = input("请输入温度：")
2. h = float(h)
3. if h > 26:
4.     print("温度偏高！")
5. elif h == 26:
6.     print("温度适宜！")
7. else:
8.     print("温度偏低！")
```

运行编写完成的程序，输入 26，查看输出结果是否符合预期。程序运行结果如图 5-6 所示，可以看到输出结果完全符合预期。

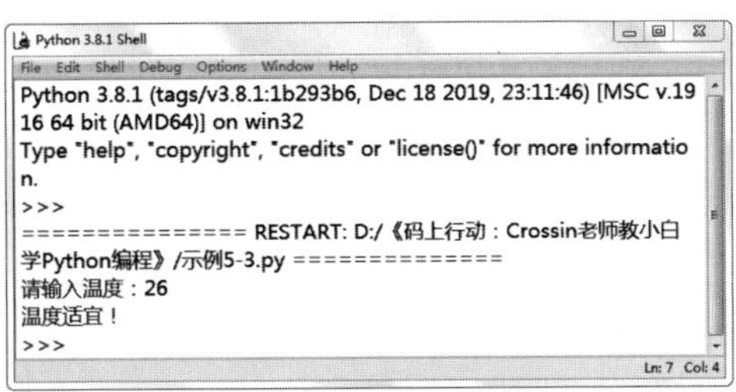

图 5-6　程序运行结果

5.1.4 判断语句嵌套

在 Python 中，判断语句是可以嵌套使用的，即在 if 判断语句中还可以继续添加判断语句。

【示例 5-4 程序】

使用判断语句嵌套的方式实现示例 5-3 程序。在文本模式下编写如下程序。

第 5～9 行：在 else 里嵌套了 if 判断语句。

示例 5-4　温度判断程序

```
1. h = input("请输入温度：")
2. h = float(h)
3. if h > 26:
4.     print("温度偏高！")
5. else:
6.     if h == 26:
7.         print("温度适宜！")
8.     else:
9.         print("温度偏低！")
```

运行编写完成的程序，输入 26，查看输出结果是否符合预期。程序运行结果如图 5-7 所示，可以看到输出结果与示例 5-3 一致。

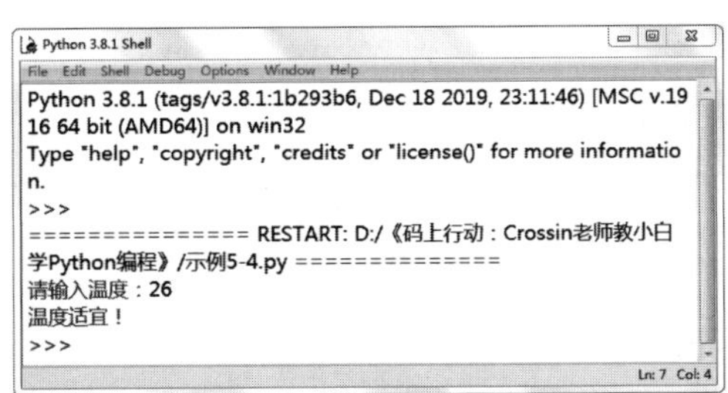

图 5-7　程序运行结果

5.2 while 循环

循环就是反复执行一段代码，可以是有限循环，也可以是无限循环。Python 中不管是有限循环还是无限循环，都可以使用 while 语句实现。

5.2.1 无限循环

在 Python 中，while 语句格式如下。

```
while 循环条件：
    要循环执行的代码块
```

只要把循环条件设为 True，就可以实现无限循环。

【示例 5-5 程序】

接下来编写一个不断输出当前时间的程序。在文本模式下编写如下程序。

第 1 行：导入时间模块 time（模块导入将在第 8 章进行介绍）。

第 2 行：使用 while True 语句实现无限循环。

第 3 行：调用 print 函数输出当前时间。

第 4 行：调用 sleep 函数延时一秒。

示例 5-5　输出时间

```
1. import time
2. while True:
3.     print(time.strftime('%Y-%m-%d %H:%M:%S',time.localtime(time.time())))
4.     time.sleep(1)
```

运行编写完成的程序，可以看到程序不断地输出当前时间，如图 5-8 所示。time 模块的相关知识会在后面的章节中详细讲解。

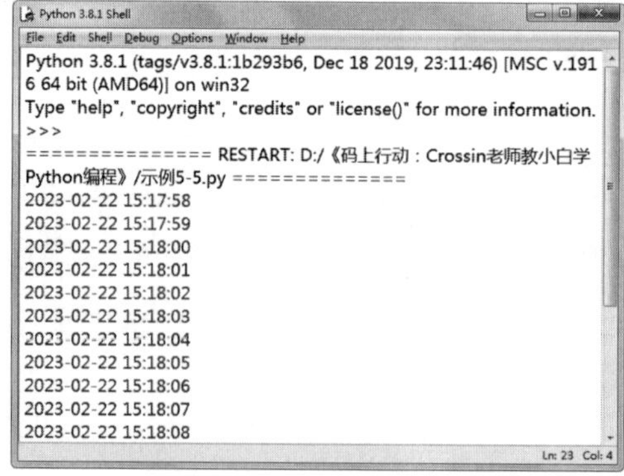

图 5-8　程序运行结果

5.2.2 有限循环

有限循环顾名思义就是循环次数有限，即达到指定的循环次数以后，程序退出循环。

【示例 5-6 程序】

接下来演示使用 while 循环实现有限循环。在文本模式下编写如下程序。

第 1 行：定义一个变量 n，并赋值 10。

第 2 行：使用 while 语句实现有限循环，循环条件为“n > 0”。

第 3 行：调用 print 函数输出循环变量 n 的值。

第 4 行：将变量 n 的值减 1。

示例 5-6　有限循环

```
1. n = 10
2. while n > 0:
3.     print(n)
4.     n = n - 1
```

运行编写完成的程序，结果如图 5-9 所示。可以看到当 n 大于 0 时，即满足循环条件时，循环执行；当 n 为 0 时，不满足循环条件，循环终止。

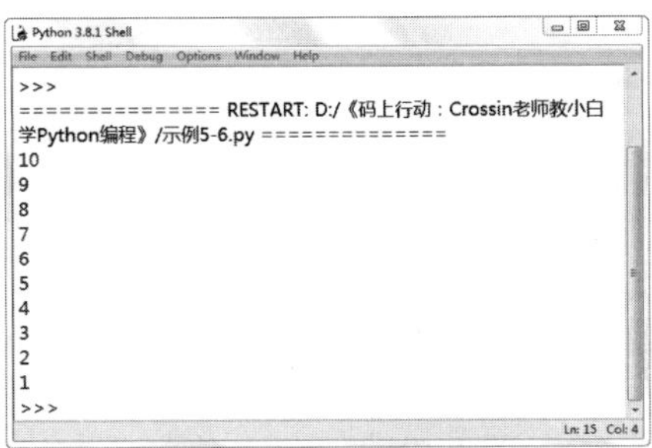

图 5-9　程序运行结果

5.3 for 循环

在前面的章节中对字符串进行遍历操作时，我们就用到了 for 循环。接下来将详细讲解 for 循环语句。

5.3.1 for 语句

for 语句是 Python 语言中使用较多的一种循环，for 语句的格式如下。

```
for a in range( 次数 ):
    需要循环执行的代码块
```

range(*n*) 生成一个 0 ~ *n* 的序列，它可以被替换成其他序列（如字符串）。而 for 循环的本质就是对这个序列进行遍历。

【示例 5-7 程序】

使用 for 循环实现输出 10 行“Python！”字符串。在文本模式下编写如下程序。

第 1 行：使用 for 语句循环 10 次。

第 2 行：使用 print 函数输出“Python!”字符串。

示例 5-7　for 循环

```
1. for a in range(10):
2.     print("Python!")
```

编写完成后，运行程序，输出了 10 行“Python!”字符串，如图 5-10 所示，可以看到循环 10 次的功能实现了。

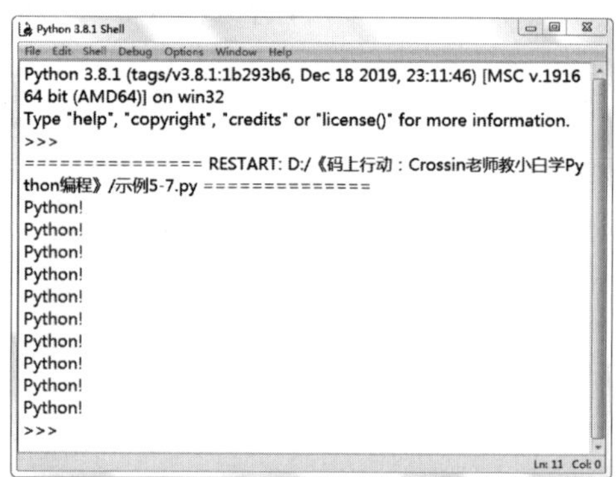

图 5-10　程序运行结果

5.3.2 for 循环的使用

除了使用 for 循环输出相同的内容，还可以使用循环变量输出不同的内容。

【示例 5-8 程序】

使用 for 语句实现 10 次循环。在文本模式下编写如下程序。

第 1 行：使用 for 语句循环 10 次。

第 2 行：使用 print 函数输出循环变量 i 的值。

示例 5-8　for 循环

```
for a in range(10):
    print(a)
```

编写完程序后运行程序，结果如图 5-11 所示，输出了 0，1，2，3，…，8，9。

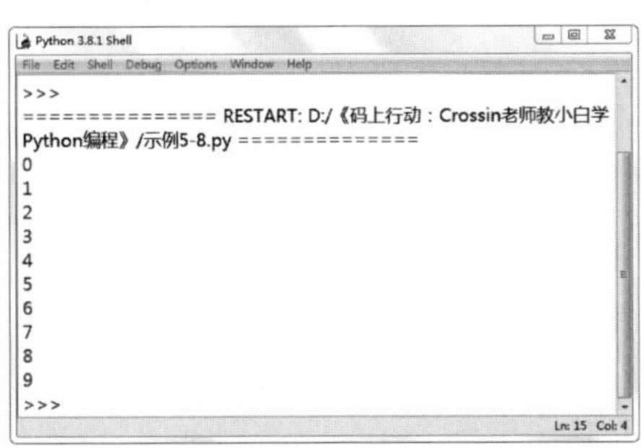

图 5-11　程序运行结果

该程序中，range(10) 表示从 0 开始，到 10 为止（不包括 10），取其中所有的整数。for a in range(10) 表示把这些数据依次赋值给变量 a，相当于一个一个循环过去，第一次 a = 0，第二次 a = 1，直到 a = 10 时循环结束。

5.3.3 循环的嵌套

在 Python 中，循环也是可以嵌套的，所谓循环嵌套就是循环里面还有循环。while 循环和 for 循环是可以相互嵌套的。

【示例 5-9 程序】

使用 for 循环嵌套输出九九乘法表。在文本模式下编写如下程序。

第 1 行：使用 for 语句循环 9 次，因为九九乘法表共 9 行。

第 2 行：每次循环内部嵌套使用 for 语句循环，内部循环次数根据行数变化，因为九九乘法表越往下，列数越多。

第 3 行：输出“A * B = C”这样的式子，并且不换行。

第 4 行：每输出完成一行后换行。

示例 5-9　for 循环嵌套

```
1. for i in range(1, 10):
2.     for j in range(1, i+1):
3.         print(j, "*", i, "=", i*j, end=" ")
4.     print()
```

编写完以上程序后运行程序，结果如图 5-12 所示。

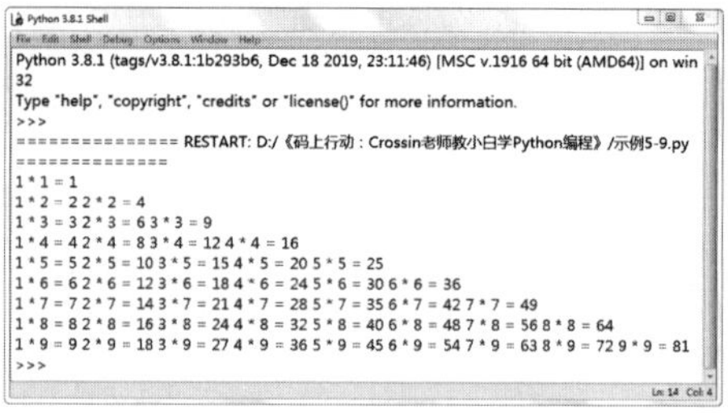
Python 3.8.1 Shell
Python 3.8.1 (tags/v3.8.1:1b293b6, Dec 18 2019, 23:11:46) [MSC v.1916 64 bit (AMD64)] on win32
Type "help", "copyright", "credits" or "license()" for more information.
>>>
================ RESTART: D:/《码上行动：Crossin老师教小白学Python编程》/示例5-9.py ===============
1 * 1 = 1
1 * 2 = 2 2 * 2 = 4
1 * 3 = 3 2 * 3 = 6 3 * 3 = 9
1 * 4 = 4 2 * 4 = 8 3 * 4 = 12 4 * 4 = 16
1 * 5 = 5 2 * 5 = 10 3 * 5 = 15 4 * 5 = 20 5 * 5 = 25
1 * 6 = 6 2 * 6 = 12 3 * 6 = 18 4 * 6 = 24 5 * 6 = 30 6 * 6 = 36
1 * 7 = 7 2 * 7 = 14 3 * 7 = 21 4 * 7 = 28 5 * 7 = 35 6 * 7 = 42 7 * 7 = 49
1 * 8 = 8 2 * 8 = 16 3 * 8 = 24 4 * 8 = 32 5 * 8 = 40 6 * 8 = 48 7 * 8 = 56 8 * 8 = 64
1 * 9 = 9 2 * 9 = 18 3 * 9 = 27 4 * 9 = 36 5 * 9 = 45 6 * 9 = 54 7 * 9 = 63 8 * 9 = 72 9 * 9 = 81
>>>
Ln: 14 Col: 4

图 5-12　程序运行结果

5.4 跳出循环

有时候我们不需要执行完设定的循环次数，而是当条件满足时就跳出循环或进入下一次循环。这时可根据情况选择使用 break 语句或 continue 语句。

5.4.1 break 语句

在循环中，通常我们使用 break 语句跳出循环，break 的语法如下所示。

```
while 循环条件:
    if 跳出条件:
        break
```

【示例 5-10 程序】

使用 break 语句编程示例如下，在文本模式下编写如下程序。

这是一个计算器程序，当输入两个数时计算它们的和并输出，当输入字母 q 时，退出该程序。

第 1 行：进入 while True 无限循环中。

第 2 行：获取用户输入的第一个数并赋值给变量 a。

第 3～4 行：判断变量 a 的值，如果变量 a 是字符串“q”，则退出循环，结束程序。

第 5 行：获取用户输入的第二个数并赋值给变量 b。

第 6 行：输出两个数的和。

示例 5-10　break 语句跳出循环

```
1. while True:
2.     a = input("a:")
3.     if a == "q":
4.         break
5.     b = input("b:")
6.     print(int(a) + int(b))
```

编写完以上程序后运行程序，运行结果如图 5-13 所示。当输入整数 100 和 100 时，输出结果为 200；当输入整数 123 和 123 时，输出结果为 246；当输入字母 q 时，程序运行结束。

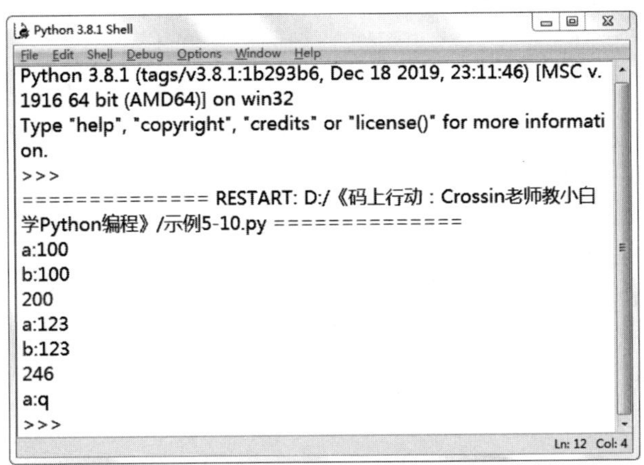

图 5-13 程序运行结果

5.4.2 continue 语句

continue 语句与 break 语句使用方法基本一样，但是作用却不一样。continue 语句是跳过本次循环的剩余部分，直接进入下一次循环，不会跳出整个循环；而 break 语句是跳出整个循环。continue 的语法如下所示。

```
while 循环条件:
    if 跳过条件:
        continue
```

【示例 5-11 程序】

使用 continue 语句编程的示例如下，输出 0 到 100 之间的所有奇数。在文本模式下编写如下程序。

第 1 行：使用 for 循环，循环 100 次。

第 2～3 行：判断循环变量 a 是否能被 2 整除，如果能，则使用 continue 语句跳过本次循环。

第 4 行：输出循环变量 a 的值。

示例 5-11 continue 语句跳过循环

```
1. for a in range(100):
2.     if a % 2 == 0:
3.         continue
4.     print(a)
```

编写完以上程序后运行程序，运行结果如图 5-14 所示，可以看到程序输出了 0 到 100 之间的所有奇数。

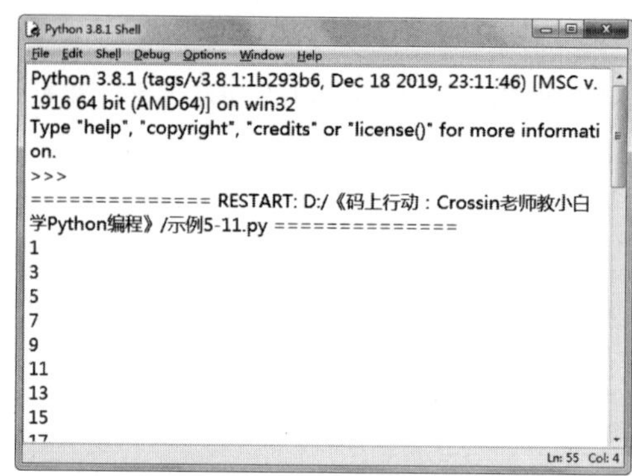
图 5-14　程序运行结果

Crossin 老师答疑

问题 1：在判断语句中，条件语句是否可以是关系运算式，也可以是逻辑运算式？

答：是的，条件语句可以是关系运算式，也可以是逻辑运算式，因为不管是关系运算还是逻辑运算，它们的结果都是布尔类型数据。事实上，其他类型的数据也可以作为条件，程序会根据此数据转换成布尔类型数据的结果来判定是否执行。

问题 2：在 Python 语句中，循环语句和判断语句可以相互嵌套吗？

答：循环语句与判断语句是可以相互嵌套的，即循环语句中可以有判断语句，判断语句中也可以有循环语句，并且这种嵌套没有层级的限制。

上机实训一：输入三个偶数

【实训介绍】

通过控制台获取用户输入的数字，当数字为偶数时，记为一次有效输入；当用户累计有三次有效输入时，结束程序。

【编程分析】

因为不确定会循环多少次，所以这里不适合用 for 循环，而要用 while 循环；判断数字为偶数的方法与判断数字为奇数是一样的，将数字除以 2 后判断余数即可；可以使用一个变量记录有效输入次数，当达到结束条件时，通过 break 语句跳出循环即可。

根据编程分析，在文本模式下编写如下程序。

示例 5-12　实训程序

```
count = 0
```

```
2. while True:
3.     a = int(input(' 请输入数字：'))
4.     if a % 2 == 0:
5.         count += 1
6.         print(" 这是一次有效输入！ ")
7.         if count == 3:
8.             break
```

【程序说明】

第 1 行：创建变量 count 记录有效输入次数。

第 2 行：进入 while 循环。

第 3 行：使用 input 函数获取用户输入数字，并转换为整数，然后赋值给变量 a。

第 4 行：判断变量 a 是否为偶数。

第 5 行：如果变量 a 是偶数，则变量 count 加 1。

第 6 行：如果变量 a 是偶数，则输出提示信息。

第 7 ~ 8 行：如果变量 count 等于 3，表示有 3 次有效输入，结束程序。

【程序运行结果】

程序编写完成后，运行程序，结果如图 5-15 所示，共输入了 3 个偶数，分别是 2、4、8，程序判断有 3 次有效输入后结束。

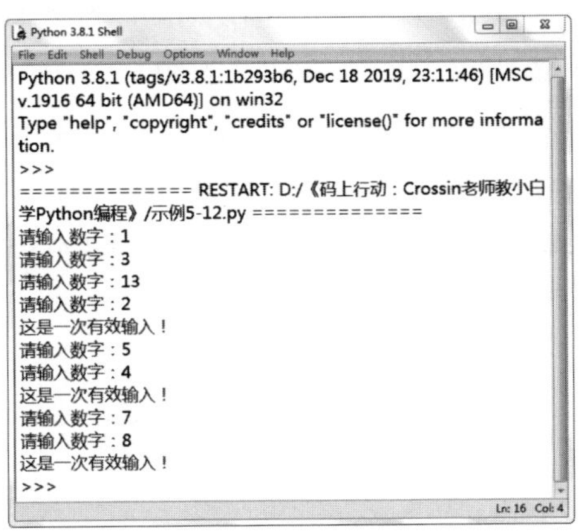

图 5-15　程序运行结果

上机实训二：判断一个整数是否为质数

【实训介绍】

质数是在大于 1 的自然数中，除了 1 和该数自身外，无法被其他自然数整除的数。

【编程分析】

根据质数的定义可知，可以使用循环语句，让一个数不断去除比它小的自然数（除 1 和它自身以外），如果有能够整除的数，说明该数不是质数；如果除完所有的整数，该数都没有被整除，说明该数是质数。

根据编程分析，在文本模式下编写如下程序。

示例 5-13　实训程序

```
1. a = input("请输入一个大于 1 的正整数：")
2. a = int(a)
3. is_prime = True
4. for i in range(2, a):
5.     if a % i == 0:
6.         is_prime = False
7.         print("不是质数！")
8.         break
9. if is_prime:
10.     print("是质数！")
```

【程序说明】

第 1 行：获取用户输入的数字并赋值给变量 a。

第 2 行：把变量 a 转换为整数类型数据。

第 3 行：定义一个变量 is_prime，并赋值为 True，用来标识该数是否为质数。

第 4 行：使用 for 循环，让变量 a 去除比自身小的整数。

第 5 ~ 8 行：如果变量 a 可以被一个数整除，那么它就不是质数，把 is_prime 设置为 False，输出“不是质数”，并调用 break 退出循环。

第 9 ~ 10 行：如果循环结果后，变量 a 都没有被整除，说明该数是质数。

【程序运行结果】

程序编辑完成后，运行程序，结果如图 5-16 所示。当输入的整数为 103 时，输出结果为“是质数！”。

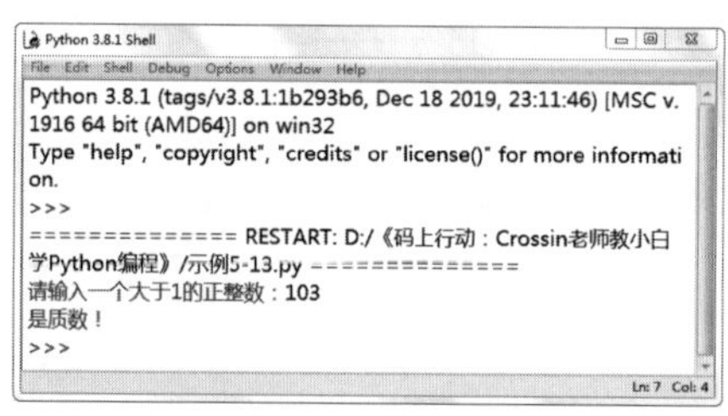

图 5-16　程序运行结果

再次运行程序，结果如图 5-17 所示，当输入的整数为 100 时，输出结果为“不是质数！”。

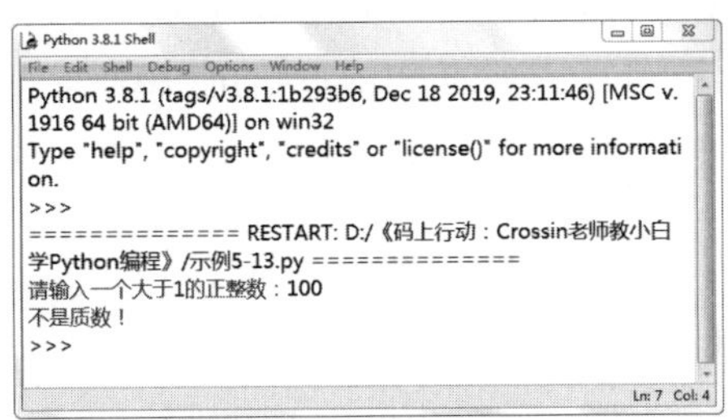

图 5-17　程序运行结果

思考与练习

一、判断题

1. 判断语句不能和判断语句嵌套使用。（　　）

2. 判断语句可以和循环语句嵌套使用。（　　）

二、选择题

1. continue 语句的作用是（　　）。

A. 结束本次循环，继续下一次循环　　B. 结束本层循环，继续外层循环

C. 跳出整个循环　　D. 结束整个程序

2. break 语句的作用是（　　）。

A. 结束本次循环，继续下一次循环　　B. 结束本层循环，继续外层循环

C. 跳出整个循环　　D. 结束整个程序

三、编程题

1. 编写一段程序，判断一个人的体重情况，要求输入性别、身高、体重，输出体重情况（正常、过重、肥胖、消瘦、明显消瘦），我国的标准体重参考如下。

我国常用的标准体重计算公式为 Broca 的改良式：

- 男性：标准体重（kg）= 身高（cm）−105；
- 女性：标准体重（kg）= 身高（cm）−105−2.5；
- 评价标准：实际体重在标准体重上下 10% 范围内为正常；高于 10%～20% 为过重，高于 20% 以上为肥胖；低于 10%～20% 为消瘦，低于 20% 以上为明显消瘦。

2. 编写一段程序，输入整数 a1 和 a2，a1 小于 a2，计算并输出 a1+（a1+1）+（a1+2）+ … + a2 的结果。

3. 等比数列是指从第二项起，每一项与它的前一项的比值都等于同一个常数的数列，如“1，3，9，27，81……”是一个公比为 3 的等比数列（每一项都是前一项的 3 倍）。现编写一段程序，输入一个值，输出以这个值为公比，1 为首项的等比数列的前 10 项。

本章小结

在本章中，我们学习了 Python 语言的判断语句和循环语句。通过使用 if 语句，程序具备了条件判断的能力，可根据情况选择执行不同的分支。循环语句包括 for 循环和 while 循环，可以是有限循环也可以是无限循环，并能根据需要跳出循环。在日常编程中，通过灵活使用循环语句和判断语句，可以实现更加复杂的功能。

第 6 章

复合数据类型：列表、元组与字典

★本章导读★

通过对前面章节的学习，我们了解到，当程序中有数据需要处理时，可以使用变量。但如果数据很多，变量的操作就会略显烦琐。在这种情况下，Python 为我们提供了存放多个数据的结构，即复合数据类型。在 Python 中复合数据类型主要包括列表、元组及字典。

★知识要点★

通过对本章内容的学习，读者能掌握以下知识。

◆ 掌握列表、元组、字典的创建、修改、删除和遍历。

◆ 掌握列表、元组的切片。

◆ 在程序中灵活使用复合数据类型。

6.1 列表

列表（list）是用来处理一组有序项目的数据结构，如购物清单、待办工作、手机通讯录等，它们都可以看作一个列表。

列表是 Python 中最基本的数据结构之一，也是最常用的复合数据类型。列表的数据项可以是整数、浮点数和字符串，甚至还可以是列表、元组或字典。

6.1.1 创建列表

列表的创建方法不止一种，最常用的是使用方括号“[]”创建，各元素之间使用逗号“,”分隔；还可以使用 list 函数创建。

【示例 6-1 程序】

使用 list 函数创建一个空列表，在 shell 模式下输入如下语句。

第 1 行：使用列表的同名函数 list 完成一个空列表 list1 的创建。

第 2 行：查看列表 list1 中的内容。

第 3 行：因为 list1 是一个空列表，所以第 3 行输出了一对方括号，括号中没有任何元素。

示例 6-1　使用 list 函数创建列表

```
1. >>> list1 = list()
2. >>> list1
3. []
```

【示例 6-2 程序】

使用一对方括号创建一个空列表，在 shell 模式下输入如下语句。

第 1 行：使用一对方括号完成一个空列表 a 的创建。

第 2 行：查看列表 list2 中的内容。

第 3 行：因为 list2 是一个空列表，所以第 3 行输出了一对方括号，括号中没有任何元素。

示例 6-2　使用方括号创建列表

```
1. >>> list2 = []
2. >>> list2
3. []
```

【示例 6-3 程序】

以上创建的都是空列表，即列表里面没有任何元素。下面使用一对方括号创建一个非空列表，在 shell 模式下输入如下语句。

第 1 行：使用一对方括号完成一个非空列表 list3 的创建，列表中有 4 个元素，即 4 种编程语言。

第 2 行：查看列表 list3 中的内容。

第 3 行：把列表 list3 中的元素全部输出。

示例 6-3　创建非空列表

```
1. >>> list3 = ["c 语言 ","java","Python","c#"]
2. >>> list3
3. ['c 语言 ', 'java', 'Python', 'c#']
```

以上三个例程是列表最常见的创建方法，后面还会介绍使用其他方法创建列表。

6.1.2 列表推导式

在日常编程中，除了使用上述方法创建列表，还可以使用列表推导式，通过一个已有的列表或序列创建新列表。

【示例 6-4 程序】

使用列表推导式创建列表，在 shell 模式下输入如下语句。

第 1 行：使用列表推导式创建一个列表 a。

第 2 ~ 3 行：查看列表中的所有元素。

示例 6-4　访问列表中的元素

```
1. >>> a = [i for i in range(5)]
2. >>> a
3. [0, 1, 2, 3, 4]
```

6.1.3 访问列表元素

列表中的每个元素都对应一个递增的序号。计算机中计数通常是从 0 开始，Python 也不例外。

【示例 6-5 程序】

当一个非空列表创建完成后，怎么使用列表里面的元素呢？可以在 shell 模式下输入如下语句。

第 1 行：定义一个非空列表 [100, 200, 300, 400]；

第 2 ~ 3 行：查看列表中的第 0 个元素。

第 4 ~ 5 行：查看列表中的第 2 个元素。

示例 6-5　访问列表中的元素

```
1. >>> a = [100, 200, 300, 400]
2. >>> a[0]
3. 100
4. >>> a[2]
5. 300
```

6.1.4 添加元素

在 Python 编程时，列表中的元素是可以改变的，即添加和删除。接下来演示给一个列表添加元素。

【示例 6-6 程序】

给一个空列表添加两个元素，在 shell 模式下输入如下语句。

第 1 行：定义一个空列表。

第 2 行：通过 append 函数往列表 a 中添加一个字符串“500”。

第 3 ~ 4 行：查看列表内容，字符串“500”已经成功添加到列表中。

第 5 ~ 7 行：通过 append 函数把字符串“语文”添加到列表中并查看。

第 8 ~ 10 行：把字符串“python”添加到列表中并查看。

示例 6-6　向列表中添加元素

```
1. >>> a = []
2. >>> a.append("500")
3. >>> a
4. ['500']
5. >>> a.append(" 语文 ")
6. >>> a
7. ['500', ' 语文 ']
8. >>> a.append("python")
9. >>> a
10. ['500', ' 语文 ', 'python']
```

6.1.5 删除列表元素

列表中的元素除了可以动态添加，还可以动态删除，下面介绍常用的几种方法。

【示例 6-7 程序】

如果按元素值删除，可以用 remove 函数。在 shell 模式下输入如下语句。

第 1 行：定义列表 a，列表 a 中有 10、20、30、40、50、60 共 6 个整数。

第 2 行：使用 remove 函数删除列表中值为 30 的元素。

第 3 ~ 4 行：可见列表中只有元素 10、20、40、50、60，值为 30 的元素已经被成功删除。

第 5 行：同样使用 remove 函数删除值为 50 的元素。

第 6 ~ 7 行：可见列表中只有元素 10、20、40、60。

要注意，如果列表中有多个相同的值，remove 函数只会删除最前面的一个。

示例 6-7　使用 remove 函数删除列表中的元素

```
1. >>> a = [10,20,30,40,50,60]
2. >>> a.remove(30)
3. >>> a
4. [10, 20, 40, 50, 60]
5. >>> a.remove(50)
6. >>> a
7. [10, 20, 40, 60]
```

【示例 6-8 程序】

除了按元素值删除元素，还可以使用 pop 函数按元素位置删除元素。需要注意的是列表的元素位置编号是从 0 开始的，而不是从 1 开始。

接下来演示使用 pop 函数删除某一位置的元素，在 shell 模式下输入如下语句。

第 1 行：定义一个非空列表 a，列表 a 中有 10、20、30、40、50、60 共 6 个整数。

第 2 行：使用 pop 函数删除列表中位置编号为 0 的元素。

第 3 行：返回被删除的元素。

第 4 ~ 5 行：可见列表中只有元素 20、30、40、50、60，元素 10 已经被成功删除。

第 8 ~ 11 行：同样使用 pop 函数删除列表中位置编号为 2 的元素。

如果不提供参数，pop 函数默认删除列表中最后一个元素。

示例 6-8　使用 pop 函数删除列表中的元素

```
1. >>> a = [10,20,30,40,50,60]
2. >>> a.pop(0)
3. 10
4. >>> a
5. [20, 30, 40, 50, 60]
6. >>> a.pop(2)
7. 40
8. >>> a
9. [20, 30, 50, 60]
```

【示例 6-9 程序】

除了使用 remove 函数和 pop 函数，还可以使用 del 函数按元素位置序号删除元素，del 函数不会返回被删除的元素。在 shell 模式下输入如下语句。

第 1 行：定义一个非空列表 a，列表 a 中有“java”“python”“c++”三个字符串。

第 2 ~ 3 行：使用 del 函数删除列表中索引为 1 的元素。

第 4 ~ 5 行：查看列表中的所有元素，可见列表中只有元素“java”“c++”，元素“python”已经被成功删除。

示例 6-9　使用 del 函数删除列表中的元素

```
1. >>> a = ["java", "python", "c++"]
2. >>> del a[1]
3. >>> a
4. ["java", "c++"]
```

以上三种方法都可以删除列表元素，可根据实际情况选择合适的方法。需要注意的是，删除列表中不存在的元素或位置，程序将会报错。

• 6.1.6 遍历列表

与遍历字符串一样，对列表的遍历就是依次获取列表中的每个元素。

【示例 6-10 程序】

下面对列表进行最简单的遍历，即把列表中的元素一个一个地输出，在文本模式下编写如下程序。

第 1 行：创建一个非空列表 a，里面有 6 个元素，分别为 10、20、30、40、50、60。

第 2～3 行：使用 for 循环语句遍历列表 a，在循环语句下使用 print 函数输出变量 i 的值。

第 4～9 行：可见列表 a 中的元素被一行一行全部输出。

示例 6-10　遍历列表

```
1. >> a = [10, 20, 30, 40, 50, 60]
2. >>> for i in a:
3.         print(i)
4. 10
5. 20
6. 30
7. 40
8. 50
9. 60
```

• 6.1.7 列表切片

与字符串一样，列表也支持切片操作。切片语法包括三个参数 [start:stop:step]，其中 start 是切片的起始位置，stop 是切片的结束位置（不包含在切片内），step 是切片的间隔步长，可以不提供，默认值是 1，并且 step 可为负数，为负数时表示倒序。

【示例 6-11 程序】

列表切片示例如下，在 shell 模式下编写如下程序。

第 1 行：创建列表 a，列表 a 中有元素 1、2、3、4、5、6、7、8、9。

第 2～3 行：从索引 1 开始，到索引 2 结束（不包括 2），总共取出 1（2–1）个元素。

第 4～5 行：从索引 1 开始，到索引 8 结束（不包括 8），总共取出 7（8–1）个元素。

第 6～7 行：在第 5 行列表的基础上，以 2 为步长，总共取出 4 个元素。

第 8～9 行：在第 5 行列表的基础上，以 3 为步长，总共取出 3 个元素。

示例 6-11　列表的切片

```
1. >>> a = [1, 2, 3, 4, 5, 6, 7, 8, 9]
2. >>> a[1:2]
```

```
[2]
>>> a[1:8]
[2, 3, 4, 5, 6, 7, 8]
>>> a[1:8:2]
[2, 4, 6, 8]
>>> a[1:8:3]
[2, 5, 8]
```

• 6.1.8 两个列表相加

列表与列表是可以相加的，即把两个列表按顺序拼接在一起，组成新的列表。

【示例 6-12 程序】

下面是两个列表相加示例，在 shell 模式下编写如下程序。

第 1 行：创建一个非空列表 a，列表 a 中有元素 1、2、3、4。

第 2 行：创建一个非空列表 b，列表 b 中有元素 5、6、7、8。

第 3 行：把列表 a 和列表 b 相加的结果赋值给列表 c。

第 4～5 行：查看列表 c 中的元素。

示例 6-12　两个列表相加

```
1. >>> a = [1, 2, 3, 4]
2. >>> b = [5, 6, 7, 8]
3. >>> c = a + b
4. >>> c
5. [1, 2, 3, 4, 5, 6, 7, 8]
```

• 6.1.9 列表与整数相乘

列表与整数是可以相乘的，列表与负整数相乘的结果是空列表，列表与正整数相乘的结果是将原列表中的元素重复整数倍，下面举例进行说明。

【示例 6-13 程序】

下面是列表与正整数相乘示例，在 shell 模式下编写如下程序。

第 1 行：创建一个非空列表 a，列表 a 中有元素 1、2、3、4。

第 2 行：把列表 a 乘 2 的结果赋值给列表 b。

第 3～4 行：查看列表 b 中的元素，可见列表 a 乘 2 的结果是将列表 a 中的元素重复 2 次。

示例 6-13　列表与正整数相乘

```
1. >>> a = [1, 2, 3, 4]
```

```
>>> b = a * 2
>>> b
[1, 2, 3, 4, 1, 2, 3, 4]
```

6.1.10 列表排序

如果一个列表中的所有元素都为数字类型，或者都为字符串类型，那么可以使用 sort 函数对这个列表进行排序操作。

【示例 6-14 程序】

当列表中的元素都为数字类型时，使用 sort 函数对该列表进行排序操作。在 shell 模式下编写如下程序。

第 1 行：创建一个列表 a 并赋值。

第 2 行：调用 sort 函数对列表 a 进行排序。

第 3～4 行：查看列表 a 中的元素，可见列表 a 中的元素已经按从小到大的顺序排序。

示例 6-14　对数字类型列表进行排序

```
1. >>> a = [4, 6, 2, 1, 3, 5]
2. >>> a.sort()
3. >>> a
4. [1, 2, 3, 4, 5, 6]
```

【示例 6-15 程序】

当列表中的元素都为字符串类型时，可以使用 sort 函数对该列表进行排序操作。在 shell 模式下编写如下程序。

第 1 行：创建一个列表 a 并赋值。

第 2 行：使用 sort 函数对列表 a 进行排序。

第 3～4 行：查看列表 a 中的元素，可见列表 a 中的元素已经按字母从 a 到 z 的先后顺序排序。

示例 6-15　对字符串类型列表进行排序

```
1. >>> a = ["a", "c", "b", "g", "f"]
2. >>> a.sort()
3. >>> a
4. ['a', 'b', 'c', 'f', 'g']
```

6.1.11 列表求和

如果一个列表中的所有元素都为数字类型，那么可以使用 sum 函数对这个列表进行求和操作。

【示例 6-16 程序】

使用 sum 函数对全数字列表进行求和。在 shell 模式下编写如下程序。

第 1 行：创建一个列表 a 并赋值，里面有整数和浮点数。

第 2 行：使用 sum 函数对列表 a 进行求和，并把求和结果赋值给变量 total。

第 3～4 行：查看变量 total 的值为 15.0，即列表 a 中所有元素的和。

示例 6-16　使用 sum 函数对列表进行求和

```
1. >>> a = [1, 2, 3.5, 2.5, 6]
2. >>> total = sum(a)
3. >>> total
4. 15.0
```

6.1.12 列表 in 操作

判断一个元素是否已经存在于一个列表中，可以使用 in 操作。

【示例 6-17 程序】

在 shell 模式下编写如下程序。

第 1 行：创建一个列表 a 并赋值。

第 2～5 行：使用 in 操作，判断列表 a 中是否含有与指定值相等的元素。

示例 6-17　列表 in 操作

```
1. >>> a = [1, 2, 3, 4, 5]
2. >>> 3 in a
3. True
4. >>> 3.0 in a
5. False
```

6.2 元组

在 Python 中，元组使用小括号“()”表示，各元素之间使用逗号“,”分隔。元组中的元素在创建时就固定，元组创建后，其中的元素不能改变，不能删除，也不能添加。元组的其他特性，如元素的访问、切片、遍历等操作，与列表一致。

6.2.1 创建元组

元组的创建方法与列表类似。在此介绍非空元组的创建方法。

【示例 6-18 程序】

使用小括号创建一个非空元组。在 shell 模式下输入如下语句。

第 1 行：使用小括号创建一个非空元组 a，元组 a 里面有 1、2、3、4、5、6 共 6 个元素。

第 2～3 行：查看元组 a 里面的所有元素。

示例 6-18　定义非空元组

```
1. >>> a = (1, 2, 3, 4, 5, 6)
2. >>> a
3. (1, 2, 3, 4, 5, 6)
```

【示例 6-19 程序】

当元组中只有一个元素时，元素后面必须添加一个逗号，否则创建出来的不是元组。在 shell 模式下输入如下语句。

第 1 行：元素 1 后面没有添加逗号，只是创建了一个整数变量。

第 2～3 行：输出的是一个整数 1。

第 4 行：在元素 1 后面添加逗号，创建一个元组。

第 5～6 行：添加逗号后输出的才是一个元组。

示例 6-19　定义只有一个元素的元组

```
1. >>> a = (1)
2. >>> a
3. 1
4. >>> a = (1,)
5. >>> a
6. (1,)
```

6.2.2 遍历元组

元组的遍历方法与列表的遍历方法一样。

【示例 6-20 程序】

对元组进行遍历，在文本模式下编写如下程序。

第 1 行：创建一个元组 a，里面有 6 个元素，分别为 10、20、30、40、50、60。

第 2～3 行：使用 for 循环语句遍历元组 a，在循环语句下使用 print 函数输出变量 i 的值。

第 4～9 行：可见元组 a 中的元素被一行一行全部输出。

示例 6-20　遍历元组

```
1. >> a = (10, 20, 30, 40, 50, 60)
```

```
>>> for i in a:
        print(i)
10
20
30
40
50
60
```

6.2.3 元组切片

虽然元组创建完成后，里面的元素不能改变，但是元组是支持切片操作的，元组的切片方法与列表的切片方法一样，下面举例说明。

【示例 6-21 程序】

对元组进行切片操作，在文本模式下编写如下程序。

第 1 行：创建一个元组 a，元组 a 中有元素 1、2、3、4、5、6、7、8、9。

第 2～3 行：从索引 1 开始，到索引 2 结束（不包括 2），总共取出 1（2–1）个元素。

第 4～5 行：从索引 1 开始，到索引 8 结束（不包括 8），总共取出 7（8–1）个元素。

第 6～7 行：在第 5 行元组的基础上，以 2 为步长，总共取出 4 个元素。

第 8～9 行：在第 5 行元组的基础上，以 3 为步长，总共取出 3 个元素。

示例 6-21　元组的切片

```
1. >>> a = (1, 2, 3, 4, 5, 6, 7, 8, 9)
2. >>> a[1:2]
3. (2,)
4. >>> a[1:8]
5. (2, 3, 4, 5, 6, 7, 8)
6. >>> a[1:8:2]
7. (2, 4, 6, 8)
8. >>> a[1:8:3]
9. (2, 5, 8)
```

6.2.4 元组 in 操作

与列表一样，可以使用 in 操作判断一个元素是否已经存在于一个元组中，此处不再重复演示。

6.2.5 元组解包

元组的解包操作是将一个元组里的元素分配给多个变量，变量的数量与元组的元素个数相同。

【示例 6-22 程序】

对元组进行解包操作，在文本模式下编写如下程序。

第 1 行：创建一个元组 a。

第 2 ~ 6 行：将元组 a 的元素分配给变量 a1、a2 并查看。

第 7 ~ 11 行：交换变量 a1 和 a2 的值。这个过程是 a2、a1 两个变量在等号右边先形成元组 (a2,a1) 再被解包分配给变量 a1、a2。

示例 6-22　元组的解包

```
1. >>> a = (3, 5)
2. >>> a1, a2 = a
3. >>> a1
4. 3
5. >>> a2
6. 5
7. >>> a1, a2 = a2, a1
8. >>> a1
9. 5
10. >>> a2
11. 3
```

6.3 字典

Python 中的字典与前面学习的列表都是 Python 语言中的基本数据结构。字典是由键值对组成的无序可变序列，字典中的每个元素都是一个键值对，包括“键”和“值”两部分。

6.3.1 创建字典

字典的创建方法比较多，下面介绍常见的几种方法。

【示例 6-23 程序】

使用 dict 函数创建一个空字典，在 shell 模式下输入如下语句。

第 1 行：使用字典类型的同名函数 dict 创建一个空字典 a。

第 2 行：查看字典 a 中的内容，因为 a 是一个空字典，所以第 3 行输出了一对大括号。

示例 6-23　使用 dict 函数创建字典

```
1. >>> a = dict()
2. >>> a
```

```
3. {}
```

【示例 6-24 程序】

使用大括号创建一个空字典，在 shell 模式下输入如下语句。

第 1 行：使用大括号创建一个空字典 a。

第 2 ~ 3 行：与使用 dict 函数创建字典一致。

示例 6-24　使用大括号创建空字典

```
1. >>> a = {}
2. >>> a
3. {}
```

【示例 6-25 程序】

使用大括号创建一个非空字典，在 shell 模式下输入如下语句。

第 1 行：使用一对大括号创建一个非空字典 a，其中键和值用冒号分隔，每个键值对之间用逗号分隔。

第 2 行：查看字典 a 中的内容。

第 3 行：把字典 a 中的键值对全部输出，可见一个非空字典已经创建成功。

示例 6-25　创建非空字典

```
1. >>> a = {"茄子": 1, "香菇": 2, "黄瓜": 3, "南瓜": 4}
2. >>> a
3. {"茄子": 1, "香菇": 2, "黄瓜": 3, "南瓜": 4}
```

需要注意，字典的键只能是不可变的数据类型，如字符串、数字，不能是列表、字典（但元组可以）；而字典的值则可以是任何数据类型。

6.3.2 通过键取值

字典创建完成后，当我们想要使用字典中的数据时，可以通过键取出对应的值。

【示例 6-26 程序】

在 shell 模式下输入如下语句。

第 1 行：使用一对大括号创建一个非空字典 a，字典中有 4 个键值对。

第 2 ~ 3 行：查看字典 a 中键 "茄子" 对应的值为 1。

第 4 ~ 5 行：查看字典 a 中键 "黄瓜" 对应的值为 3。

示例 6-26　取出字典的值

```
>>> a = {"茄子": 1, "香菇": 2, "黄瓜": 3, "南瓜": 4}
>>> a['茄子']
1
>>> a['黄瓜']
3
```

6.3.3　字典的遍历

字典的遍历与列表和元组的遍历有所不同，字典的遍历可以分为键的遍历、值的遍历、键值对的遍历。

【示例 6-27 程序】

直接对字典进行遍历，默认为遍历字典的键。在 shell 模式下输入如下语句。

第 1 行：使用一对大括号创建一个空字典 a。

第 2 ~ 3 行：通过 key 方法获取字典中所有的键，并使用 for 语句对其进行遍历。此句效果等同于“for key in a:”，即直接对字典进行遍历。

第 4 ~ 7 行：输出字典 a 的所有键。

示例 6-27　遍历字典的键

```
1. >>> a = {"茄子": 1, "香菇": 2, "黄瓜": 3, "南瓜": 4}
2. >>> for key in a.keys():
3. ...     print(key)
4. 茄子
5. 香菇
6. 黄瓜
7. 南瓜
```

【示例 6-28 程序】

遍历字典的值，在 shell 模式下输入如下语句。

第 1 行：使用一对大括号完成一个空字典 a 的创建。

第 2 ~ 3 行：通过 values 方法获取字典中所有的值，并使用 for 语句对其进行遍历。

第 4 ~ 7 行：输出字典 a 的所有值。

示例 6-28　遍历字典的值

```
1. >>> a = {"茄子": 1, "香菇": 2, "黄瓜": 3, "南瓜": 4}
2. >>> for val in a.values():
3. ...     print(val)
4. 1
```

```
2
3
4
```

【示例 6-29 程序】

遍历字典的元素，即遍历键值对。在 shell 模式下输入如下语句。

第 1 行：使用一对大括号创建一个空字典 a。

第 2 ~ 3 行：通过 items 方法获取字典中所有的键值对，并使用 for 语句对其进行遍历。

第 4 ~ 7 行：输出字典 a 中的所有键值对。

示例 6-29　遍历字典的元素

```
1. >>> a = {"茄子": 1, "香菇": 2, "黄瓜": 3, "南瓜": 4}
2. >>> for i in a.items():
3. ...     print(i)
4. ('茄子', 1)
5. ('香菇', 2)
6. ('黄瓜', 3)
7. ('南瓜', 4)
```

6.3.4 字典 in 操作

字典也有 in 操作，可以判断一个元素是否已经存在于一个字典的键中。

【示例 6-30 程序】

在 shell 模式下编写如下程序。

第 1 行：创建一个字典 a 并赋值。

第 2 ~ 5 行：使用 in 操作，判断字典 a 中是否含有与指定值相等的键。

示例 6-30　字典的 in 操作

```
8. >>> a = {"茄子": 1, "香菇": 2, "黄瓜": 3, "南瓜": 4}
6. >>> '黄瓜' in a
7. True
8. >>> 3 in a
9. False
```

Crossin 老师答疑

问题 1：使用 sort 函数对列表中的元素进行排序时应该注意什么？

答：当列表中的元素全都是数字类型或字符串类型时，可以通过调用 sort 函数对列表中的元素进行排序；但当列表中同时有字符串类型和数字类型的元素时则不能直接排序，因为字符串不能和数字比较。也就是说，当列表中所有的元素都是可以相互比较的类型时才可以排序。如果一定要对不能比较的元素排序，可以通过 key 参数，自定义比较的方法。

问题 2：一个字典中是否能有相同的键?

答：不能，一个字典中的键必须唯一，值可以相同。

上机实训一：统计单词出现的次数

【实训介绍】

有一个全部由字符串组成的列表 list_s，统计列表中每个单词出现的次数。示例如下。

```
list_s = ['Beautiful', 'is', 'better', 'than', 'ugly', 'Explicit', 'is', 'better',
'than']
```

输出每个单词出现的次数，如下所示。

```
{'Beautiful': 1, 'is': 2, 'better': 2, 'than': 2, 'ugly': 1, 'Explicit': 1}
```

【编程分析】

因为无法在一开始就知道有哪些单词，所以无法预先创建好变量。比较好的选择是用字典来记录。用 in 判断一个单词是否已被记录在字典中。遍历所有单词，如果当前单词未被记录，即发现了一个新单词，就添加一个 key（对应的单词），并记录为 1，如果单词在字典中，即已经记录过的单词，就在计数上继续加 1。

示例 6-31　实训程序

```
1. list_s = ['Beautiful', 'is', 'better', 'than', 'ugly', 'Explicit', 'is',
'better', 'than']
2. count = {}
3. for word in list_s:
4.     if word not in count:
5.         count[word] = 1
6.     else:
7.         count[word] = count[word] + 1
8. print(count)
```

【程序说明】

第 1 行：建立一个列表，并放入初始数据。

第 2 行：创建一个字典，用于记录结果。

第 3 行：遍历列表中的每个单词。

第 4 ~ 5 行：用 in 操作判断当前单词是否存在于字典的键中，如果不存在说明该单词是第一次出现，创建对应的键并计数为 1。

第 6 ~ 7 行：如果当前单词已存在于字典的键中，在原有计数上加 1。

第 8 行：输出字典内容。

【程序运行结果】

程序编写完成后，运行程序，结果如图 6-1 所示。可见单词为键，出现次数为值，已经成功输出。

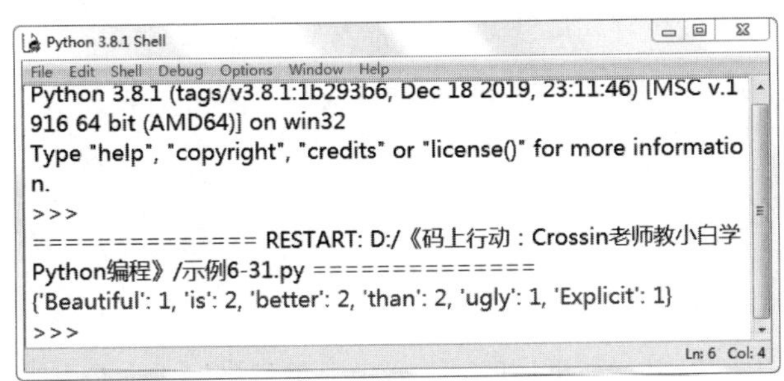

图 6-1 程序运行结果

上机实训二：统计最终得分

【实训介绍】

在艺术体操比赛中，七位裁判会根据选手的表现打分，去掉最高分和最低分后，计算得到的平均分即为该选手的最终得分。现编写一段 Python 程序，输入七位裁判的打分后，输出该选手的最终得分。

【编程分析】

可以把七位裁判的打分存入一个列表中，然后使用 sort 函数对该列表进行排序，通过切片去掉最高分和最低分，最后通过 sum 函数求出总分，根据总分求出平均分即可。

根据编程分析，在文本模式下编写如下程序。

示例 6-32 实训程序

```
scores = []
for i in range(7):
    s = input(" 输入得分：")
    s = float(s)
    scores.append(s)
scores.sort()
```

```
7. scores = scores[1:6]
8. total = sum(scores)
9. average = total / 5
10.print(" 该选手的最终得分为：", average)
```

【程序说明】

第 1 行：建立一个列表 scores，用于存放七位裁判的打分。

第 2 ~ 5 行：循环输入七位裁判的打分，将打分转换为浮点数后存放进列表 scores 中。

第 6 行：使用 sort 函数对列表进行排序。

第 7 行：使用切片去掉最高分和最低分。

第 8 行：使用 sum 函数对列表进行求和。

第 9 行：求平均分。

第 10 行：输出平均分。

【程序运行结果】

程序编写完成后，运行程序，结果如图 6-2 所示。可见当输入七位裁判的打分后，程序将立即输出该选手的最终得分。

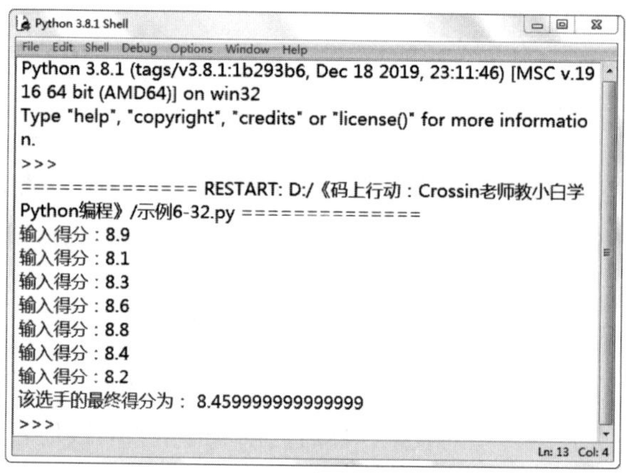

图 6-2 程序运行结果

思考与练习

一、判断题

1. 使用 remove 函数可以把列表中所有相同的元素都删除。（ ）

2. 在字典中，只能使用字符串作为键。（ ）

二、选择题

1. 有一个列表 a = [[1, 2, 3], [4, 5, 6], [7, 8, 9]]，如何取出元素 9？（　　）

A.a[8]　　B.a[2][2]　　C.a[3][3]　　D.a[2][3]

2. 有一个字典 a = {1: 2, 3: 4, 5: 6}，如何取出元素 4？（　　）

A.a[1]　　B.a[2]　　C.a[3]　　D.a[4]

三、编程题

1. 有一个列表 [1, 2, 3, 4, 5, 6, 3, 5, 7, 2]，编写一段程序，去除列表中重复的元素，去重后的列表为 [1, 2, 3, 4, 5, 6, 7]。

2. 有一个列表 [100, 200, 300, 150, 500, 200, 100, 400, 100]，编写一段程序，输出该列表中的最大值和最小值（要求不使用内置函数，如 sort、max、min）。

3. 回文数指的是从左向右读与从右向左读一样的数，如 34543 和 1234321。现编写一段程序，输出所有 200 以内，平方数是回文数的数，如 26 的平方数是 676，为回文数，所以 26 满足条件。

本章小结

在本章中，我们学习了三种复合数据类型——列表、元组和字典，包括它们的增、删、改、查等操作方法。它们都可以用来存放多个数据，其中最常使用的是列表；元组创建好后就不能修改；字典中的元素以键值对的形式存在。在实际编程时，应根据需要选择合适的数据类型。

第 7 章

一段程序的名字：自定义函数

★本章导读★

在编程时，经常会遇到一段有某种功能的程序被重复调用。为了方便编程，我们通常会给这段程序取一个名字，在需要用这段程序的地方，直接使用这个名字即可。这样的一段程序就是函数。

★知识要点★

通过对本章内容的学习，读者能掌握以下知识。

◆ 掌握自定义函数的方法。

◆ 理解函数的参数和返回值。

◆ 掌握匿名函数的定义和调用。

7.1 什么是函数

前面学习过的 print、input、range、int、bool 等都是函数。那么函数是如何定义的呢？本节将介绍如何自定义函数及函数的调用。

7.1.1 自定义函数

在 Python 语言中，自定义函数通过使用 def 关键字完成，完整的格式如下。

```
1. def 函数名 ( 参数 1, 参数 2, ...):
2.     要执行的代码
3.     return 要返回的值
```

函数名后面括号里的参数及最后的 return 语句不是必需的。

需要注意的是，第 2、3 行代码前需要缩进，通常是 4 个空格或 1 个制表符，但不要混用。整个函数内部是一个完整的代码块，通过缩进与其他代码区分开。

【示例 7-1 程序】

定义一个功能为输出“hello,Python”的函数。在文本模式下编写如下程序。

第 1 行：使用 def 关键字定义函数 fun1。

第 2 行：在函数体中，使用 print 函数输出“hello,Python”。

示例 7-1 定义函数

```
1. def fun1():
2.     print("hello,Python")
```

由于该段程序只是定义了函数 fun1，而没有调用该函数，所以运行程序时，程序并不会输出任何内容。

7.1.2 调用函数

调用函数非常简单，只需要在函数名后面加上括号即可。调用函数的格式如下。

```
1. 函数名 ()
```

【示例 7-2 程序】

使用 7.1.1 小节定义的函数 fun1，输出 5 行“hello,Python”。在文本模式下编写如下程序。

第 1～2 行：定义函数 fun1。

第 3～4 行：在 for 循环中调用函数 fun1。

示例 7-2 调用函数

```
1. def fun1():
2.     print("hello,Python")
3. for i in range(5):
4.     fun1()
```

编写完程序后运行，如图 7-1 所示，可见程序输出了 5 行“hello,Python”。

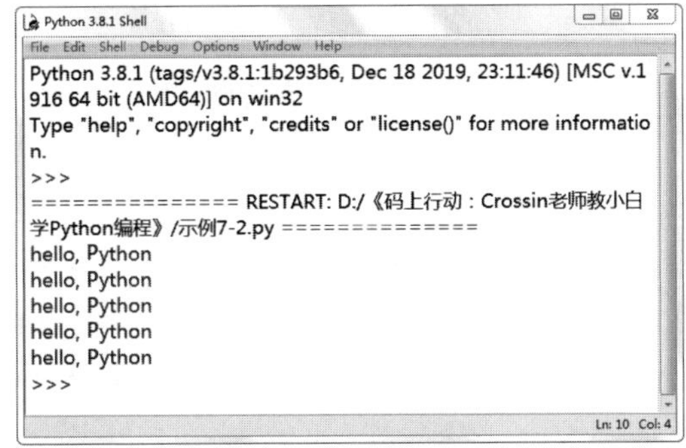

图 7-1 程序运行结果

7.2 参数

在 Python 中，函数的参数根据不同位置，分为形式参数和实际参数。在定义函数的时候，函数名后面括号中及函数体内部的参数为形式参数；在调用函数的时候，函数名后面括号中的参数为实际参数。

7.2.1 形式参数

形式参数简称“形参”，是在定义函数名和函数体时使用的参数，用于接收调用该函数时传递的参数。形参的作用是实现主调函数与被调函数，也就是函数的调用和定义之间的联系，通常将函数处理的数据或影响函数功能的因素作为形参。

【示例 7-3 程序】

自定义一个函数 fun2，如下所示，程序中的 a、b 是形式参数。它们只在函数内部有效，不能从函数外部访问。

示例 7-3　定义带参数的函数

```
def fun2(a, b):
    c = a + b
    print(c)
```

7.2.2 实际参数

实际参数简称“实参”，是在调用时传递给函数的参数，即传递给被调用函数的实际值。实参可以是变量，也可以是表达式和函数调用。如果是表达式和函数调用，在进行函数调用时，会先执行它们的结果，再把结果传送给形参。

【示例 7-4 程序】

自定义一个函数 fun3，如下所示。在调用函数时，参数 30 和 20 就是实参，它们都是确定的值。

示例 7-4　调用带参数的函数

```
def fun3(a, b):
    c = a - b
    print(c)
fun3(30, 20)
```

编写完程序后运行，如图 7-2 所示，可见程序输出了 30 减 20 的结果 10。

```
Python 3.8.1 (tags/v3.8.1:1b293b6, Dec 18 2019, 23:11:46) [MSC v.19
16 64 bit (AMD64)] on win32
Type "help", "copyright", "credits" or "license()" for more informatio
n.
>>>
=============== RESTART: D:/《码上行动：Crossin老师教小白学
Python编程》/示例7-4.py ==============
10
>>>
```

图 7-2　程序运行结果

7.3 返回值

在函数中，可以把某个结果作为返回值，即函数的输出值，传递给函数的调用者，以便在函数外部继续使用该结果。返回值由 return 语句标明，一个函数中可以有多个 return 语句，但执行到任一 return 语句，函数就会结束。

注意，函数的返回值和 print 输出不一样，返回值是函数语法的一部分，而 print 是一个具体的函数。返回值是函数的输出值，输出的对象是函数的调用者，一旦返回函数就会结束；print 是程序的输出值，输出的对象是控制台，也就是运行程序的用户，print 本身不影响程序的执行流程。

7.3.1 返回单个值

在 Python 中，函数返回值最常见的情况是返回单个值，在需要返回的值前加上 return 关键字即可，格式如下。

```
def 函数名():
    要执行的代码
    return 返回值
```

【示例 7-5 程序】

自定义一个函数 fun4，计算参数 a 减去参数 b，然后返回结果。示例程序如下所示，两数相减的差并没有直接在函数中输出，而是通过 return 返回，并将这个返回值赋值给变量 d，最后使用 print 输出变量 d 的值。

示例 7-5　带有返回值的函数

```
def fun4(a, b):
    c = a - b
    return c
d = fun4(30, 20)
print(d)
```

编写完程序后运行，如图 7-3 所示，可见程序依然输出了 30 减去 20 的结果 10。

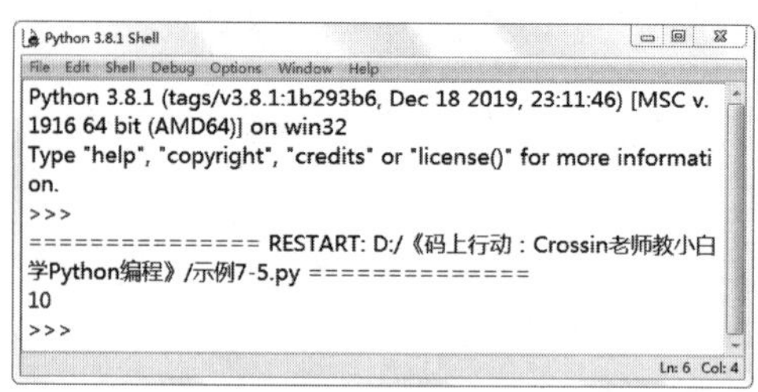

图 7-3　程序运行结果

7.3.2 返回多个值

在 Python 中，有时需要函数返回多个值，可以通过以下方式实现。

```
def 函数名 ():
    要执行的代码
    return 返回值 1, 返回值 2
```

【示例 7-6 程序】

自定义一个函数 fun5，如下所示，这里定义的是一个返回形参 a 和 b 的和与差的函数，最后使用 return 关键字返回和与差。

示例 7-6　带有多个返回值的函数

```
def fun5(a, b):
    c1 = a + b
    c2 = a - b
    return c1, c2
d1, d2 = fun5(30, 20)
print(" 第一个返回值: ", d1)
print(" 第二个返回值: ", d2)
```

编写完程序后运行，如图 7-4 所示，可见函数成功返回了 30 加 20 的结果 50 和 30 减 20 的结果 10。

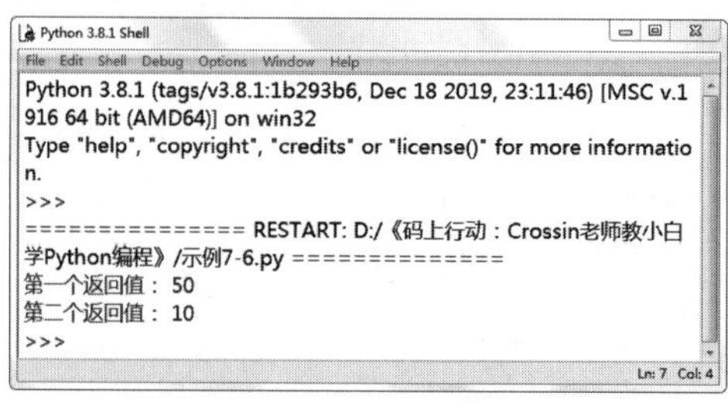

图 7-4　程序运行结果

事实上，此时的函数仍然只有一个返回值，是一个元组类型的对象，只是利用元组的解包特性实现了多个值的传递，即根据返回值元组的元素个数赋值给多个用逗号隔开的变量，每个变量会得到对应的元素。

如果接收参数的时候，直接赋值给一个变量，就会得到一个元组。

同理，我们也可以把所有需要返回的数据放入一个列表中作为返回值。

【示例 7-7 程序】

自定义一个函数 fun6，如下所示，返回一个列表。

示例 7-7 以列表作为函数的返回值

```
def fun6(a, b):
    c1 = a + b
    c2 = a - b
    c3 = a * b
    c4 = a // b
    c5 = a % b
    return [c1, c2, c3, c4, c5]
list1 = fun6(30, 20)
for i in list1:
    print(i)
```

编写完程序后运行，如图 7-5 所示，可见函数成功返回了一个列表，并输出了列表中的数据。

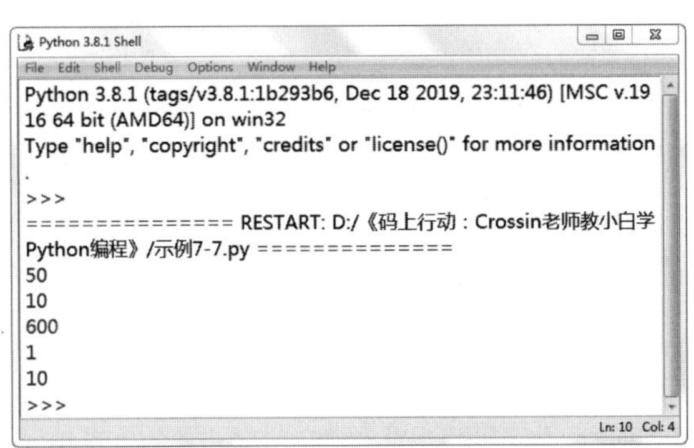

图 7-5 程序运行结果

函数的返回值没有特定的类型限制，任何类型的值都可以作为函数的返回值。

7.3.3 无返回值

在 Python 中，函数的返回值不是必需的，return 语句后面可以不加返回值，函数在执行到 return 语句时会结束。函数里也可以没有 return 语句，没有 return 语句或 return 语句没有被执行到时，函数将在内部代码全部执行完后结束。这两种情况下，函数的返回值均为空值 None。

7.4 lambda 匿名函数

在 Python 中，除了使用 def 定义函数，还可以使用匿名函数快捷定义函数。

7.4.1 匿名函数的定义

通过 lambda 关键字可创建匿名函数。

【示例 7-8 程序】

接下来演示使用 lambda 关键字创建一个匿名函数，其功能是计算两个数的和。在文本模式下编写如下程序。

第 1 行：创建一个匿名函数，并命名为 fun7。

第 2 行：使用 type 函数查看 fun7 的类型。

示例 7-8　定义匿名函数

```
1. fun7 = lambda x, y: x + y
2. print(" 对象类型：", type(fun7))
```

【程序运行结果】

编写完程序后运行程序，结果如图 7-6 所示，可见 fun7 的类型为函数。

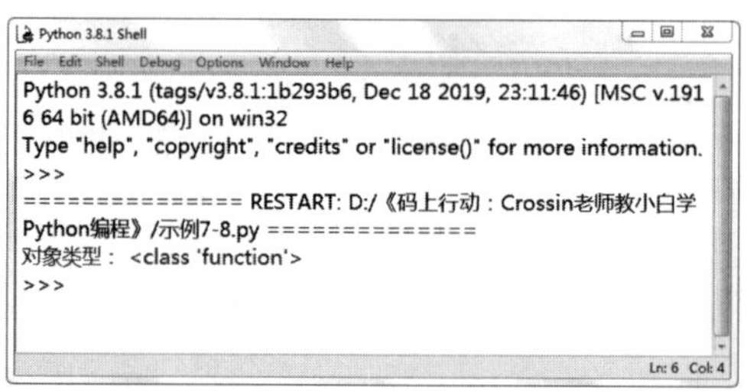

图 7-6　程序运行结果

7.4.2 匿名函数的调用

匿名函数的调用方式与一般函数基本相同。

【示例 7-9 程序】

在文本模式下编写如下程序。

第 1 行：创建一个匿名函数，并命名为 fun7。

第 2 行：使用 type 函数查看 fun7 的类型。

第 3 行：调用函数 fun7，并传入参数 1 和 2。

第 4 行：输出函数的返回值。

示例 7-9　调用匿名函数

```
1. fun7 = lambda x, y: x + y
2. print("对象类型：", type(fun7))
3. result = fun7(1, 2)
4. print("执行结果：", result)
```

编写完程序后运行程序，结果如图 7-7 所示，可见 fun7 的类型为函数类型，输出结果为 3。

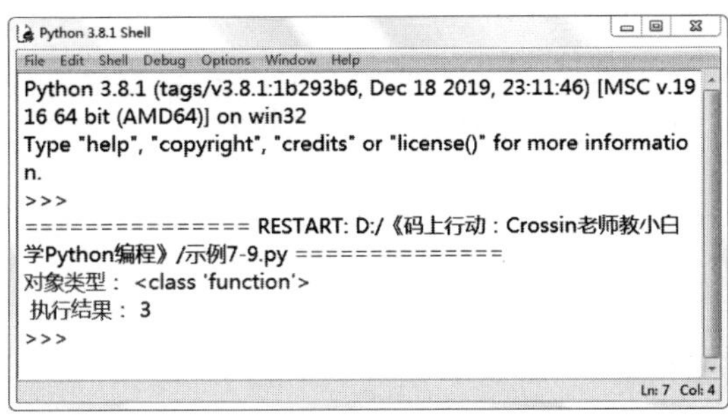

图 7-7　程序运行结果

7.5 函数的嵌套

函数嵌套就是在一个函数中调用另一个或多个函数。

【示例 7-10 程序】

在文本模式下编写如下程序。

第 1～2 行：定义函数 funa。

第 3～6 行：定义函数 funb。其中第 5 行在函数 funb 的函数体中调用函数 funa。

第 7 行：调用函数 funb。

示例 7-10　函数的嵌套

```
1. def funa(a):
2.     print(a)
3. def funb(b):
4.     print("********")
5.     funa(b)
6.     print("********")
7. funb("123456789")
```

编写完程序后运行程序，结果如图 7-8 所示。可见在调用 funb 后，程序先输出了一行“********”，接着调用函数 funa，输出字符串“123456789”，然后又输出一行“********”。

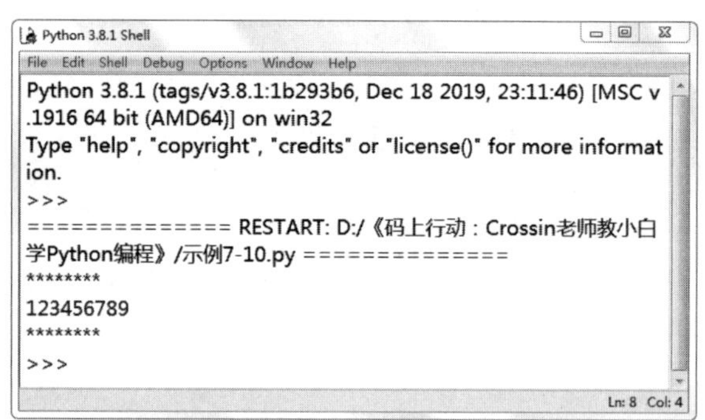

图 7-8　程序运行结果

Crossin 老师答疑

问题 1：定义函数时，函数命名有何规则？

答：函数命名规则与变量命名规则是一样的，名称都可由字母、数字、下划线组成，数字不能作为开头，字母区分大小写。

问题 2：return 与 break 有何区别？

答：return 在函数中使用，后面可以跟返回值。当程序执行到 return 时，这个函数会立即结束，不管 return 是否处于循环中。break 则在循环语句中使用，当程序执行到 break 时，break 所处的循环会执行结束，退出到循环外下一行语句。

上机实训一：求质数的和

【实训介绍】

在前面的章节中，我们学习了质数的相关知识，质数就是大于 1 且只能被 1 和它自身整除的整数。现编写一段程序，输入两个正整数 start 和 end，要求 start 小于 end，计算并输出 start 到 end 之间所有质数的和。

【编程分析】

要求一个范围内质数的和，应先求出这个范围内的所有质数，然后求它们的累加和即可。可以定义一个函数，用于判断一个数是否为质数，这样编程会更加简单明了。

根据编程分析，在文本模式下编写如下程序。

示例 7-11　实训程序

```
1. def isPrime(a):
2.     for i in range(2, a):
3.         if a % i == 0:
4.             return False
5.     return True
6. start = input(" 请输入范围的开始数：")
7. s = int(start)
8. end = input(" 请输入范围的结束数：")
9. e = int(end)
10. total = 0
11. for i in range(s, e+1):
12.     if isPrime(i):
13.         total += i
14. print(total)
```

【程序说明】

第 1～5 行：定义函数 isPrime，用于判断一个数是否为质数，如果是质数返回 True，否则返回 False。

第 6～9 行：获取用户输出的范围，并转换为整数类型数据。

第 10 行：定义变量 total，用于记录累加和。

第 11～13 行：用于计算范围内的所有质数的累加和。

第 14 行：输出累加和。

【程序运行结果】

程序编辑完成后，运行程序，结果如图 7-9 所示。输入 2 和 10，求得该范围内的质数累加和为 17，2 到 10 之间的质数有 2、3、5、7，和为 17，符合题目的要求。

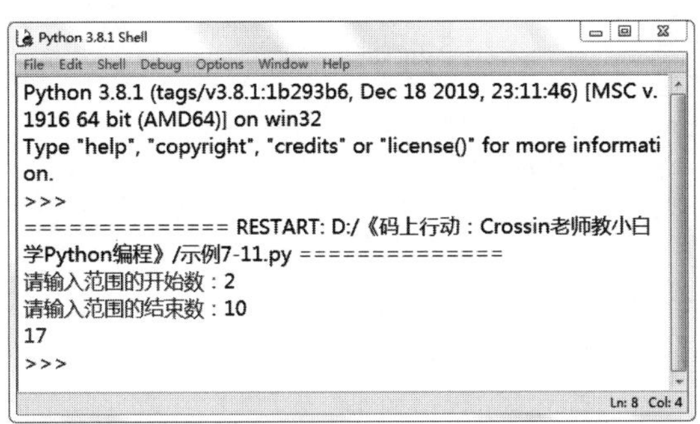

图 7-9　程序运行结果

再次运行程序，结果如图 7-10 所示。输入 2 和 100，求得该范围内的质数累加和为 1060。

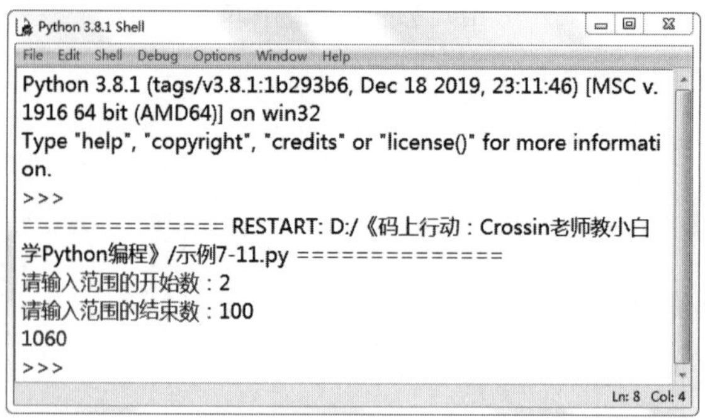

图 7-10　程序运行结果

上机实训二：斐波那契数列

【实训介绍】

斐波那契数列（Fibonacci sequence），又称黄金分割数列，指的是一个数列从第 3 项开始，每一项都等于前两项之和，即 $a_n = a_{n-1} + a_{n-2}$。现编写一段程序，要求输入一个大于等于 3 的值 n，输出斐波那契数列的前 n 项。

【编程分析】

要得到斐波那契数列的前 n 项，可以用 2 个变量分别记录上个值和上上个值，根据输入值确定循环次数，通过循环依次计算每一项。

这里我们演示另一种方法，通过在函数中调用函数，即递归函数的方法，计算第 n 项的值。

在文本模式下编写如下程序。

示例 7-12　实训程序

```
1. n = input("请输入一个整数：")
2. n = int(n)
3. def fab(n):
4.     if n == 1 or n == 2:
5.         return 1
6.     return fab(n-1) + fab(n-2)
7. result = []
8. for x in range(1, n+1):
9.     result.append(str(fab(x)))
10. print('\n'.join(result))
```

【程序说明】

第 1～2 行：获取用户输入值并转换为整数。

第 3 行：定义函数 fab，用于返回第 *n* 项的值。

第 4～5 行：如果是第 1、2 项，就返回 1。

第 6 行：如果不是，就返回前面一项的值加上前面两项的值。

第 7 行：定义空列表 result，用于存放斐波那契数列。

第 8～9 行：在循环语句中调用 fab 函数，把返回值添加到列表中。

第 10 行：使用 print 函数，输出列表中的数据。这里在输出时使用了字符串的 join 方法，把列表中的字符串元素连接成了一个字符串后输出。

【程序运行结果】

程序编辑完成后，运行程序，结果如图 7-11 所示。输入一个整数 5，程序输出的斐波那契数列的前 5 项为 1、1、2、3、5。

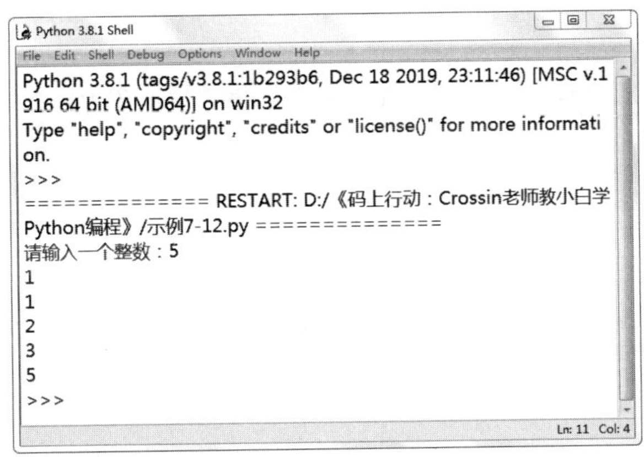

图 7-11　程序运行结果

思考与练习

一、判断题

1. 在定义函数时，可以使用关键字 return 返回多个字符串。（　　）

2. 函数中可以嵌套函数，即可以在函数中调用函数。（　　）

二、选择题

1. 有一个函数程序如下，该函数的功能为（　　）。

```
def func(a, b):
    if a > b:
        print(a)
    else:
```

```
        print(b)
```

A. 输出 a、b 中的大值

B. 输出 a、b 中的小值

C. 输出 a

D. 输出 b

2. 有一段程序如下，该程序输出的结果为（　　）。

```
def fun1(a, b):
    if a > b:
        a = a - b
    if a < b:
        a = b - a
    print(a)
fun1(5, 3)
```

A.1　　B.2　　C.3　　D.4

三、编程题

1. 编程定义一个函数，该函数有 3 个参数，函数功能为返回 3 个参数中最大的数。

2. 编写一段程序，输出 1 ~ 100 所有奇数的和，要求使用函数判断一个数是否为奇数。

本章小结

在本章中，我们学习了 Python 语言中函数的定义和调用方法，在日常编程时我们除了调用系统自带的函数，还可以根据实际需要自定义函数。定义函数时，可以选择该函数是否有参数，是否有返回值。合理地使用函数能够提高代码的可读性，同时也有利于代码复用，提高开发效率。

第 8 章

别人写好的代码：模块的使用

★本章导读★

在 Python 中，使用功能丰富的模块可以大大降低程序的开发难度。本章将通过两个初学者比较常用的模块——生成随机数的 random 模块和绘制图像的 turtle 模块——来介绍模块的使用。

★知识要点★

通过对本章内容的学习，读者能掌握以下知识。

- ◆ 掌握模块的导入方法。
- ◆ 掌握 random 模块的使用。
- ◆ 掌握 turtle 模块的使用。

8.1 模块

模块可以简单地理解为把别人写好的一段代码导入并自己使用。如果我们编写出一段功能强大的代码，也可以以模块的方式分享给别人。

8.1.1 模块概述

模块是包含 Python 定义和语句的文件，其文件名是模块名加后缀“.py”。为了方便调用，可以将一些功能相近的模块组织在一起，或是将一个较为复杂的模块拆分为多个组成部分，放在同一个文件夹下，按照 Python 的规则进行管理。

8.1.2 使用 import 语句导入模块

在使用模块前，必须先导入模块。导入模块的方式有多种，先介绍使用 import 语句导入模块的方法，格式如下。

```
import 模块名
```

8.1.3 使用 from ... import ... 语句导入模块

除了使用 import 语句导入模块，还可以使用 from...import... 语句导入模块，格式如下。

```
from 模块名 import 函数名
```

import 后面可以是函数名，也可以是模块里的类名或变量名，甚至可以是通配符 *，表示导入模块中的所有内容。但因为 import * 有可能会导致当前代码与模块中产生重名而冲突，所以一般不推荐使用。

8.2 random 模块

random 是一个 Python 内置的模块，用于生成随机的浮点数、整数、字符串，还可以用于随机选择序列中的一个元素，或者打乱一组数据等。

8.2.1 randint 函数

在编程时如果想要生成一个随机整数，可以使用 random 模块中的 randint 函数。randint 函数的两个参数分别表示起始和结束的数值，但与之前的 range 函数不同，结束位置的数值是有可能被取到的。

【示例 8-1 程序】

使用 randint 函数生成一个随机数，在 shell 模式下输入如下语句。

第 1 行：使用 import 语句导入 random 模块。

第 2～9 行：调用 4 次 randint 函数，分别生成 4 个 1 到 100 之间（包含 100）的随机数。

可见 4 次调用生成的随机数都不一样，且没有规律。

示例 8-1　randint 函数

```
1. >>> import random
2. >>> random.randint(1, 100)
3. 9
4. >>> random.randint(1, 100)
5. 87
6. >>> random.randint(1, 100)
7. 48
8. >>> random.randint(1, 100)
9. 45
```

8.2.2 random 函数

random 模块中的 random 函数用于生成一个 0 到 1 之间（不包含 1）的随机浮点数。

【示例 8-2 程序】

使用 random 函数生成一个随机数，在 shell 模式下输入如下语句。

第 1 行：使用 import 语句导入 random 模块。

第 2 ~ 9 行：调用 4 次 random 函数，分别生成 4 个 0 到 1 之间（不包含 1）的随机数。

可见 4 次调用生成的随机数都不一样，且都在 0 到 1 之间。

示例 8-2　random 函数

```
1. >>> import random
2. >>> random.random()
3. 0.14106185273436778
4. >>> random.random ()
5. 0.7699830902699878
6. >>> random.random ()
7. 0.9290851296469789
8. >>> random.random ()
9. 0.5051660171211746
```

8.2.3 randrange 函数

randrange 函数用于生成具有一定规律的随机数，可以非常方便地生成奇数、偶数、固定的倍数等。randrange 的参数规则和 range 相同，效果相当于从对应的 range 结果中随机取出一个值。

【示例 8-3 程序】

使用 randrange 函数生成一个随机数，在 shell 模式下输入如下语句。

第 1 行：使用 import 语句导入 random 模块。

第 2 ~ 9 行：调用 4 次 randrange 函数，分别随机生成 4 个 0 到 20 之间（不包含 20）的 5 的倍数。

可见每次生成的结果都是 5 的倍数。

示例 8-3　randrange 函数

```
1. >>> import random
2. >>> random.randrange(0, 20, 5)
3. 5
4. >>> random.randrange(0, 20, 5)
5. 15
6. >>> random.randrange(0, 20, 5)
7. 10
```

```
>>> random.randrange(0, 20, 5)
5
```

• 8.2.4 choice 函数

从已知的列表中随机选择一个数据，我们可以根据列表的长度，随机生成一个整数，然后把这个整数作为索引去取列表中的数据，但这样比较烦琐。使用 choice 函数可以直接从列表中随机取出一个数据。

【示例 8-4 程序】

使用 choice 函数从列表中随机选择一个元素，在 shell 模式下输入如下语句。

第 1 行：使用 import 语句导入 random 模块。

第 2 ~ 5 行：调用两次 choice 函数，分别从列表中随机取出 2 个元素。

第 6 ~ 7 行：调用 choice 函数从元组中随机取出 1 个元素。

第 8 ~ 9 行：调用 choice 函数从字符串中随机取出 1 个字符。

可见 choice 函数的参数可以是列表，也可以是元组或字符串。

示例 8-4　choice 函数

```
1. >>> import random
2. >>> random.choice([" 张三 ", " 李四 ", " 王二 ", " 小明 "])
3. ' 李四 '
4. >>> random.choice([" 张三 ", " 李四 ", " 王二 ", " 小明 "])
5. ' 王二 '
6. >>> random.choice((1, 3, 7, 11, 13))
7. 1
8. >>> random.choice('abcdefg'))
9. e
```

• 8.2.5 sample 函数

使用 sample 函数可以从列表中随机取出多个数据。

【示例 8-5 程序】

使用 sample 函数从序列中随机选择多个元素，在 shell 模式下输入如下语句。

第 1 行：使用 import 语句导入 random 模块。

第 2 ~ 5 行：调用 sample 函数，从列表中随机取出 2 个元素。

示例 8-5　sample 函数

```
1. >>> import random
```

```
>>> random.sample(["张三", "李四", "王二", "小明"], 2)
['张三', '王二']
```

8.2.6 shuffle 函数

当数据添加进列表以后，如果不人为改变，它的位置是固定。如果我们想要打乱一个列表中元素的顺序，可以使用 shuffle 函数实现。shuffle 函数没有返回值，它会直接打乱原列表。

【示例 8-6 程序】

使用 shuffle 函数打乱一个按从小到大顺序排列的列表，在 shell 模式下输入如下语句。

第 1 行：使用 import 语句导入 random 模块。

第 2 行：创建一个列表 a，并使用列表生成式往列表中填充数据。

第 3～4 行：查看列表中的元素，可见元素是按从小到大顺序排列的。

第 5 行：使用 shuffle 函数打乱列表 a 中的元素顺序。

第 6～7 行：再次查看列表 a 中的元素，可见元素顺序已经改变。

示例 8-6　shuffle 函数

```
1. >>> import random
2. >>> a = [i for i in range(1,10)]
3. >>> a
4. [1, 2, 3, 4, 5, 6, 7, 8, 9]
5. >>> random.shuffle(a)
6. >>> a
7. [8, 3, 5, 9, 6, 4, 7, 1, 2]
```

8.3 turtle 模块

turtle 的中文意思是海龟，可以想象一只小海龟，在沙滩上自由自在地爬行，并留下它的爬行轨迹。turtle 模块绘图和小海龟在沙滩上爬行类似。

8.3.1 绘制一个正方形

正方形由四条相同的边组成，且四个角都是 90 度。

【示例 8-7 程序】

使用 turtle 模块绘制一个正方形，在文本模式下输入如下语句。

第 1 行：使用 import 语句导入 turtle 模块。

第 2 行：调用 turtle 模块中的 Pen 函数，取出画笔，并赋值给变量 p。

第 3 行：使用 for 循环语句，循环四次。

第 4 行：调用 forward 函数，向前进方向（初始为向右）画一条长度为 100 的直线。

第 5 行：调用 left 函数，使前进方向向左转 90 度。

第 6 ~ 7 行：循环结束后隐藏画笔，并保持窗口不关闭。

示例 8-7　绘制正方形

```
1. import turtle
2. p = turtle.Pen()
3. for i in range(4):
4.     p.forward(100)
5.     p.left(90)
6. p.hideturtle()
7. turtle.done()
```

编写完以上程序后，运行程序，结果如图 8-1 所示，可以看到一个边长为 100 的正方形已经绘制完成。

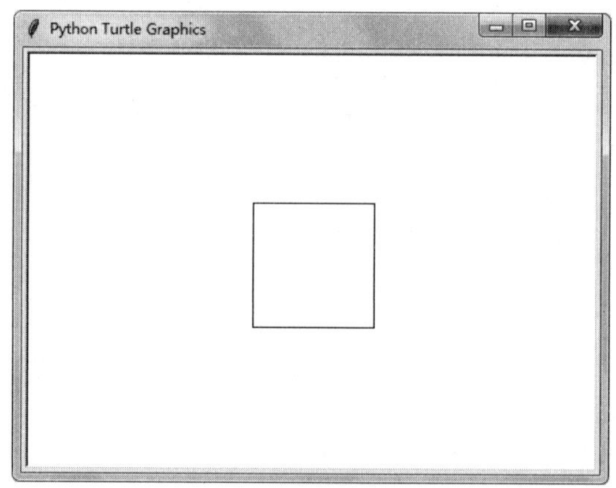

图 8-1　程序运行结果

8.3.2 绘制一个圆形

使用 turtle 模块除了可以绘制正方形，还可以绘制圆形。

【示例 8-8 程序】

使用 turtle 模块绘制一个半径为 50 的圆形，在文本模式下输入如下语句。

第 1 行：使用 import 语句导入 turtle 模块。

第 2 行：调用 turtle 模块中的 Pen 函数，取出画笔，并赋值给变量 p。

第 3 行：调用 circle 函数绘制一个半径为 50 的圆形。

第 4 ~ 5 行：隐藏画笔，并保持窗口不关闭。

示例 8-8　绘制圆形

```
1. import turtle
2. p = turtle.Pen()
3. p.circle(50)
4. p.hideturtle()
5. turtle.done()
```

编写完以上程序后，运行程序，结果如图 8-2 所示，可以看到一个半径为 50 的圆形已经绘制完成。

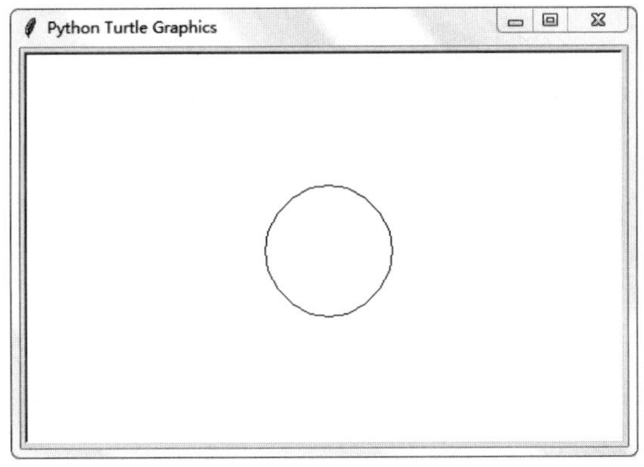

图 8-2　程序运行结果

8.3.3 绘制多个图形

使用 turtle 模块可以绘制一个图形，也可以绘制多个图形。

【示例 8-9 程序】

使用 turtle 模块绘制一个边长为 100 的正方形，再在正方形里面绘制一个半径为 30 的圆形，在文本模式下输入如下语句。

第 1 行：使用 import 语句导入 turtle 模块。

第 2 行：调用 turtle 模块中的 Pen 函数，取出画笔，并赋值给变量 p。

第 3 ~ 5 行：绘制一个边长为 100 的正方形。

第 6 ~ 8 行：移动画笔位置。

第 9 行：调用 circle 函数绘制一个半径为 30 的圆形。

第 10 ~ 11 行：隐藏画笔，并保持窗口不关闭。

示例 8-9　绘制多个图形

```
import turtle
p = turtle.Pen()
for i in range(4):
    p.forward(100)
    p.left(90)
p.penup()
p.setpos(50, 20)
p.pendown()
p.circle(30)
p.hideturtle()
turtle.done()
```

编写完以上程序后，运行程序，结果如图 8-3 所示，可以看到一个正方形里面有一个圆形。

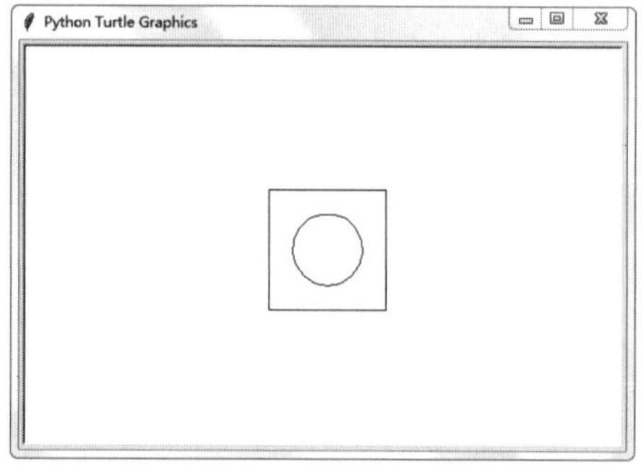

图 8-3　程序运行结果

8.3.4 绘制彩色图形

使用 turtle 模块可以绘制黑白的图形，也可以绘制彩色的图形。

【示例 8-10 程序】

以 8.3.3 小节中绘制的图形为例，我们可以把正方形设置为红色，圆形设置为蓝色，并适当地把画笔加粗，在文本模式下输入如下语句。

第 1 行：使用 import 语句导入 turtle 模块。

第 2 行：调用 turtle 模块中的 Pen 函数，取出画笔，并赋值给变量 p。

第 3 ~ 4 行：设置画笔颜色为红色，画笔大小为 5。

第 5 ~ 7 行：绘制一个边长为 100 的正方形。

第 8 ~ 10 行：移动画笔位置。

第 11 ~ 12 行：设置画笔颜色为蓝色，画笔大小为 3。

第 13 行：调用 circle 函数绘制一个半径为 30 的圆形。

第 14～15 行：隐藏画笔，并保持窗口不关闭。

示例 8-10　绘制彩色图形

```
1. import turtle
2. p = turtle.Pen()
3. p.pencolor("red")
4. p.pensize(5)
5. for i in range(4):
6.     p.forward(100)
7.     p.left(90)
8. p.penup()
9. p.setpos(50, 20)
10.p.pendown()
11.p.pencolor("blue")
12.p.pensize(3)
13.p.circle(30)
14.p.hideturtle()
15.turtle.done()
```

编写完以上程序后，运行程序，结果如图 8-4 所示，可以看到红色的正方形里面有一个蓝色的圆形。

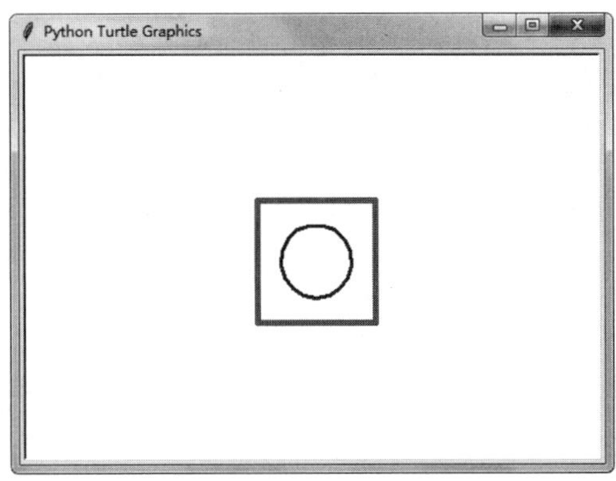

图 8-4　程序运行结果

8.3.5 添加文字

使用 turtle 模块除了可以绘制图形，还可以将文字添加到画布上，文字可以是中文或英文。添加文字非常简单，只需调用 write 函数即可。

【示例 8-11 程序】

接下来演示在画布上添加李白的《静夜思》。在文本模式下输入如下语句。

第 1 行：使用 import 语句导入 turtle 模块。

第 2 行：调用 turtle 模块中的 Pen 函数，取出画笔，并赋值给变量 p。

第 3 行：隐藏画笔。

第 4～7 行：移动画笔位置，然后调用 write 函数添加文字，指定文字内容、对齐方式、字体等。

第 8～23 行：重复上一步骤，添加整首诗歌。

第 24 行：保持窗口不关闭。

示例 8-11　添加文字

```
1. import turtle
2. p = turtle.Pen()
3. p.hideturtle()
4. p.penup()
5. p.setpos(0, 40)
6. p.pendown()
7. p.write(" 静夜思 ", align="center", font=(" 楷体 ", 26, "bold"))
8. p.penup()
9. p.setpos(-100, -20)
10.p.pendown()
11.p.write(" 床前明月光，", align="center", font=(" 楷体 ", 26, "bold"))
12.p.penup()
13.p.setpos(100, -20)
14.p.pendown()
15.p.write(" 疑是地上霜。", align="center", font=(" 楷体 ", 26, "bold"))
16.p.penup()
17.p.setpos(-100, -70)
18.p.pendown()
19.p.write(" 举头望明月，", align="center", font=(" 楷体 ", 26, "bold"))
20.p.penup()
21.p.setpos(100, -70)
22.p.pendown()
23.p.write(" 低头思故乡。", align="center", font=(" 楷体 ", 26, "bold"))
24.turtle.done()
```

编写完以上程序后，运行程序，结果如图 8-5 所示，可见李白的《静夜思》已经呈现在画布上。

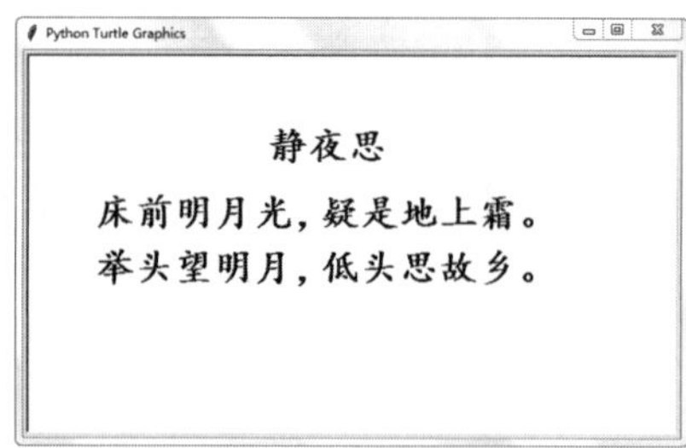

图 8-5　程序运行结果

Crossin 老师答疑

问题 1：模块导入大致有两种方法，一种是“import 模块名”，另一种是“from 模块名 import 函数名”，那么两种方法具体有哪些区别呢？

答：这两种方法的区别在于，“import 模块名”方法是导入整个模块，在使用模块中的函数或变量时要在前面加上模块名；而“from 模块名 import 函数名”方法则是导入模块的指定函数，在使用时直接调用函数名即可，无须在前面写模块名。

问题 2：使用 turtle 模块绘制多个图形时，如何确定每个图形的位置？

答：在平面直角坐标系中，通过坐标 x、y 就可以确定平面上的一个点，我们可以把画布理解为一个平面直角坐标系，原点在画布的中心位置，如图 8-6 所示，我们在绘制图形前，先计算出每个图形的坐标，然后把画笔移动到该坐标位置即可。

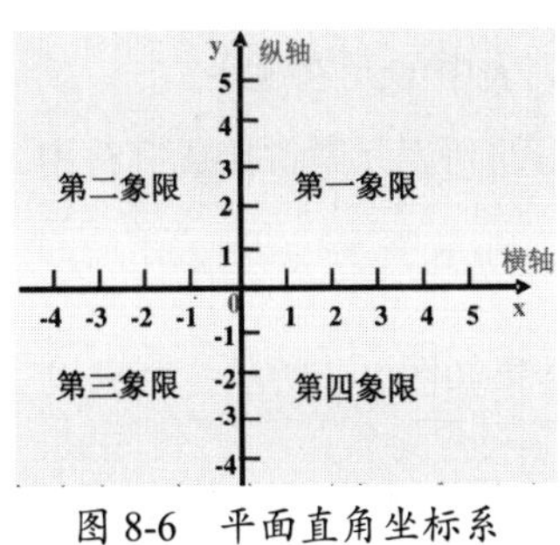

图 8-6 平面直角坐标系

上机实训一：生成优惠券号码

【实训介绍】

很多付费应用的开发者会设计一些优惠券来吸引用户使用新开发的应用。现编写一段程序，通过程序生成 20 个优惠券号码，优惠券号码的字符由 26 个英文字母（包含大小写）组成，每个优惠券号码为 8 位字符。

【编程分析】

可以先使用列表存放 26 个大写字母和 26 个小写字母，一种比较便捷的方法是使用 string 模块中的 ascii_letters 变量来生成列表。然后可以使用 shuffle 函数把列表打乱并取前 8 个字母，也可以通过 sample 函数循环取出 8 个字母。使用切片和 sample 函数得到的结果都是列表，因此还需要使用 join 函数将列表中的元素拼接成一个字符串。

根据编程分析，在文本模式下编写如下程序。

示例 8-12　实训程序

```
1. import random
2. import string
3. for i in range(0, 20):
4.     a = list(string.ascii_letters)
5.     random.shuffle(a)
6.     print(''.join(a[:8]))
```

【程序说明】

第 1 行：导入 random 模块。

第 2 行：导入 string 模块。

第 3 行：循环 20 次。

第 4 行：使用 string 模块中的 ascii_letters 属性生成 26 个大写字母和 26 个小写字母，并转成列表。

第 5 行：使用 shuffle 函数打乱列表中的元素顺序。

第 6 行：使用 join 函数将切片后的列表元素拼接成字符串，然后输出。

【程序运行结果】

程序编写完成后，运行程序，结果如图 8-7 所示。可见成功输出了由 8 个大小写字母组成的优惠券号码。

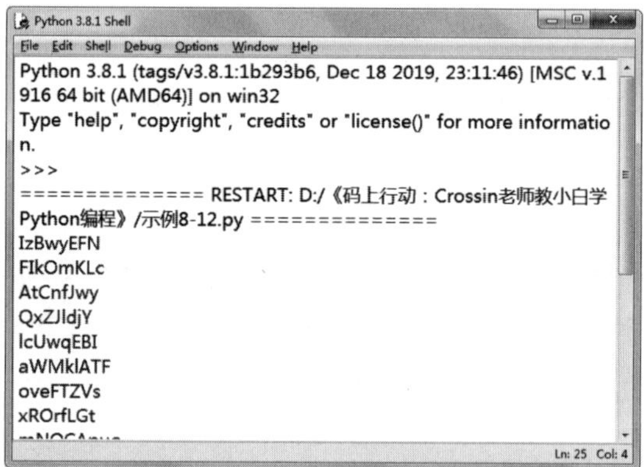

图 8-7　程序运行结果

上机实训二：绘制奥运五环

【实训描述】

图 8-8 所示为奥运五环，编写一段程序，调用 turtle 模块绘制一个奥运五环。

图 8-8　奥运五环

【编程分析】

奥运五环由五个大小相同，颜色不同的圆环组成。可以使用示例 8-9 中绘制多个图形的方法绘制奥运五环。

根据编程分析，在文本模式下编写如下程序。

示例 8-13　实训程序

```
1. import turtle
2. turtle.hideturtle()
3. def func(x,y,a,c):
4.     turtle.penup()
5.     turtle.setpos(x, y)
6.     turtle.pendown()
7.     turtle.pensize(4)
8.     turtle.pencolor(c)
9.     turtle.circle(a)
10.func(-110, 0, 50, "blue")
11.func(0, 0, 50, "black")
12.func(110, 0, 50, "red")
13.func(-55, -50, 50, "yellow")
14.func(55, -50, 50, "green")
15.turtle.done()
```

【程序说明】

第 1 行：导入 turtle 模块。

第 2 行：隐藏小箭头。

第 3 行：定义 func 函数绘制圆形，有四个参数，x 为画笔的横坐标，y 为画笔的纵坐标，a 为圆的半径，c 为画笔颜色。

第 4 ~ 6 行：移动画笔到（x,y）位置。

第 7 行：设置画笔大小为 4。

第 8 行：设置画笔颜色为 c。

第 9 行：以 a 为半径绘制圆形。

第 11 ~ 14 行：分别调用五次 func 函数，传入对应的参数，绘制五个不同颜色的圆形。

【程序运行结果】

程序编写完成后，运行程序，结果如图 8-9 所示。可见一个彩色的奥运五环已经绘制完成。

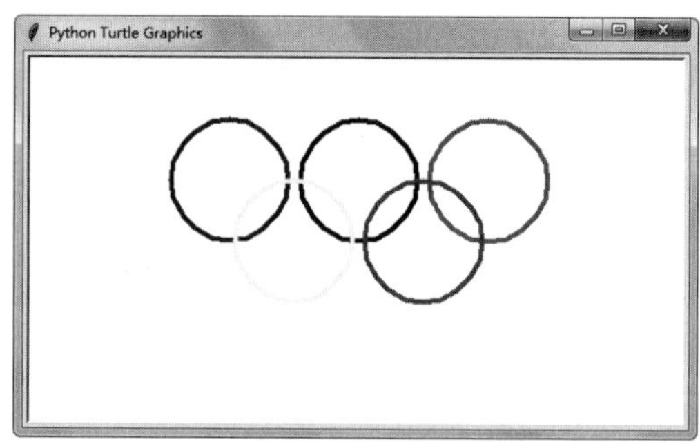

图 8-9　程序运行结果

思考与练习

一、判断题

1. 语句 random.randint(1,100) 的结果可能是 100。（　　）

2. 在使用 turtle 模块绘制正方形时，在其他程序不变的情况下，使用 left 函数和 right 函数绘制出的正方形会在画布上的同一个位置。（　　）

二、选择题

1. 如下所示的程序中，变量 b 最终结果所代表的含义是什么？（　　）

```
import random
a = 0
b = 0
while a != 1:
    a = random.randint(1, 10)
    b = b + 1
print(b)
```

A. 所取随机数的累加和　　B. 取到随机数是 1 时已经循环的次数

C.1 到 10 的累加和　　D. 所取随机数中结果是 1 的次数

2. 如下所示的程序中，程序运行完毕后，会出现一个什么图形？（　　）

```
import turtle
p = turtle.Pen()
for i in range(10):
    p.forward(50)
```

```
    p.left(90)
    p.forward(50)
    p.right(90)
```

A. 正方形　　B. 长方形　　C. 直线　　D. 阶梯式曲线

三、编程题

1. 编写一段程序，随机输出一注双色球彩票号码。（注：双色球红色号码有 6 个，范围为 1 ~ 33，6 个号码不重复；蓝色号码有 1 个，范围为 1 ~ 16，这 7 个号码组成一注双色球号码。）

2. 编写一段程序，绘制出 10 个五角星图案，五角星图案的大小和位置随机。

3. 编写一段程序，使用 random 模块制作一个猜数字游戏。程序随机生成一个整数，用户通过命令行输入的方式来猜测这个数字是多少，程序根据用户输入的数字提示是“猜大了”还是“猜小了”，直到猜中，游戏结束并输出总共猜了多少次。

本章小结

在本章中，我们通过 random 模块和 turtle 模块学习了如何使用 Python 中的模块。random 模块是 Python 中的随机模块，用于生成随机数、随机选择、打乱列表等。使用 turtle 模块则可以方便地在 Python 中绘制几何图形。我们使用 turtle 模块先后编程绘制了正方形、圆形，以及奥运五环这样的组合图形。通过使用模块可以大大减少编写程序的工作量。

第 9 章

数据的长久保存：文件的操作

★本章导读★

保存在计算机内存中的数据会随计算机断电而丢失，而保存在计算机硬盘中的数据则可以长久保存。本章将介绍如何编写一段程序，把数据以文件的形式保存到计算机硬盘中。

★知识要点★

通过对本章内容的学习，读者能掌握以下知识。

- 掌握文件的创建方法。
- 掌握从文件中读取内容的方法。
- 掌握把数据写入文件的方法。

9.1 读文件

读文件即打开计算机中的文件，读取其中的内容。在 Python 中，读文件首先需要使用 open 函数打开文件并获取一个文件对象，该文件对象提供了操作文件资源的接口。

9.1.1 文件打开模式

用 open 函数打开文件时需要指定打开模式。文件的打开模式有多种，默认是“r”，即以读取模式打开文件。其他常见打开模式有：写入模式“w”，可以向文件写入文本，会覆盖已经存在的文件内容；追加写入模式“a”，向文件现有内容的末尾追加写入文本；排他性创建模式“x”等。

可用的打开模式如表 9-1 所示，有些模式可以同时使用，如“wb+”表示以二进制读写模式打开。

表 9-1 文件的打开模式

字符	描述
r	读取（默认）
w	写入，会覆盖原有文件
x	排他性创建，如果文件已存在则失败
a	追加写入，如果文件已存在则在末尾追加
b	二进制模式
t	文本模式（默认）
+	更新磁盘文件（读取并写入）

9.1.2 打开文件

打开文件使用 open 函数，当文件不存在时，在写入模式下会创建文件并打开，而在默认的读取模式下则会报错。open 函数的格式如下（中括号内为可选参数）。

```
open(filename[, mode])
```

【示例 9-1 程序】

使用 open 函数创建一个名为“Python.txt”的文件。在文本模式下编写如下程序。

第 1 行：使用 open 函数打开文件，打开模式为“w”写入模式，如果文件不存在则自动以此文件名创建文件并打开。

第 2 行：使用 close 函数关闭文件，打开文件操作完毕后，一定要关闭文件。

示例 9-1 打开、关闭文件

```
1. f = open('Python.txt', 'w')
2. f.close()
```

把这段示例程序文件保存在一个空文件夹中，如图 9-1 所示。

图 9-1 只有 Python 源文件

运行程序后，虽然我们除了打开和关闭文件什么都没做，但可以看到文件夹中多了一个“Python.txt”文件，如图 9-2 所示。由于没有向该文件中写入任何内容，该文件的大小为 0KB，是一个空文件。

名称	修改日期	类型	大小
python.txt	2022/3/30 11:16	文本文档	0 KB
test.py	2022/3/30 11:15	PY 文件	1 KB

图 9-2 文件创建完成

9.1.3 读取整个文件

文件打开后，可以读取文件内容或向文件中写入内容。读取文件内容使用 read 函数，read 函数的格式如下（fileObject 为 open 函数返回的文件对象）。

```
fileObject.read()
```

【示例 9-2 程序】

读取文件名为“test1.txt”的文件，并把读取到的内容输出。在文本模式下编写如下程序。

第 1 行：使用 open 函数打开文件，模式为“r”读取模式。请确保代码所在文件夹下有此文件，否则程序将会报错。

第 2 ~ 3 行：通过 read 函数读取文件内容，并赋值给变量 s，再将其输出。

第 4 行：使用 close 函数关闭文件，打开文件操作完毕后，一定要关闭文件。

示例 9-2　读取整个文件内容

```
1. f = open('test1.txt', 'r')
2. s = f.read()
3. print(s)
4. f.close()
```

程序编写完成后，先准备文件“test1.txt”，并在文件中输入三行内容“人生苦短，快学 Python！”，如图 9-3 所示，注意要把文本文件与示例程序放在同一个路径下。

运行程序，结果如图 9-4 所示，可以看到“test1.txt”文件中的所有内容都被成功读取。

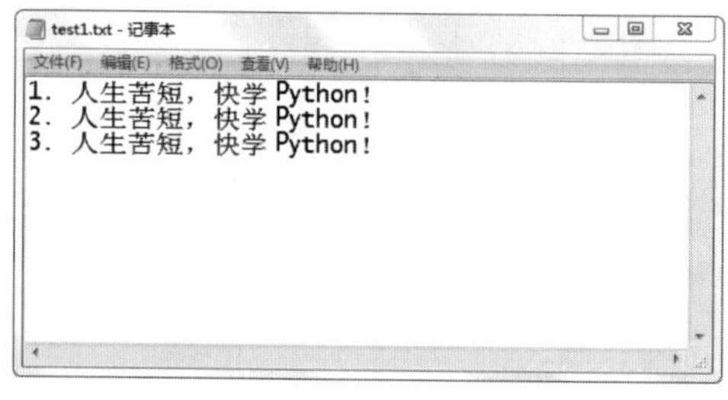

图 9-3　准备文本文件

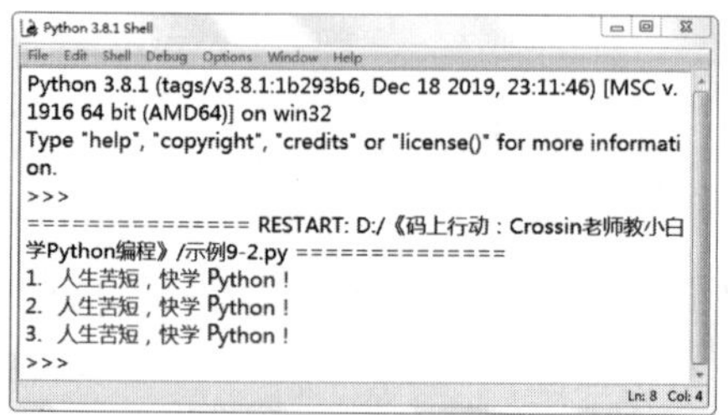

图 9-4　读取文件内容

9.1.4 按行读取

除了可以使用 read 函数读取文件全部内容，还可以使用 randline 函数按行读取文件内容。

【示例 9-3 程序】

按行读取文件“test1.txt”，并把读取到的内容输出。在文本模式下编写如下程序。

第 1 行：使用 open 函数打开文件，模式为“r”读取模式。请确保代码所在文件夹下有此文件，否则程序将会报错。

第 2～7 行：进入 while 循环中，按行读取文件，如果读取到内容就输出，否则退出循环。

第 8 行：关闭文件。

示例 9-3　按行读取文件

```
1. f = open('test1.txt', 'r')
2. while True:
3.     s = f.readline()
4.     if s:
5.         print(s)
6.     else:
7.         break
8. f.close()
```

程序编写完成后，运行程序，结果如图 9-5 所示，可以看到与读取全部内容不同的是，按行读取的三行内容是分隔开的，这是由于换行符也被读取了。

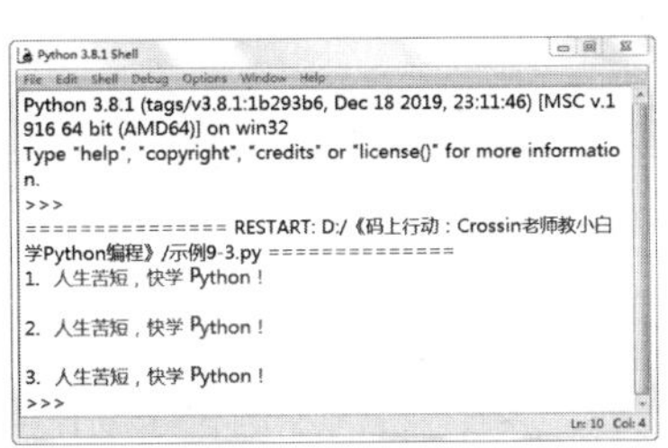

图 9-5　程序运行结果

按行读取除了可以使用 readline 函数，还可以使用 readlines 函数，其效果是一次性读取所有行，并保存到一个列表中。

9.1.5 按指定字符数读取

在 Python 中，还可以按指定字符数读取内容。

【示例 9-4 程序】

读取“test1.txt”文件内容的前 6 个字符，并把读取到的内容输出。在文本模式下编写如下程序。

第 1 行：使用 open 函数打开文件，模式为“r”读取模式。请确保代码所在文件夹下有此文件，否则程序将会报错。

第 2～3 行：通过 read 函数读取文件内容，指定读取长度为 6，并赋值给变量 s，再将其输出。

第 4 行：使用 close 函数关闭文件，打开文件操作完毕后，一定要关闭文件。

示例 9-4　按指定字符数读取文件

```
1. f = open('test1.txt', 'r')
```

```
s = f.read(6)
print(s)
f.close()
```

程序编写完成后，运行程序结果如图 9-6 所示，可见只读取并输出了文件的前 6 个字符。

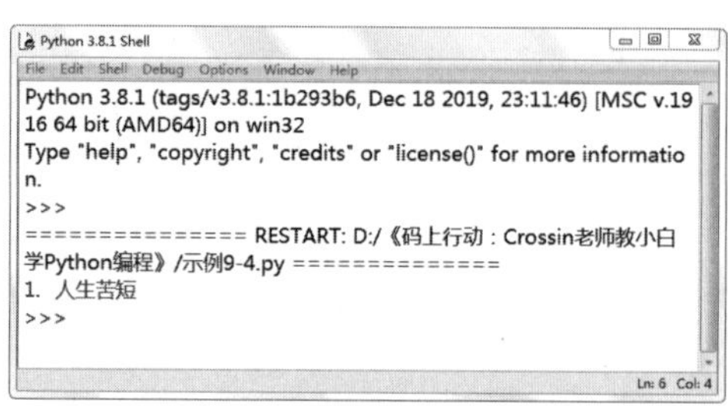

图 9-6　程序运行结果

9.2 写文件

在 9.1 节中，我们通过 open 函数打开文件，并通过 read 函数读取文件内容，接下来介绍如何向文件中写入内容。

9.2.1 write 函数

通过 write 函数可以向文件中写入内容，格式如下（fileObject 为 open 函数返回的文件对象）。

```
fileObject.write(string)
```

【示例 9-5 程序】

使用 open 函数打开名为“python.txt”的文件，并向文件中写入“hello,world!”。在文本模式下编写如下程序。

第 1 行：使用 open 函数打开文件，模式为“w”写入模式。

第 2 行：使用 write 函数向文件写入“hello, world!”。

第 3 行：使用 close 函数关闭文件。

示例 9-5　写文件

```
1. f = open('python.txt', 'w')
2. f.write("hello,world!")
3. f.close()
```

运行完程序后，我们首先可以看到“python.txt”文件大小变了，不再是 0KB，如图 9-7 所示。

图 9-7　文件大小

打开“python.txt”文件，可以看到文件中已经有“hello,world!”内容，如图 9-8 所示。

图 9-8　程序运行结果

9.2.2 with 语句

使用 open 函数打开文件，操作完成后，必须使用 close 函数关闭文件，否则可能会导致文件读写出现异常。为了避免忘记关闭文件的情况，我们可以使用 with 语句打开文件，当文件操作完成后，它会自动帮我们关闭文件。

【示例 9-6 程序】

读取“test1.txt”文件内容的前 10 个字符，并把读取到的内容输出。在文本模式下编写如下程序。

第 1 行：使用 with open 创建文件，模式为“r”读取模式。

第 2 ~ 3 行：读取文件的前 10 个字符并输出。

示例 9-6　with 语句打开文件

```
1. with open("test1.txt", "r") as f:
2.     s = f.read(10)
3.     print(s)
```

程序编写完成后，运行程序结果如图 9-9 所示，输出了文件的前 10 个字符。

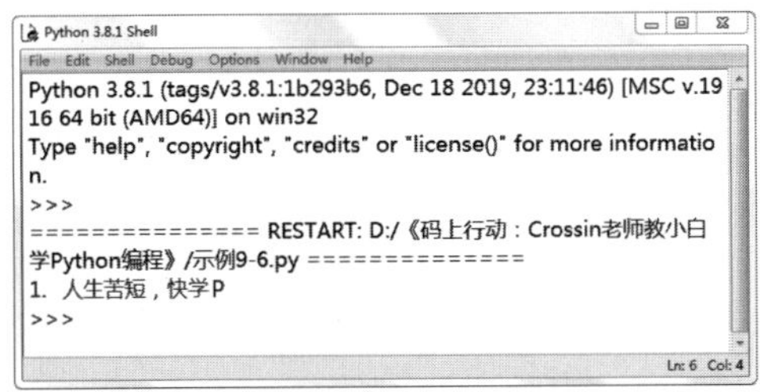

图 9-9　程序运行结果

9.3 文件的重命名与删除

在 Python 编程中，除了可以对文件内容进行读写，还可以对文件进行重命名和删除操作。

9.3.1 文件重命名

重命名文件可以使用 os 模块下的 rename 函数。

【示例 9-7 程序】

使用 os 模块下的 rename 函数对一个文件进行重命名。在文本模式下编写如下程序。

第 1 行：导入 os 模块。

第 2 行：源文件的完整路径及文件名。

第 3 行：新文件的完整路径及文件名。

第 4 行：调用 os 模块中的 rename 函数进行重命名操作。

示例 9-7　重命名文件

```
1. import os
2. file = r"D:\test\a1.txt"
3. file1 = r"D:\test\a2.txt"
4. os.rename(file, file1)
```

程序编写完后，先准备好源文件，如图 9-10 所示，然后再运行程序。程序运行后，可以看到文件“a1.txt”的名称已经变为“a2.txt”，如图 9-11 所示。

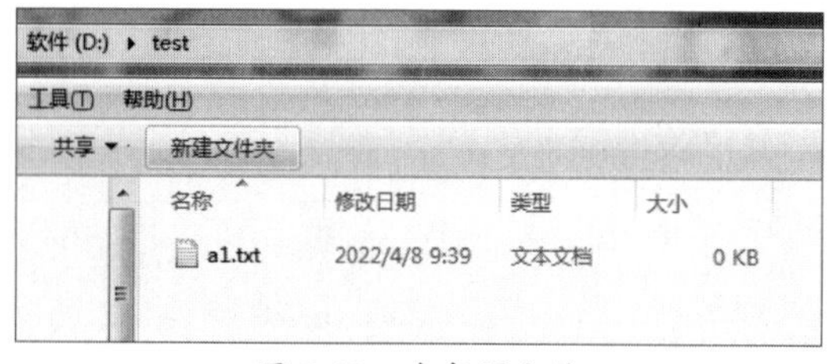

图 9-10　准备源文件

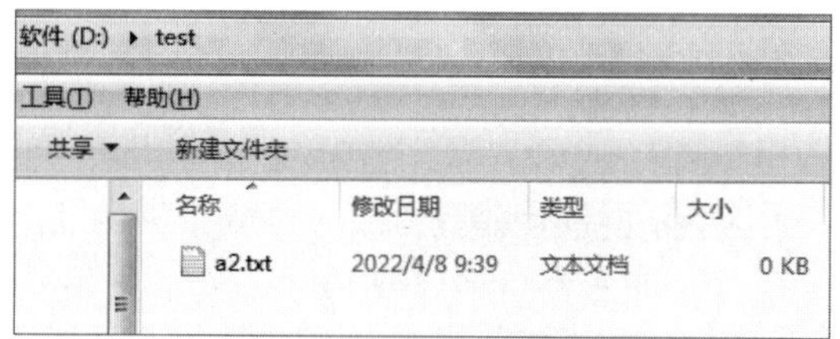

图 9-11　文件名称已改变

9.3.2 文件的删除

与重命名类似，删除文件也非常简单，使用 os 模块下的 remove 函数即可。

【示例 9-8 程序】

使用 os 模块下的 remove 函数删除一个文件。在文本模式下编写如下程序。

第 1 行：导入 os 模块。

第 2 行：将文件的完整路径及文件名赋值给变量。

第 3 行：调用 os 模块中的 remove 函数进行删除操作。

示例 9-8　删除文件

```
1. import os
2. file = r"D:\test\a2.txt"
3. os.remove(file)
```

程序编写完成后，先准备好“a2.txt”文件，再运行程序，结果如图 9-12 所示，可以看到 D:\test 目录下已经没有文件了。

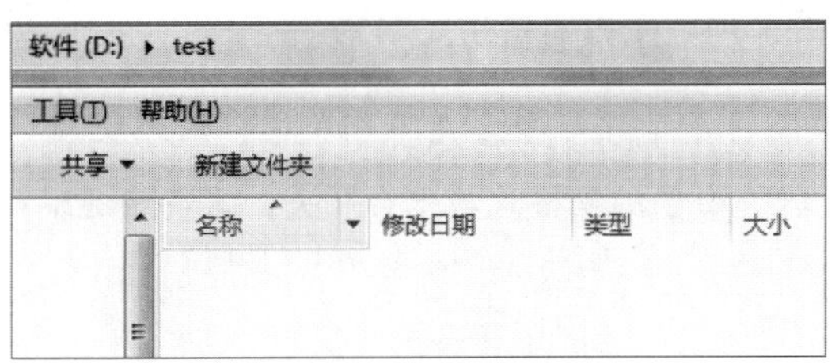

图 9-12　文件已经删除

9.4 异常处理

在打开文件时，可能会遇到文件不存在的情况。这种情况不能算是“错误”，只能被称作“异常”。异常是开发者无法控制的，但一个好的程序应考虑可能发生的异常，避免程序因此而中断。

在 Python 中，使用 try...except 语句来处理异常，把可能引发异常的语句放在 try 块中，把处理异常的语句放在 except 块中。

【示例 9-9 程序】

读取一个不存在的文件，通过异常处理避免程序中断。在文本模式下编写如下程序。

第 1 ~ 4 行：try 块，打开一个文件，输出成功提示，关闭文件。

第 5 ~ 6 行：except 块，捕获异常，提示文件不存在。

示例 9-9　异常处理

```
1. try:
2.     f = open('一个不存在的文件名.txt')
3.     print('文件成功打开')
4.     f.close()
5. except:
6.     print('文件不存在')
```

运行文件，如果文件存在，会输出“文件成功打开”，不会执行 except 块中的代码；如果文件不存在，会直接跳出 except 块，输出“文件不存在”，而 try 块中的剩余代码则不会再执行。

Crossin 老师答疑

问题 1：Python 读取文件内容的方式有哪些?

答：调用文件对象的 read、readline、readlines 函数可以全部 / 按字符读取、按行读取、按行读取全部。

问题 2：使用二进制模式打开文件，是否需要指定编码?

答：文件存储的是字节码，字节码与平台是不相关的，因此使用二进制模式打开文件不用指定编码。如果按文本模式读取，由于编码格式与平台相关，需要指定编码（默认按系统配置的编码打开）。

上机实训一：员工信息管理系统

【实训介绍】

编写一段程序，实现员工信息的录入、查询、删除功能。员工信息包括姓名、电话号码、职位。

【编程分析】

可以使用文本文件存放员工信息，当运行程序时，先打开文本文件，从文件中读取信息到列表中，供用户查询；完成录入或删除信息后，重新把列表信息写入文本文件中。

根据编程分析，在文本模式下编写如下程序。

示例 9-10　实训程序

```
import os

def menu():
    print("*" * 20)
    print(" 员工信息管理系统 ")
    print("1. 添加员工信息 ")
    print("2. 查看员工信息 ")
    print("3. 删除员工信息 ")
    print("4. 保存信息 ")
    print("5. 退出系统 ")
    print("*" * 20)
    choice = input(" 请输入 1 ~ 5 选择功能: ")
    return choice
```

```

def func_add(peoples):
    name = input("请输入员工姓名：")
    number = input("请输入电话号码：")
    info = {}
    info["name"] = name
    info["number"] = number
    peoples.append(info)
    print("员工信息添加成功")

def func_info(peoples):
    if not peoples:
        print("还没有员工，请添加")
        return
    print("~ ~ ~ ~ ~ 员工信息 ~ ~ ~ ~ ~")
    print("姓名 | 电话号码")
    for i in peoples:
        print(i['name'], '|', i['number'])

def func_del(peoples):
    name = input("请输入员工姓名：")
    for i in peoples:
        if name == i["name"]:
            peoples.remove(i)
            print("该员工已删除")
            return
    print("没有该员工")

def func_save(peoples):
    stu_file = open("员工信息管理系统.txt", "w")
    stu_file.write(str(peoples))
    stu_file.close()
    print("信息已经保存")

def main():
    try:
        file = open("员工信息管理系统.txt", "r")
        content = file.read()
        file.close()
        peoples = eval(content)
    except:
        print('未成功读取，将新建空数据。')
        peoples = []
    while True:
        choice = menu()
```

```
59.        if choice == "1":
60.            func_add(peoples)
61.        elif choice == "2":
62.            func_info(peoples)
63.        elif choice == "3":
64.            func_del(peoples)
65.        elif choice == "4":
66.            func_save(peoples)
67.        elif choice == "5":
68.            print("退出系统")
69.            break
70.        else:
71.            print("输入有误")
72.
73.main()
```

【程序说明】

第 3～13 行：定义函数 menu，用于展现菜单和获取用户输入信息。

第 15～22 行：定义函数 func_add，用于添加员工信息。

第 24～31 行：定义函数 func_info，用于查看所有员工信息。

第 33～40 行：定义函数 func_del，用于删除指定的员工信息。

第 42～46 行：定义函数 func_save，用于把列表中的数据保存到文本文件。

第 48 行：定义程序的主函数 main。

第 49～56 行：从文本文件中读取员工信息，通过 eval 函数直接转换成列表，如果读取或转换失败则新建空列表。

第 57～71 行：根据用户输入的内容，调用相关函数进行处理，并重复执行直到退出。

第 73 行：调用程序主函数 main。

【程序运行结果】

程序编写完成后，运行程序，结果如图 9-13 所示。输出菜单信息，用户根据需要输入数字执行相关操作。接下来演示如何添加、查看和删除员工信息。

第一步：先添加一名员工的信息，执行结果如图 9-14 所示。输入“1”执行添加员工信息操作，然后按

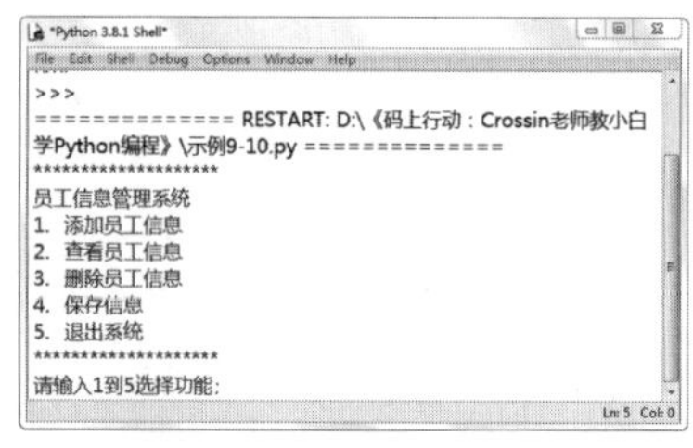

图 9-13 程序运行结果

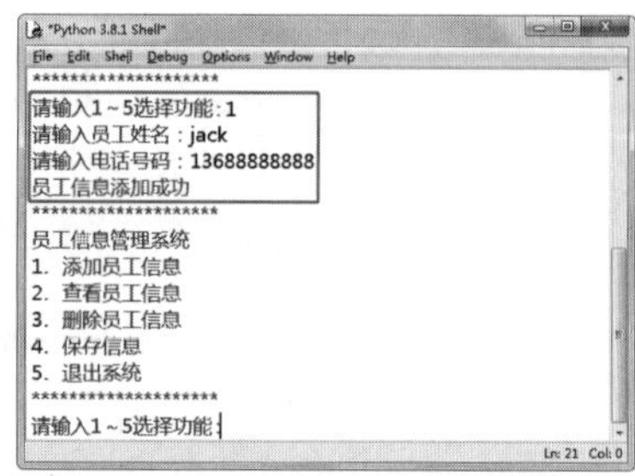

图 9-14 添加员工信息

照要求输入员工的姓名和电话号码，输入完成后按【Enter】键，程序会提示“员工信息添加成功”。

第二步：此时员工信息只是存在于列表中，即计算机的内存中，我们还需要输入“4”保存员工信息，这时信息才会存储到文本文件中，即计算机的硬盘中，如图 9-15 所示。

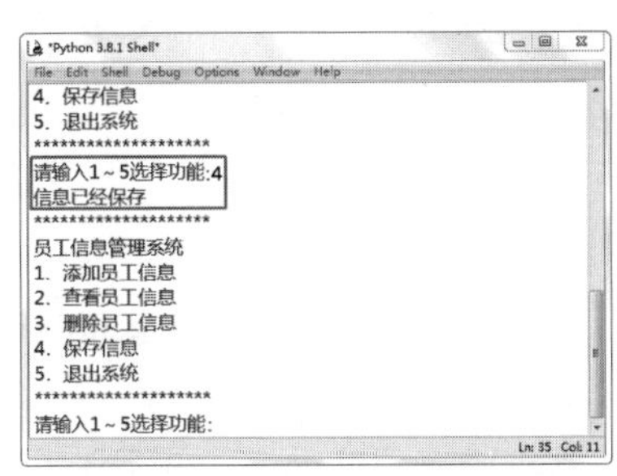

图 9-15 存储信息

第三步：查看员工信息，输入“2”即可，如图 9-16 所示，刚刚添加的员工信息将被输出。

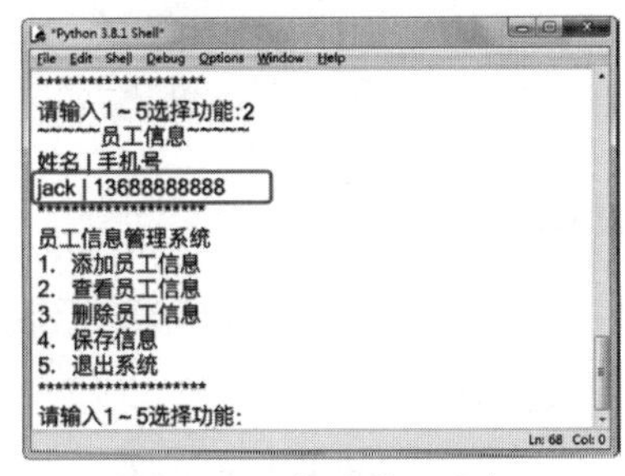

图 9-16 查看员工信息

第四步：删除员工信息，输入“3”选择删除操作。如图 9-17 所示，输入要删除员工的姓名后，系统提示“该员工已删除”。执行删除操作后，同样需要保存，这样该员工的信息才会从文本文件中删除，如图 9-18 所示。

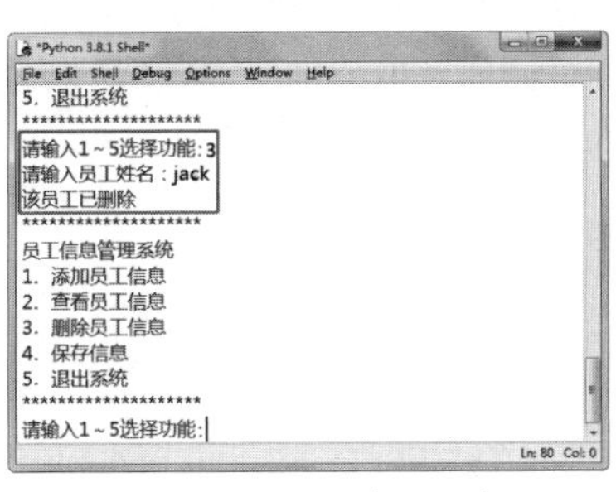

图 9-17 删除员工信息

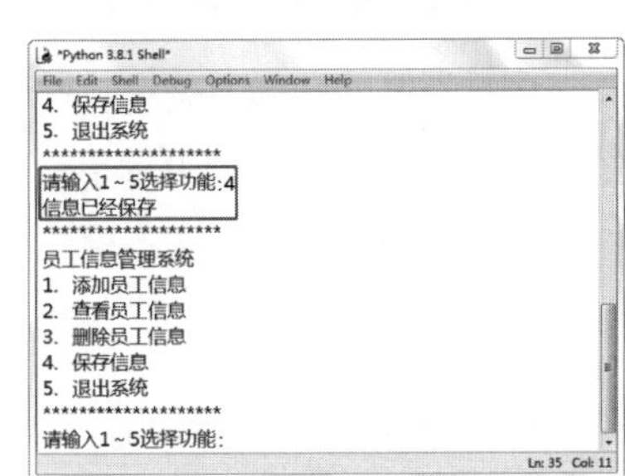

图 9-18 保存信息

第五步：删除员工“jack”后，再次查看员工信息，可以看到系统提示“还没有员工，请添加”，表示该员工已经成功从系统中删除，如图 9-19 所示。

以上五步是对这个程序的简单操作演示，读者可尝试给该程序添加更多功能，如更改为操作后自动保存，增加员工工号、性别、年龄信息等。

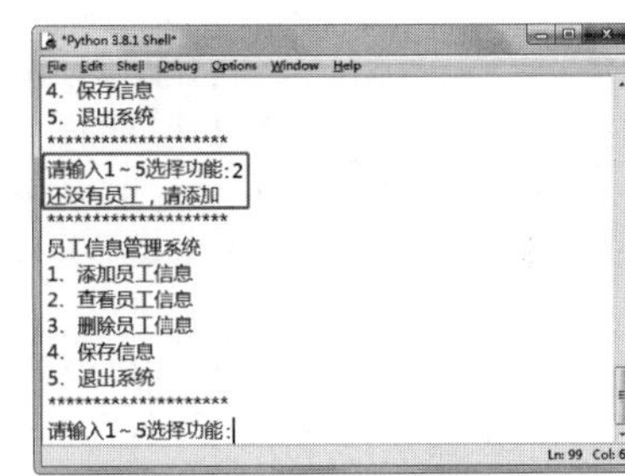

图 9-19 删除员工信息

上机实训二：屏蔽词替换

【实训介绍】

给定一个屏蔽词列表文件，文件中每一行都是一个词汇，可能是英文也可能是中文。文件内容示例如下。

```
abc
测试
你好啊
tttt
```

要求：实现一个方法，输入一段文字，将其中存在于列表中的词汇字符替换成 *，返回处理后的文字。验证这个方法时，从控制台输入待检测文字，调用方法处理，输出处理后的文字。示例如下。

```
输入：abcdefg ；输出：***defg。
输入：啊啊，这是一个测试 ；输出：啊啊，这是一个 **。
```

【编程分析】

首先从文件中读取屏蔽词列表，并保存在变量中。一次运行只需读取一次即可，不用每次匹配时都读取一遍。

读取后的数据要保证不含有空格、换行符、空行等，以免干扰正常匹配。所以，如果是按行读取，要判断读取的是否为一个空行，然后再把字符前后的换行符去掉（通常用 str 的 strip 方法）。

比较直接的匹配方法是，遍历屏蔽词列表中的每个词，然后从待检测字符中将其替换掉（如果存在的话），可以用 str 的 replace 方法实现。

根据编程分析，在文本模式下编写如下程序。

示例 9-11　实训程序

```
1. def load_blocked():
2.     with open('words.txt') as f:
3.         blocked_words = []
4.         for line in f.readlines():
5.             line = line.strip()
6.             if line:
7.                 blocked_words.append(line)
8.         return blocked_words
9.
10.def words_filter(text, blocked_words, symbol='*'):
11.    for w in blocked_words:
12.        text = text.replace(w, symbol * len(w))
13.    return text
14.
15.blocked_words = load_blocked()
16.while True:
17.    t = input('输入文字（直接按回车键退出）：\n')
18.    if not t:
19.        break
20.    print(words_filter(t, blocked_words))
```

【程序说明】

第 1 ~ 8 行：定义函数 load_blocked，用于从文件中读取屏蔽词。

第 10 ~ 13 行：定义函数 words_filter，将每个屏蔽词与待检测文字匹配并替换，默认使用 * 替换，也可以指定其他替换符号。

第 15 行：调用函数 load_blocked，读取屏蔽词。

第 16～20 行：进入循环，在循环中获取用户输入，输入完成后输出经过屏蔽后的内容。

【程序运行结果】

程序编写完成后，需要准备一个名为“words.txt”的文本文件，并放置在程序同一路径下，文件内容如图 9-20 所示。

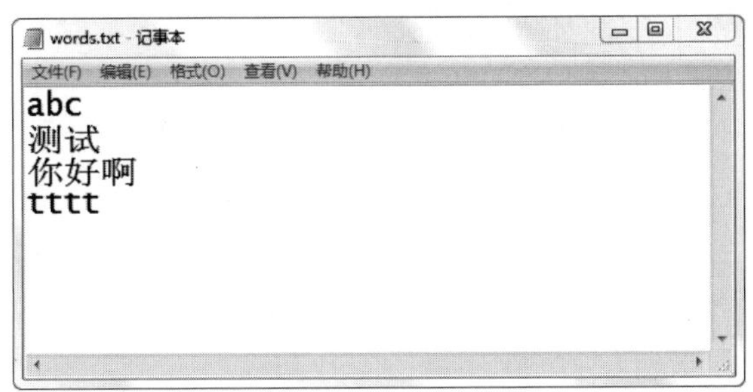

图 9-20 文本文件内容

运行程序，结果如图 9-21 所示，总共输入了四个字符串，输出对应的屏蔽后的字符串。

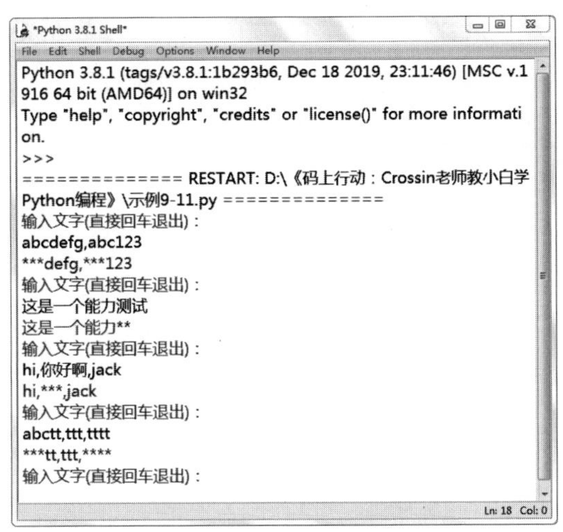

图 9-21 程序运行结果

思考与练习

一、判断题

1. 使用 open 函数只能打开文本文件。（ ）
2. 使用程序读取文件时，可以按字符数读取、按行读取或读取整个文件。（ ）

二、选择题

1. 以下哪一项是以只读方式打开文件？（　　）

A. “r”　　B. “a”　　C. “w”　　D. “b”

2. 用哪种方式打开文件时，会覆盖文件原有内容？（　　）

A. “r”　　B. “a”　　C. “w”　　D. “b”

三、编程题

1. 编写一段程序，实现对一幅图片的复制。

2. 编写一段程序，按行逆序输出一个文本文件。

本章小结

在本章中，我们学习了使用程序读写文件的方法。当我们把一个数据放入变量中时，该数据只是存放在内存中，程序运行结束后数据就没有了；如果把数据存放在文件中则可以长久保存，即使关闭计算机，数据也不会丢失。最后，我们通过“员工信息管理系统”的编程，练习了对文本数据保存、读取、删除的编程思路和方法。

第 10 章

表格里的数据：用 Python 处理 Excel 文件

★本章导读★

利用 Python，我们不仅可以把数据写入文本文件中，同样也可以把数据写入电子表格中。通过程序对电子表格进行相关操作可以帮助我们快速处理表格数据，大大提升工作效率。

★知识要点★

通过对本章内容的学习，读者能掌握以下知识。

◆ 掌握 CSV 文件的读写方法。

◆ 掌握 Excel 表格的创建方法。

◆ 掌握 Excel 表格的读写方法。

10.1 CSV 文件的读写

CSV 格式是电子表格和数据库中常见的输入、输出文件格式。Python 中的 csv 模块实现了对 CSV 格式文件的读写。由于 CSV 格式与 Excel 是兼容的，通过读写 CSV 文件即可简单实现 Python 与 Excel 表格数据的互通。

10.1.1 写数据

向 CSV 文件中写入数据，可以通过 writer 类创建 writer 对象，该对象负责将用户的数据转换为带分隔符的字符串后写入文件。

【示例 10-1 程序】

以写入模式打开一个名为“my.csv”的文件。在文本模式下编写如下程序。

第 1 行：导入 csv 模块。

第 2 行：使用 open 创建文件，模式为“w”写入模式，考虑到 CSV 文件跨平台兼容性，指定 newline=''。

第 3 行：创建 writer 对象对文件进行写操作。

第 4 行：写入表头。

第 5～7 行：遍历写入 3 行内容。

示例 10-1　写入 CSV 文件

```
1. import csv
2. with open("my.csv", "w", newline='') as f:
3.     writer = csv.writer(f)
4.     writer.writerow(["name", "height", "weight"])
5.     data = [['kity', 154, 60], ['lili', 160, 70], ['james', 155, 67]]
6.     for row in data:
7.         writer.writerow(row)
```

运行程序，结果如图 10-1 所示。

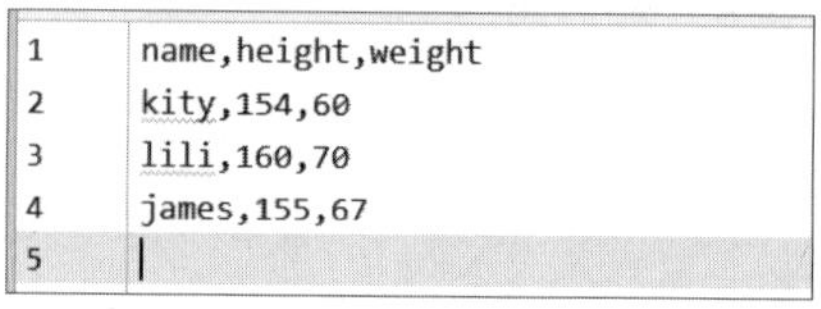

```
1	name,height,weight
2	kity,154,60
3	lili,160,70
4	james,155,67
5	
```

图 10-1　程序运行结果

【示例 10-2 程序】

以追加模式向“my.csv”文件中添加内容。在文本模式下编写如下程序。

第 1 行：导入 csv 模块。

第 2 行：使用 open 创建文件，模式为“a”追加写入模式。

第 3 行：创建 writer 对象对文件进行写操作。

第 4～6 行：遍历写入 3 行内容。

示例 10-2　追加写入 CSV 文件

```
1. import csv
2. with open("my.csv", "a", newline='') as f:
3.     writer = csv.writer(f)
4.     data = [['aaa', 159, 87], ['bbb', 153, 56], ['ccc', 190, 80]]
5.     for row in data:
6.         writer.writerow(row)
```

运行程序，结果如图 10-2 所示。

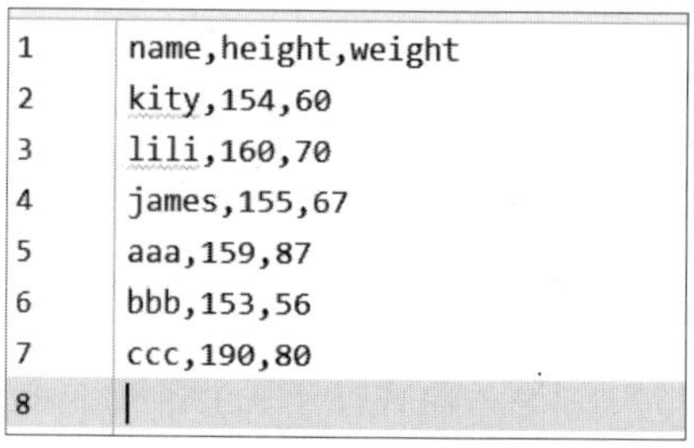

```
1	name,height,weight
2	kity,154,60
3	lili,160,70
4	james,155,67
5	aaa,159,87
6	bbb,153,56
7	ccc,190,80
8	
```

图 10-2　程序运行结果

10.1.2 读数据

从 CSV 文件中读取数据，可以通过 reader 类创建 reader 对象，该对象将逐行遍历 CSV 文件，将数据读取为一个由字符串组成的列表。

【示例 10-3 程序】

读取“my.csv”文件的全部内容。在文本模式下编写如下程序。

第 1 行：导入 csv 模块。

第 2 行：使用 open 打开文件，模式为“r”读取模式。

第 3 行：创建 reader 对象对文件进行读操作。

第 4～5 行：遍历读取行内容并输出。

示例 10-3　读取 CSV 文件

```
1. import csv
2. with open('my.csv','r') as csvfile:
3.     reader = csv.reader(csvfile)
4.     for row in reader:
5.         print(row)
```

运行程序，结果如图 10-3 所示。

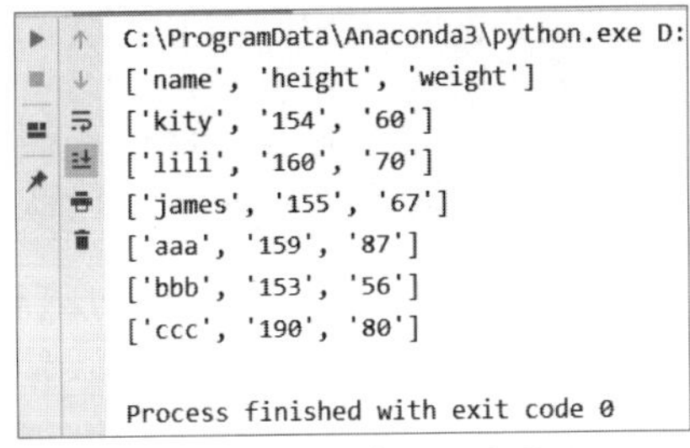

图 10-3　程序运行结果

10.2 表格文件的创建与读写

Python 本身没有提供直接操作 Excel 的模块，但是 Python 的强大之处就在于有大量好用的第三方库，这里我们选用读 Excel 的 xlrd 库和写 Excel 的 xlwt 库进行操作。

10.2.1 安装模块

因为 xlrd 库和 xlwt 库是第三方模块，所以在使用前需要手动安装。比较常用的安装方法是在命令行下通过 pip 命令安装。

```
pip install xlrd xlwt
```

安装成功的效果如图 10-4 所示。

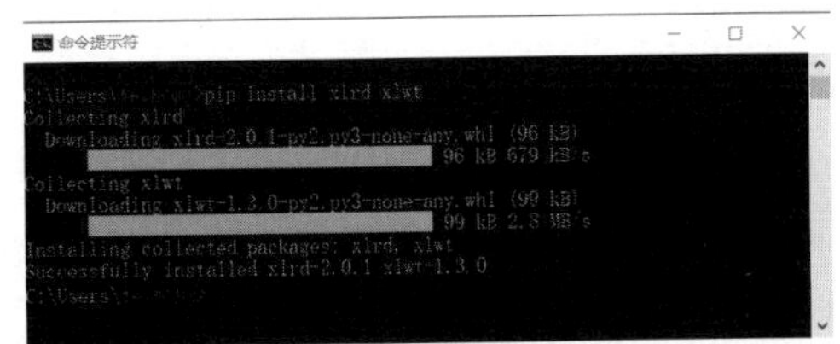

图 10-4　安装 xlrd 库和 xlwt 库

10.2.2 创建 Excel 文件

当我们使用 Excel 软件创建表格时，软件会默认帮我们创建一个名为“sheet1”的工作表，但是使用 xlwt 库编程创建表格时则不会默认创建，需要在程序中使用 add_sheet 方法创建工作表。

【示例 10-4 程序】

接下来使用 xlwt 模块创建一个 Excel 表格，编写程序如下。

第 1 行：导入 xlwt 模块。

第 2 行：使用 Workbook 创建一个 Excel 表格。

第 3 行：添加一个工作表，并命名为“编程语言”。

第 4 行：保存该 Excel 表格。

示例 10-4　创建 Excel 表格

```
1. import xlwt
2. book = xlwt.Workbook()
3. sheet1 = book.add_sheet(' 编程语言 ')
4. book.save('new.xls')
```

执行程序，可见一个 Excel 表格文件已经成功创建，工作表的名称为“编程语言”，如图 10-5 所示。

值得注意的是，xlwt 模块只能创建 xls 格式的文件，不能创建 xlsx 格式的文件，如果把文件名写成了 xlsx 格式，文件将无法打开。

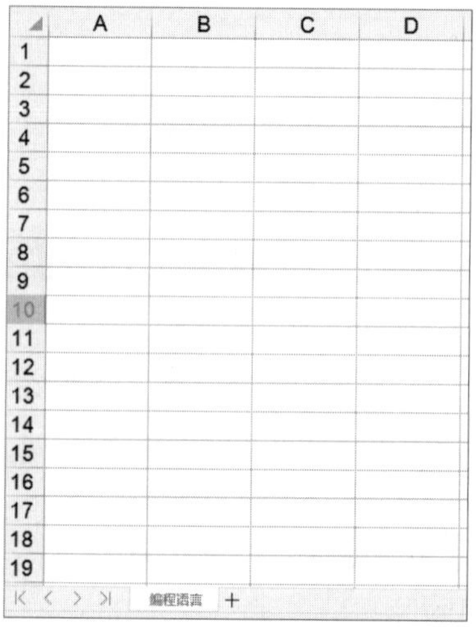

图 10-5　创建表格

10.2.3 写 Excel 文件

创建好 Excel 表格后，怎么把数据通过程序写入表格呢？接下来将详细讲解。

【示例 10-5 程序】

使用 xlwt 模块向 Excel 表格中写入数据，示例程序如下。

第 1 行：导入 xlwt 模块。

第 2 行：使用 Workbook 创建一个 Excel 表格。

第 3 行：添加一个工作表，并命名为“编程语言”。

第 4 行：在表格的第 1 行第 1 列添加数据“Python”。

第 5 行：在表格的第 2 行第 1 列添加数据“Java”。

第 6 行：保存该 Excel 文件。

示例 10-5　向 Excel 文件写入数据

```
import xlwt
book = xlwt.Workbook()
sheet1 = book.add_sheet(' 编程语言 ')
sheet1.write(0, 0, 'Python')
sheet1.write(1, 0, 'Java')
book.save('new.xls')
```

运行程序，可见在工作表“编程语言”中，“Python”和“Java”分别被写入了表格的第 1 行第 1 列和第 2 行第 1 列中，如图 10-6 所示。

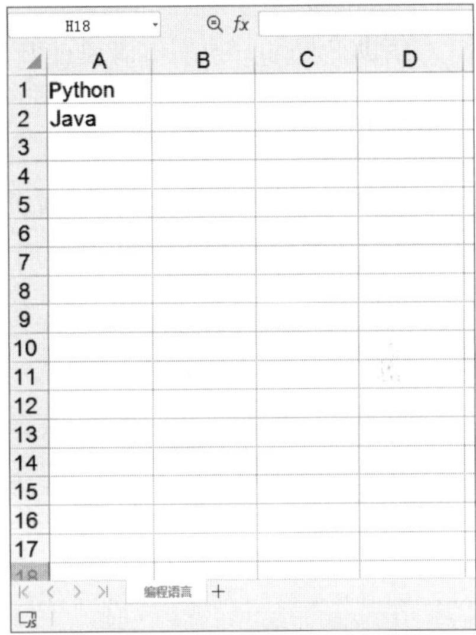

图 10-6　写入数据到表格

10.2.4 读 Excel 文件

在 10.2.3 小节中，我们通过 xlwt 库完成了表格的创建和数据写入。接下来使用 xlrd 库对表格进行读操作。

【示例 10-6 程序】

通过程序读取一个 Excel 文件中的数据，示例程序如下。

第 1 行：导入 xlrd 模块。

第 2 行：通过 open_workbook 函数打开前面创建的表格文件。

第 3 行：通过 sheet_by_index 方法获取第一个工作表。

第 4 ~ 6 行：遍历每一行，根据行号读取行数据并输出。

示例 10-6　读取 Excel 表格数据

```
1. import xlrd
2. workbook = xlrd.open_workbook('new.xls')
3. table = workbook.sheet_by_index(0)
4. for rownum in range(table.nrows):
5.     row = table.row_values(rownum)
6.     print(row)
```

运行程序，可见“Python”和“Java”已经被成功读取。这段程序的功能就是将表格文件中的数据按行读取出来并输出，如图 10-7 所示。

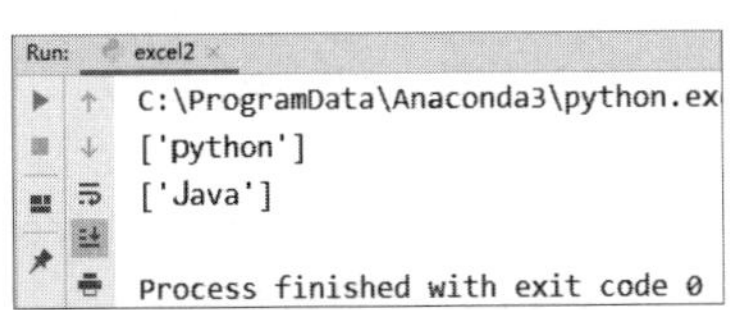

图 10-7　读取表格数据

10.3 表格内容的常见处理

读和写只是基本操作，我们的最终目的是处理 Excel 表格中的内容，如根据需要提取出表格内容或将数据保存为表格文件。

10.3.1 查找表格内容

借助 Python，我们可以通过编程的方式从大量表格数据中查找想要的内容。

【示例 10-7 程序】

现有一个学生通讯录表格，通过编程的方式查找出“花荣”的电话号码，表格如图 10-8 所示。

编写如下程序。

第 1 行：导入 xlrd 模块。

第 2 行：通过 open_workbook 函数打开指定表格文件。

第 3 行：通过 sheet_by_index 方法获取第一个工作表。

第 4 ~ 5 行：遍历每一行，根据行号读取行数据。

第 6 ~ 8 行：判断当前行的第 1 列单元格（学生）是否与查找内容相同，若是则输出第 2 列单元格（电话号码）并跳出循环。

	A	B
1	学生	电话号码
2	宋江	13378699872
3	武松	13178699371
4	李逵	13578699376
5	晁盖	13778691873
6	花荣	13978639876
7	卢俊义	13878699471
8	秦明	13178699126
9	林冲	13178692836
10	张三	13171234831
11		
12		
13		
14		
15		

student

图 10-8　学生通讯录

示例 10-7　查找 Excel 表格中的数据

```
1. import xlrd
2. workbook = xlrd.open_workbook('new.xls')
3. table = workbook.sheet_by_index(0)
4. for rownum in range(table.nrows):
5.     row = table.row_values(rownum)
6.     if row[0] == '花荣':
7.         print('花荣的电话号码：', int(row[1]))
8.         break
```

程序编写完成后，运行程序，结果如图 10-9 所示。

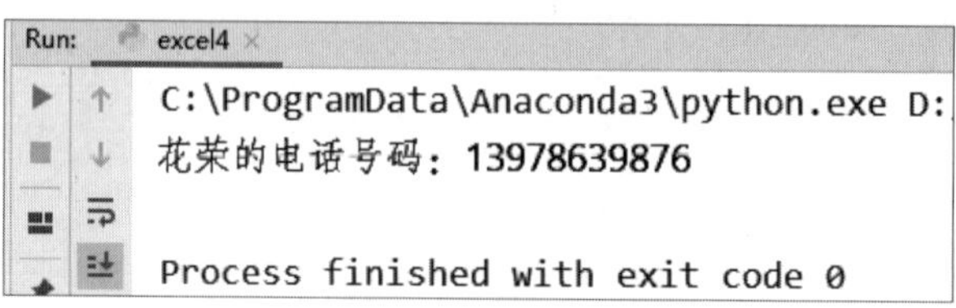

图 10-9　程序运行结果

10.3.2 合并多个表格

【示例 10-8 程序】

假设 Excel 文件中有两个工作表，工作表 1 里存放学生的姓名和身高，如图 10-10 所示；工作表 2 里存放了学生的姓名和体重，如图 10-11 所示。现要将这两个表格合并为一个包含学生姓名、身高、体重的表格，并保存为新的 Excel 文件。

	A	B	C	D	E
1	姓名	身高			
2	宋江	170cm			
3	武松	171cm			
4	李逵	172cm			
5	晁盖	173cm			
6	花荣	174cm			
7	卢俊义	175cm			
8	秦明	176cm			
9	林冲	177cm			
10					
11					
12					
13					
14					
15					
16					

sheet1 Sheet2

图 10-10 工作表 1 的数据

	A	B	C	D	E
1	姓名	体重			
2	武松	90kg			
3	宋江	91kg			
4	卢俊义	92kg			
5	晁盖	93kg			
6	花荣	94kg			
7	李逵	95kg			
8	秦明	96kg			
9	林冲	97kg			
10					
11					
12					
13					
14					
15					
16					

sheet1 Sheet2

图 10-11 工作表 2 的数据

合并多个表格，编写程序如下。

第 1 行：导入所需模块。

第 3 ~ 8 行：打开表格文件，读取工作表 1 的表格数据，保存在列表中。

第 10 ~ 15 行：读取工作表 2 的表格数据，并根据每行第 1 列单元格（姓名）添加到列表的对应项中。

第 17 ~ 26 行：新建表格并逐个写入列表中的数据，保存文件。

示例 10-8 合并两个表格

```
1. import xlrd, xlwt
2.
3. workbook = xlrd.open_workbook('new.xls')
4. table = workbook.sheet_by_index(0)
5. data = []
6. for rownum in range(table.nrows):
7.     row = table.row_values(rownum)
8.     data.append(row)
9.
10.table = workbook.sheet_by_index(1)
11.for rownum in range(table.nrows):
12.    row = table.row_values(rownum)
```

```
    for d_row in data:
        if d_row[0] == row[0]:
            d_row.append(row[1])

book = xlwt.Workbook()
sheet1 = book.add_sheet('sheet1')
r = 0
for row in data:
    c = 0
    for cell in row:
        sheet1.write(r, c, cell)
        c += 1
    r += 1
book.save('new1.xls')
```

运行程序，结果如图 10-12 所示。

	A	B	C	D	E
1	姓名	身高	体重		
2	宋江	170cm	91kg		
3	武松	171cm	90kg		
4	李逵	172cm	95kg		
5	晁盖	173cm	93kg		
6	花荣	174cm	94kg		
7	卢俊义	175cm	92kg		
8	秦明	176cm	96kg		
9	林冲	177cm	97kg		
10					
11					
12					
13					
14					
15					
16					

sheet1

图 10-12　合并后的数据

• 10.3.3 修改表格内容

xlrd 模块和 xlwt 模块不支持 .xlsx 文件，无法直接对文件内容进行修改。如果需要对 .xlsx 文件进行修改，就得借助其他的库，如 openpyxl。下面演示如何用 openpyxl 库对 .xlsx 文件进行修改，同样需要先安装 openpyxl 库。

```
pip install openpyxl
```

【示例 10-9 程序】

对于 10.3.1 小节中的表格（见图 10-8），通过编程的方式将“花荣”的电话号码修改为 13012345678。编写程序如下。

第 1 行：导入所需模块。

第 2 行：打开并读取表格文件。

第 3 行：选择工作表。

第 4 行：遍历每一行数据，如果第 1 列单元格的值（学生）与目标值相同，就修改第 2 列单元格的值。

第 5 行：保存文件。

示例 10-9　修改表格数据

```
1. import openpyxl
2. book = openpyxl.load_workbook('new.xlsx')
3. sheet = book.worksheets[0]
4. for row in sheet.rows:
5.     if row[0].value == ' 花荣 ':
6.         row[1].value = 13012345678
7. book.save('new.xlsx')
```

运行程序，可见“花荣”对应的电话号码已经被修改。

Crossin 老师答疑

问题 1：使用 Python 读写 csv 文件有哪些方法？

答：Python 内置了 csv 模块，可直接读写 CSV 文件。另外，使用 pandas 库的 read_csv 函数和 to_csv 函数也可以方便地读写 CSV 文件，是数据分析的常用方法。

问题 2：在 Python 中如何把多个 Excel 表格合并到一个文件中？

答：合并多个表格，通常先把各个表格的数据全部读取到程序中，根据要求合并之后，再写入一个文件中即可。

上机实训：批量创建班级信息表

【实训介绍】

新学期开始，学校会给每个班级的班主任老师发一张电子表格，用于统计学生基本信息，包括姓名、年龄、电话号码等；表格名称为一年级一班，一年级二班，一年级三班……共有 9 个年级，每个年级有 10 个班，共有 90 张表格。

【编程分析】

根据实训介绍，如果手动创建这些表格，非常耗费时间，因此我们可以通过编程的方式批量创建这些表格。

在文本模式下编写如下程序。

示例 10-10　实训程序

```
1. import xlwt
2. number = '一二三四五六七八九十'
3. for i in range(0, 9):
4.     for j in range(0, 10):
5.         workbook = xlwt.Workbook()
6.         sheet = workbook.add_sheet('学生信息')
7.         sheet.write(0, 0, '姓名')
8.         sheet.write(0, 1, '年龄')
9.         sheet.write(0, 2, '电话号码')
10.        sheet.write(0, 3, '家庭住址')
11.        workbook.save(f"{number[i]}年级{number[j]}班.xls")
```

【程序说明】

第 1 行：导入模块。

第 2 行：创建数字字符串。

第 3 ~ 11 行：循环 9 × 10 次，创建表格、写入表头、保存文件。

【程序运行结果】

运行程序，结果如图 10-13 所示，可见这 90 张表格已经创建成功。

打开其中一张表格，可见表头内容已经存在，如图 10-14 所示。

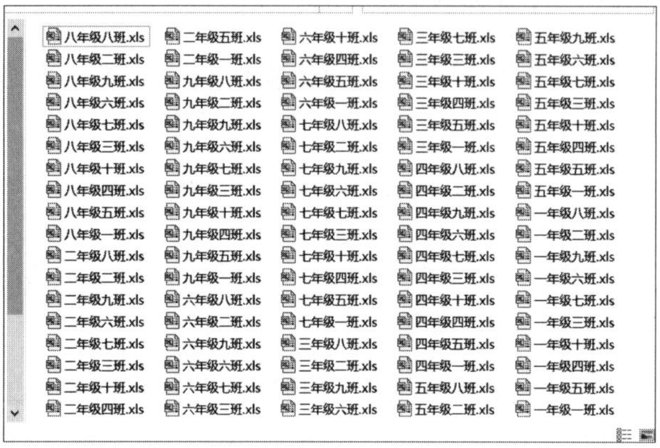

图 10-13　批量创建 Excel 文件

图 10-14　表格表头内容

思考与练习

一、选择题

1.CSV 文件以纯文本形式存储表格数据。（　　）

2. xlwt 模块中的 Workbook 方法用于创建工作簿，而 add_sheet 方法用于在工作簿中添加工作表。（　　）

二、编程题

1. 编写一段程序，获取表格中身高最高的人的姓名，表格如图 10-15 所示。

2. 编写一段程序，在表格中增加一列，计算并写入每个人的 BMI，表格如图 10-15 所示。BMI= 体重（kg）÷ 身高 ^{2}（m）。

	A	B	C	D	E
1	姓名	身高	体重		
2	宋江	170cm	91kg		
3	武松	171cm	90kg		
4	李逵	172cm	95kg		
5	晁盖	173cm	93kg		
6	花荣	174cm	94kg		
7	卢俊义	175cm	92kg		
8	秦明	176cm	96kg		
9	林冲	177cm	97kg		
10					
11					
12					
13					
14					
15					
16					

sheet1

图 10-15　表格数据

本章小结

在本章中，我们学习了使用编程的方式操作表格文件，包括创建表格文件、读取表格内容、写入数据到表格中等。对表格的操作和对文本文件的操作方法类似，进行对比学习更便于理解与掌握。可实现操作表格文件的 Python 库有很多，在编程时可根据所需功能及自己的喜好进行选择。

第 11 章

信息的匹配方法：正则表达式

★本章导读★

正则表达式是一种从字符串中查找与替换特定字符的语法，它通过定义一套规则，在字符串中定位特定字符。本章主要介绍正则表达式的语法规则、使用方式及相关的 Python 函数。

★知识要点★

通过对本章内容的学习，读者能掌握以下知识。

- ◆ 了解正则表达式匹配的模式。
- ◆ 了解预定义的字符集、限定符、定位符、非打印字符。
- ◆ 了解如何进行分组及给分组添加名称。
- ◆ 掌握 re 模块下不同函数的使用及提取结果的方式。

11.1 正则表达式的常用符号

如果你曾使用过“?”“*”等通配符来查找目标文本或文件，那么就不难理解正则表达式的匹配方式。本节将详细介绍正则表达式中常用符号的含义，让你在处理字符串时有更多的选择。

11.1.1 预定义字符

在正则表达式中，“\d”可以匹配数字 0 ~ 9。类似“\d”这样前面带“\”的字符是预定义字符，这些字符在匹配过程中不匹配原字符，而是具有特殊的含义。预定义字符的含义如表 11-1 所示。

表 11-1　预定义字符

类别	描述
\d	匹配数字，等效于 [0-9]
\D	匹配非数字，等效于 [^0-9]

类别	描述
\s	匹配空白字符，等效于 [\t\n\f\v\r]
\S	匹配非空白字符，等效于 [^\t\n\f\v\r]
\w	匹配字母、数字、下划线、汉字
\W	匹配非字母、数字、下划线、汉字

中括号 [] 表示字符集合，即中括号内的任一字符都匹配；[^] 则表示除中括号内字符外的任一字符都匹配。

【示例 11-1 程序】

re 模块是 Python 中内置的正则表达式模块，通过 re.findall 方法，可以很方便地将正则表达式应用到字符串上进行匹配。因为正则表达式的预定义字符标记“\”和 Python 字符串的转义字符标记是一样的，所以为了避免表达式中的预定义字符被转义，通常在 Python 里定义正则表达式时会使用原始字符串，即在引号前加上“r”。

使用预定义字符“\d”匹配数字。编写如下程序。

第 1 行：导入 re 模块。

第 2 行：创建待匹配的文本，其中包含数字、字母、汉字。

第 4 ~ 6 行：创建正则表达式，获取文本中的所有数字。

示例 11-1　匹配数字

```
1. import re
2. string = "2020 年我国的 GDP 为 1013567 亿元 "
3. print(" 匹配数字：")
4. p = r"\d"
5. data = re.findall(p, string)
6. print(data)
```

findall 函数的第 1 个参数为定义的正则表达式，第 2 个参数为待匹配的字符串。程序运行结果如图 11-1 所示，可见“\d”匹配到了字符串中的所有数字。

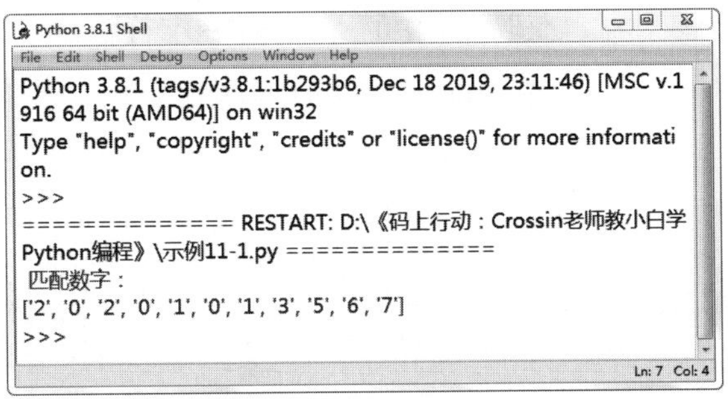

图 11-1　程序运行结果

【示例 11-2 程序】

使用预定义字符“\s”匹配空白字符。编写如下程序。

第 1 行：导入 re 模块。

第 2 行：创建待匹配的文本，其中包含数字、字母、汉字和空白字符。

第 4～6 行：创建正则表达式，获取文本中的所有空白字符。

示例 11-2　匹配空白字符

```
1. import re
2. string = "13579\t 你好 \n 我是 \fjava"
3. print(" 匹配空白字符：")
4. p = r"\s"
5. data = re.findall(p, string)
6. print(data)
```

程序运行结果如图 11-2 所示，可见“\s”匹配到了所有空白字符。

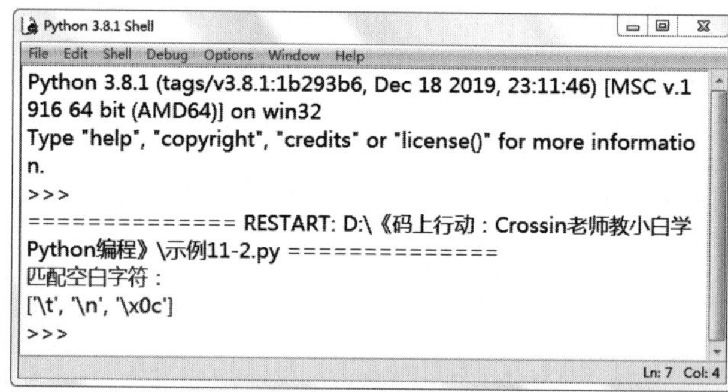

图 11-2　程序运行结果

【示例 11-3 程序】

使用预定义字符“\w”匹配非空白字符。编写如下程序。

第 1 行：导入 re 模块。

第 2 行：创建待匹配的文本，其中包含数字、字母、汉字和空白字符。

第 3～5 行：创建正则表达式，获取文本中的所有非空白字符。

示例 11-3　匹配非空白字符

```
1. import re
2. string = "13579\t 你好 \n 我是 \fjava"
3. p = r"\w"
4. data = re.findall(p, string)
5. print(data)
```

程序运行结果如图 11-3 所示，可见“\w”匹配到了数字、汉字和字母等非空白字符。

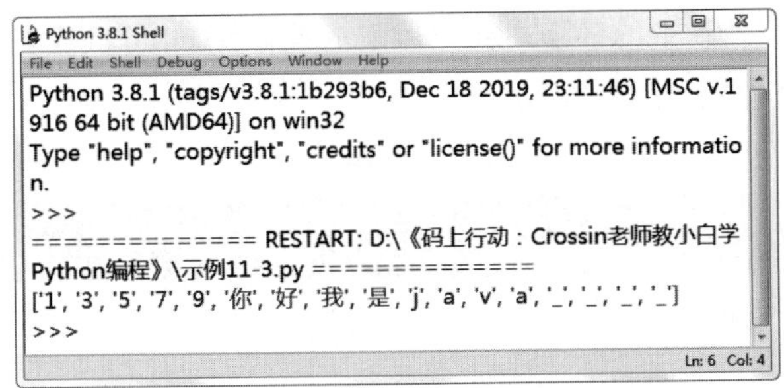

图 11-3　程序运行结果

【示例 11-4 程序】

Python 中使用正则表达式进行匹配时支持一些额外的参数设定，如 re.A 表示只匹配 ASCII 字符，即不包括汉字等 unicode 字符。

如果上个例子中我们只需要匹配数字和字母，可以使用预定义字符“\w”，同时加上参数 re.A，编写如下程序。

第 1 行：导入 re 模块。

第 2 行：创建待匹配的文本，其中包含数字、字母、汉字和空白字符。

第 3 ~ 5 行：创建正则表达式，并在匹配时增加参数 re.A，获取文本中的所有数字和字母。

示例 11-4　只匹配 ASCII 字符

```
1. import re
2. string = "13579\t 你好 \n 我是 \fjava"
3. p = r"\w"
4. data = re.findall(p, string, re.A)
5. print(data)
```

程序运行结果如图 11-4 所示，可见在 findall 函数中增加“re.A”参数将不再匹配汉字。

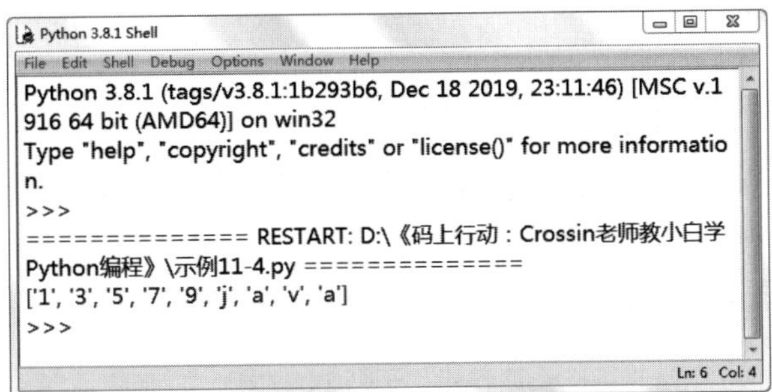

图 11-4　程序运行结果

11.1.2 限定符

限定符是可以指定匹配次数的字符，如“*”表示匹配字符串 0 次或多次，“?”表示匹配字符串 0 次或 1 次。更多限定符如表 11-2 所示。

表 11-2　限定符

类别	描述
*	匹配字符串 0 次或多次
\	将后续字符标记为特殊字符或转义
?	匹配字符串 0 次或 1 次
+	匹配字符串 1 次或多次
|	匹配多个规则之一，即“或”的关系
()	匹配子表达式，也叫分组
{}	指定匹配次数
[]	匹配字符集合
.	匹配除换行符外的任意字符

各限定符的含义解释和示例程序如下所示。

（1）规则“o*r”表示匹配字母“o”0 次或 1 次。对于字符串“hello \world,hello Python，hello r”，world 中的“or”（1 次）和最后的字母“r”（0 次）都会被匹配到；如果想匹配字符串中的“\w”，由于会与正则表达式中的预定义字符冲突，需要在“\w”之前再加一个反斜杠进行转义，编写如下代码。

【示例 11-5 程序】

第 1 行：导入 re 模块。

第 2 行：创建待匹配的文本。

第 3～5 行：创建正则表达式“o*r”，获取文本中的对应字符串。

第 6～8 行：创建正则表达式“\w”，获取文本中的所有字母。

第 9～11 行：创建正则表达式“\\w”，获取字符串“\w”。

示例 11-5　正则中的 * 和 \

```
1. import re
2. string = r"hello \world,hello Python, hello r"
```

```
p = "o*r"
data = re.findall(p, string)
print("o*r 匹配结果：", data)
p = r"\w"
data = re.findall(p, string)
print("\w 匹配结果：", data)
p = r"\\w"
data = re.findall(p, string)
print(r" 匹配 \w：", data)
```

程序运行结果如图 11-5 所示。

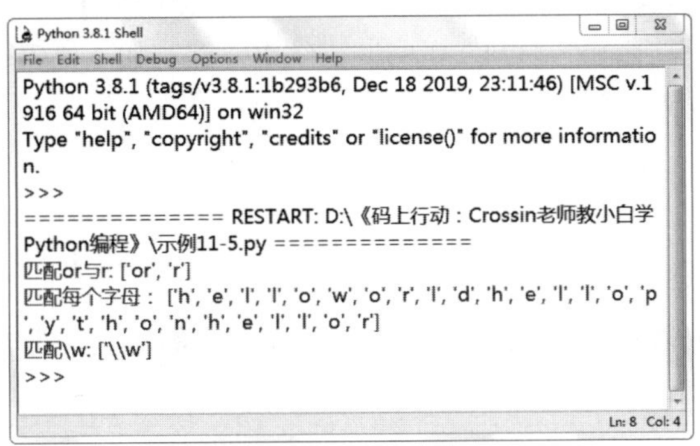

图 11-5 程序运行结果

（2）规则“ab?”，表示字母“a”后面接着 0 个或 1 个字母“b”，即匹配“a”或“ab”；规则“a+b”，表示匹配 1 个或多个字母“a”后面接着字母“b”，编写如下代码。

【示例 11-6 程序】

第 1 行：导入 re 模块。

第 2 行：创建待匹配的文本。

第 3～5 行：创建正则表达式“ab?”，获取文本中的对应字符串。

第 6～8 行：创建正则表达式“a+b”，获取文本中的对应字符串。

示例 11-6 正则中的 ? 和 +

```
1. import re
2. string = "abcaabcbddddeeeefff"
3. p = "ab?"
4. data = re.findall(p, string)
5. print("ab? 匹配结果：", data)
6. p = "a+b"
7. data = re.findall(p, string)
8. print("a+b 匹配结果：", data)
```

程序运行结果如图 11-6 所示。

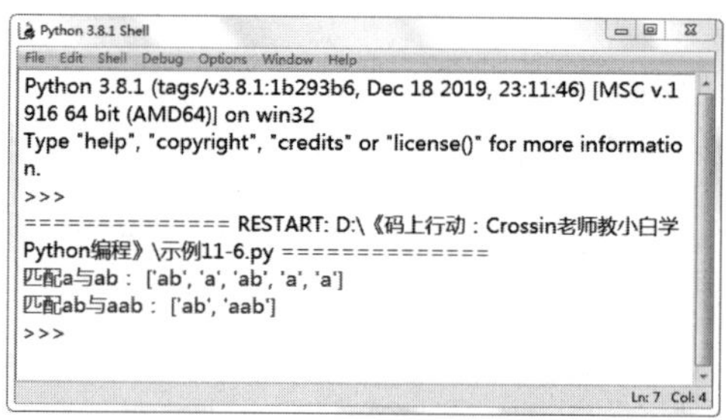

图 11-6　程序运行结果

（3）规则“hello|123”表示匹配“hello”或“123”，结果会包含两者的匹配结果。正则表达式对于待匹配字符串从左到右只匹配一次，不重复匹配，所以规则“hello123|123”会因为“hello123”匹配了整个字符串，而使得后面的“123”没有匹配结果。编写如下代码。

【示例 11-7 程序】

第 1 行：导入 re 模块。

第 2 行：创建待匹配的文本。

第 3～5 行：创建正则表达式“hello|123”，获取文本中的对应字符串。

第 6～8 行：创建正则表达式“hello123|123”，获取文本中的对应字符串。

示例 11-7　正则中的 |

```
1. import re
2. string = "hello123"
3. p = "hello|123"
4. data = re.findall(p, string)
5. print("hello|123 匹配结果：", data)
6. p = "hello123|123"
7. data = re.findall(p, string)
8. print("hello123|123 匹配结果：", data)
```

程序运行结果如图 11-7 所示。

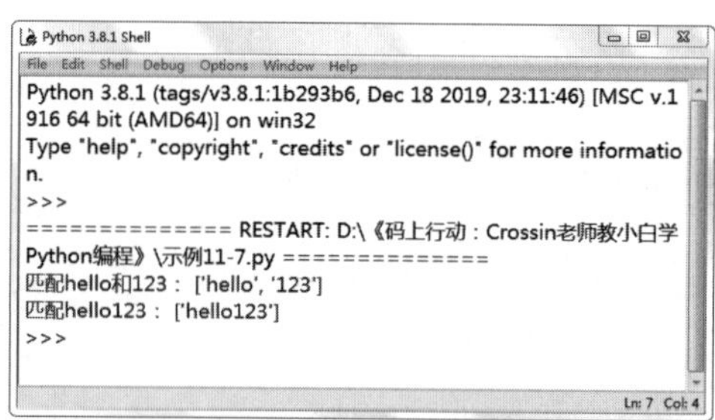

图 11-7　程序运行结果

（4）规则“(\d+) 年”表示匹配多个数字接汉字“年”，其中连续数字为一个分组，这样方便在匹配到的字符串中提取子串，编写如下程序。

【示例 11-8 程序】

第 1 行：导入 re 模块。

第 2 行：创建待匹配的文本，包含年份和非年份的数字。

第 3 ~ 5 行：创建正则表达式“(\d+) 年”，获取文本中的年份数字。

示例 11-8　正则中的 ()

```
1. import re
2. string = "2018 年大数据、人工智能已上升为国家战略，到 2020 年核心产业规模超过 1500 亿元，2030 年将达到世界领先水平。"
3. p = r"(\d+) 年 "
4. data = re.findall(p, string)
5. print(" 匹配年份：", data)
```

程序运行结果如图 11-8 所示。当存在分组时，findall 函数会返回分组的结果，所以只输出了字符串中所有“年”前面的数字，而非年份数字“1500”则没有被匹配。

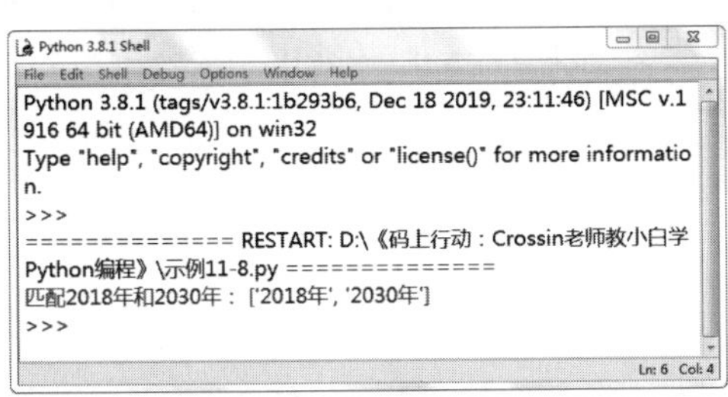

图 11-8　程序运行结果

（5）规则“x{2}”表示匹配连续 2 个“x”字符，即“xx”；规则“A{2,3}”则表示匹配连续 2 个或 3 个“A”字符，即“AA”或“AAA”，编写如下程序。

【示例 11-9 程序】

第 1 行：导入 re 模块。

第 2 行：创建待匹配的文本，包含多个连续的字符“x”和“A”。

第 3 ~ 5 行：创建正则表达式“x{2}”，匹配连续 2 个字符“x”。

第 6 ~ 8 行：创建正则表达式“A{2,3}”，匹配连续 2 个或 3 个字符“A”。

示例 11-9　正则中的 {}

```
1. import re
2. string = r"xyxxyABAABBAAAACD"
3. p = "x{2}"
4. data = re.findall(p, string)
5. print("x{2} 匹配结果：", data)
6. p = "A{2,3}"
7. data = re.findall(p, string)
```

```
print("A{2,3} 匹配结果：", data)
```

程序运行结果如图 11-9 所示。待匹配字符中有 4 个连续的“A”，正则表达式默认是贪婪匹配，即一次会匹配尽可能多的字符，所以会优先匹配前面 3 个“A”，使得最后 1 个“A”匹配不上，而非匹配 2 次“AA”。

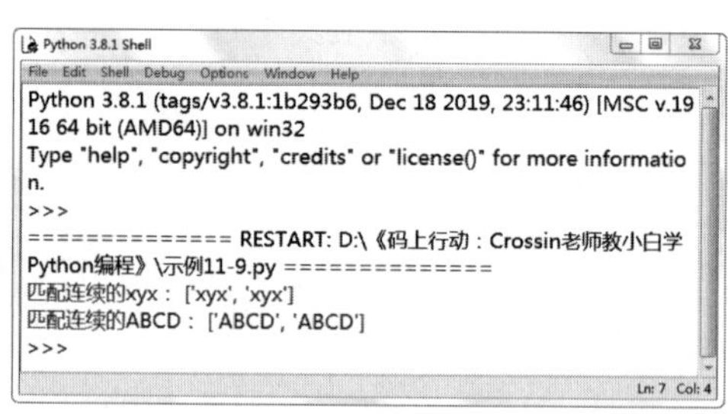

图 11-9　程序运行结果

（6）规则“[\d_a-zA-Z]+”里的中括号表示满足其中任一字符即可匹配，其中“a-z”表示从 a 到 z，即所有小写字母，同理“A-Z”表示所有大写字母，配合后面的加号则表示中括号内任何字符的连续组合。因此该表达式的含义就是匹配原字符串中连续出现的数字、下划线、大小写字母组合。编写如下程序。

【示例 11-10 程序】

第 1 行：导入 re 模块。

第 2 行：创建待匹配的文本，其中包含一个 QQ 邮箱地址。

第 3 ~ 5 行：创建正则表达式“[\d_a-zA-Z]+@qq\.com”，匹配完整的邮箱地址。

示例 11-10　正则中的 []

```
1. import re
2. string = "邮箱地址 HelloCrossin_2023@qq.com。"
3. p = r"[\d_a-zA-Z]+@qq\.com"
4. data = re.findall(p, string)
5. print("匹配 QQ 邮箱：", data)
```

程序运行结果如图 11-10 所示。

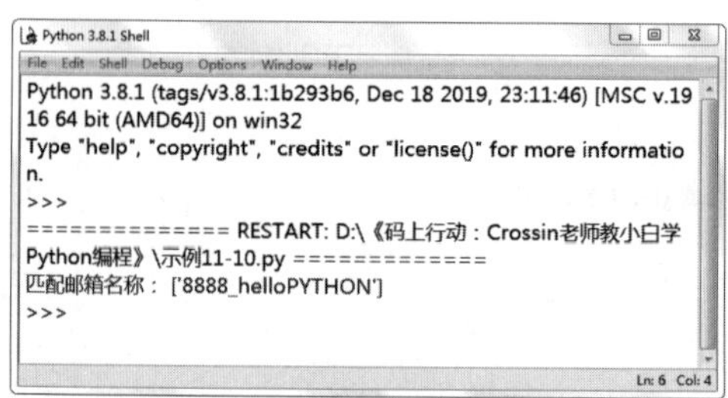

图 11-10　程序运行结果

（7）规则“.”表示匹配除“\n”外的单个字符，编写如下程序。

【示例 11-11 程序】

第 1 行：导入 re 模块。

第 2 行：创建待匹配的文本。

第 3 ~ 5 行：创建正则表达式“.”，获取文本中的所有字符。

示例 11-11　正则中的 .

```
1. import re
2. string = "Spark 是 \t 分布式 \n 计 \f 算 \v 框架 "
3. p = r"."
4. data = re.findall(p, string)
5. print(data)
```

程序运行结果如图 11-11 所示。在实际应用中，“.”经常和“*”“?”“+”结合使用，如“.+”表示连续 1 个以上的任意非换行字符。

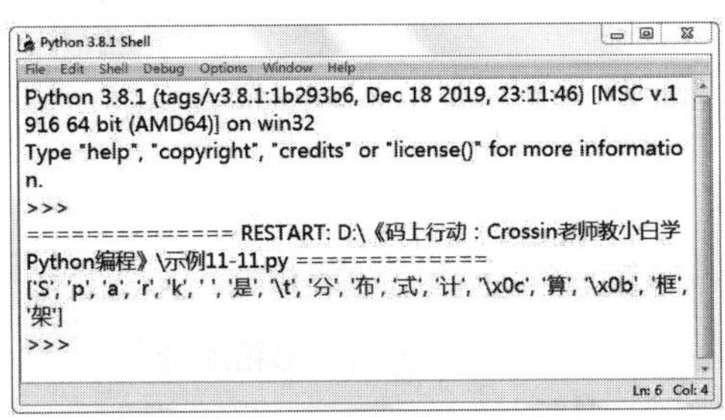

图 11-11　程序运行结果

11.1.3 定位符

定位符用于限定表达式从整个字符串或一个单词（指由字母和数字组成的连续字符）的开头或结尾处匹配。各定位符如表 11-3 所示。

表 11-3　定位符

类别	描述
\b	匹配单词的边界位置
\B	匹配单词的非边界位置
$	匹配字符串结束的位置
^	匹配字符串开始的位置

各定位符的含义解释和示例程序如下所示。

（1）规则“\bhello\b”，其中“\b”表示单词的边界，即此位置一边是字母或数字，另一边是非字母或数字，所以此规则为匹配一个单独的单词“hello”；规则“\Bhello\B”，其中“\B”表示单词的非边界，即此位置两边可以都是字母或数字，也可以都是非字母或数字，所以此规则为匹配处在某个单词内部的“hello”；同理，规则“\bhello\B”为匹配处在某个长单词开头位置的“hello”。编写如下代码。

【示例 11-12 程序】

第 1 行：导入 re 模块。

第 2 行：创建待匹配的文本。

第 3～5 行：创建正则表达式“\bhello\b”，获取文本中单独的单词“hello”。

第 6～8 行：创建正则表达式“\Bhello\B”，获取文本中处在某个单词内部的“hello”。

第 9～11 行：创建正则表达式“\bhello\B”，获取文本中处在某个长单词开头位置的“hello”。

示例 11-12　正则中的 \b 和 \B

```
1. import re
2. string = "hello world, helloworld, pythonhelloworld"
3. p = r"\bhello\b"
4. data = re.findall(p, string)
5. print("匹配单词边界：", data)
6. p = r"\Bhello\B"
7. data = re.findall(p, string)
8. print("匹配非单词边界：", data)
9. p = r"\bhello\B"
10.data = re.findall(p, string)
11.print("匹配前边界后非边界：", data)
```

程序运行结果如图 11-12 所示。虽然 3 次匹配的结果都是 1 个“hello”，但对应的是不同的子串：第 1 次是文本中开头的 hello；第 2 次是结尾 pythonhelloworld 中的 hello；第 3 次是中间 helloworld 中的 hello。

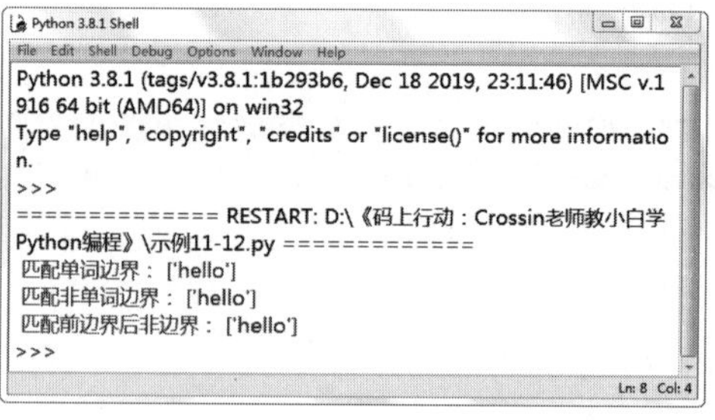

图 11-12　程序运行结果

（2）规则“^hello”表示匹配文本开头的“hello”字符串；规则“hello$”表示匹配文本结尾的“hello”字符串，编写如下代码。

【示例 11-13 程序】

第 1 行：导入 re 模块。

第 2 行：创建待匹配的文本。

第 3 ~ 5 行：创建正则表达式“^hello”，获取文本开头的“hello”。

第 6 ~ 8 行：创建正则表达式“hello$”，因为文本结尾处并非“hello”，所以没有匹配结果。

第 9 ~ 11 行：创建正则表达式“^hello.*world$”，获取整个文本中的“hello”。

示例 11-13　正则中的 ^ 和 $

```
1. import re
2. string = "hello world, helloworld, pythonhelloworld"
3. p = r"^hello"
4. data = re.findall(p, string)
5. print(" 匹配文本开头: ", data)
6. p = r"hello$"
7. data = re.findall(p, string)
8. print(" 匹配文本结尾: ", data)
9. p = r"^hello.*world$"
10.data = re.findall(p, string)
11.print(" 匹配文本从开头到结尾: ", data)
```

程序运行结果如图 11-13 所示。

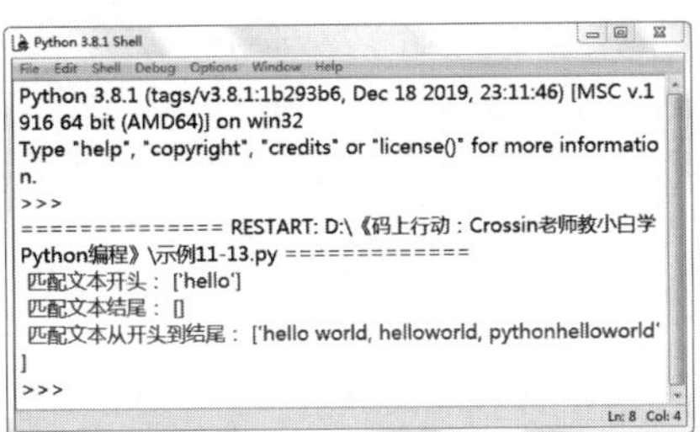

图 11-13　程序运行结果

11.2 Python 中的 re 模块

re 全称是 Regular Expression，即正则表达式。re 模块是 Python 的内置模块之一，包含了使用正则表达式提取或替换原字符串内容的重要方法，下面介绍其中几种常用的方法。

11.2.1 search 函数

search 函数用于搜索字符串，当遇到第一个满足条件的子串时就会返回。search 包含 3 个参数，分别是 pattern、string、flags。各参数含义如下。

- pattern：用于匹配的正则表达式。
- string：待处理的原字符串。
- flags：标志位，用于指定在查找过程中是否处理大小写等。该参数是可选的。

search的结果是一个re.Match类型的对象，通过.group()方法可查看匹配的文本。如果表达式中有分组，则可通过.groups()方法查看所有分组，并通过.group(分组序号)的方式查看具体对应分组的匹配文本。

search 函数的具体用法如示例 11-14 所示。

【示例 11-14 程序】

第 1 行：导入 re 模块。

第 2 行：创建待匹配的文本。

第 3 ~ 5 行：创建正则表达式，搜索匹配字符。

第 6 行：输出所有匹配组。

第 7 行：输出第一组。

第 8 行：输出第四组。

示例 11-14　re.search

```
1. import re
2. string = "Hello World,hello Python,hello r"
3. p = r"^(hello) (\w+),(\w+) (\w+),(\w+) r$"
4. data = re.search(p, string, re.I)
5. print(" 获取匹配到的字符：", data.group())
6. print(" 所有匹配的组：", data.groups())
7. print(" 获取第一组的值：", data.group(1))
8. print(" 获取第四组的值：", data.group(4))
```

程序运行结果如图 11-14 所示。因为设定了 re.I，忽略对字母大小写的判断，所以“Hello”会被成功匹配。

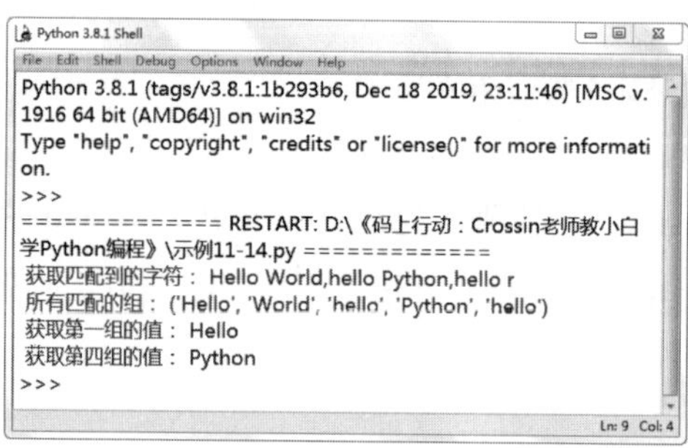

图 11-14　程序运行结果

11.2.2 match 函数

match 函数同样用于匹配字符串，在调用方式、传递参数、获取返回值等方面与 search 函数相同，区别在于 match 函数必须从字符串开头开始匹配（相当于加了“^”的效果）。

match 函数的具体用法如示例 11-15 所示。

【示例 11-15 程序】

第 1 行：导入 re 模块。

第 2 行：创建待匹配的文本。

第 3 ~ 5 行：创建正则表达式，调用 match 函数匹配 World。

第 6 ~ 7 行：同样的正则表达式，调用 search 函数搜索 World。

示例 11-15　re.match

```
1. import re
2. string = "Hello World,hello Python,hello r"
3. p = "World"
4. data = re.match(p, string)
5. print(" 调用 match 函数匹配 World: ", data)
6. data = re.search(p, string)
7. print(" 调用 search 函数搜索 World: ", data)
```

运行结果如图 11-15 所示，因为“World”不是字符串的开头，所以 match 函数没有能匹配的结果，直接返回 None；而 search 函数会搜索整个字符串，遇到第一个满足匹配条件的子串就会返回，始终未匹配到结果才返回 None。

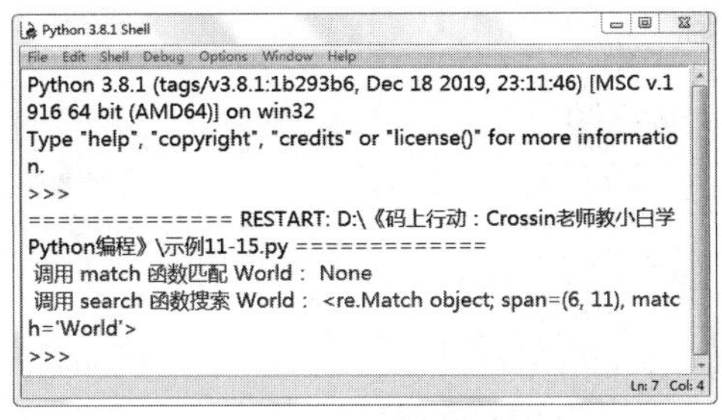

图 11-15　程序运行结果

11.2.3 sub 函数

sub 函数用于替换原字符串中的子串，包含 3 个必选参数 pattern、repl、string，和 2 个可选参数 count、flags。各参数含义如下。

- pattern：用于匹配的正则表达式。

- repl：用于替换的字符串或替换函数。
- string：待处理的原字符串。
- count：表示替换次数。如果匹配到多个满足条件的子串，通过指定 count，可以替换对应个数的数据。该参数可选，默认效果是用 0 替换所有匹配结果。
- flags：编译标志，可用来设定匹配模式（如忽略大小写、跨行匹配等）。

sub 函数的具体用法如示例 11-16 所示。

【示例 11-16 程序】

第 1 行：导入 re 模块。

第 2 行：创建待匹配的文本。

第 3 ~ 5 行：创建正则表达式“\D”作为 sub 函数的匹配规则，第二个参数为空字符串，即将所有非数字删除。

第 6 ~ 8 行：创建正则表达式“#.*：” 作为 sub 函数的匹配规则，第二个参数为空字符串，即将“#”到“：”的子串删除。

第 10 ~ 11 行：定义一个替换函数，函数的参数是 re.Match 对象（即匹配到的结果），将后 3 个字符替换成“000”后返回。

第 13 ~ 16 行：使用 sub 函数时指定替换函数，将匹配到的连续数字后 3 位替换成“000”。

第 17 ~ 18 行：使用同样的规则替换，但指定替换次数为 1，仅替换第一次匹配结果。

示例 11-16　re.sub

```
1. import re
2. info = "#联系人：1234567 7654321 "
3. p = r'\D'
4. num = re.sub(p, "", info)
5. print("提取数字：", num)
6. p = r'#.*：'
7. data = re.sub(p, "", info)
8. print("移除注释：", data)
9.
10.def convert_zero(item):
11.    return item.group()[:-3] + "000"
12.
13.string = "川A4835，川B3159，川C4531"
14.p = r'\d+'
15.data = re.sub(p, convert_zero, string)
16.print("将车牌后三位数字替换为000：", data)
17.data = re.sub(p, convert_zero, string, 1)
18.print("将第一个车牌后三位数字替换为000：", data)
```

程序运行结果如图 11-16 所示。

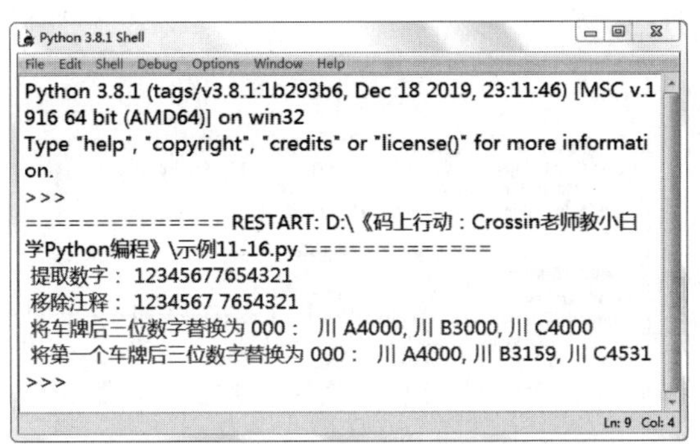

图 11-16　程序运行结果

11.2.4 findall 与 finditer 函数

findall 与 finditer 函数的功能都是查找并返回满足条件的所有子串，均包含 3 个参数，分别是 pattern、string、flags。各参数含义如下。

- pattern：用于匹配的正则表达式。
- string：待处理的原字符串。
- flags：标志位，用于指定在查找过程中是否处理字母大小写等。该参数可选。

两个函数的差别在于 findall 函数将所有匹配子串或分组结果以列表形式返回；而 finditer 函数返回的是一个迭代器。

函数的具体用法如示例 11-17 所示。

【示例 11-17 程序】

第 1 行：导入 re 模块。

第 2 行：创建待匹配的文本。

第 3～5 行：创建正则表达式，使用 findall 函数匹配所有数字并输出。

第 6～9 行：使用 finditer 函数匹配所有数字，循环遍历后输出。

示例 11-17　re.findall 与 re.finditer

```
1. import re
2. string = "川 A4835, 川 B3159, 川 C4531"
3. p = r'\d+'
4. data1 = re.findall(p, string)
5. print("findall 查找所有分组：", data1)
6. data2 = re.finditer(p, string)
7. print("finditer 返回迭代器：", data2)
8. for i in data2:
9.     print("\t 车牌上的数字：", i.group())
```

程序运行结果如图 11-17 所示。

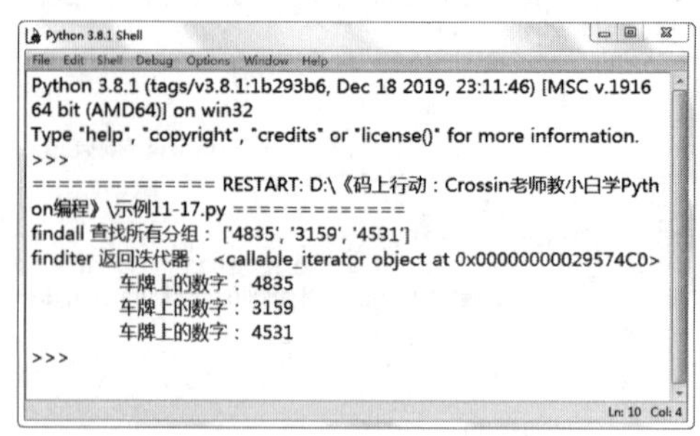

图 11-17　程序运行结果

Crossin 老师答疑

问题 1：match 函数和 search 函数有哪些区别？

答：match 函数和 search 函数都能实现字符串的匹配，调用方式和参数格式相同。不同的是，match 函数从字符串起始位置开始匹配，如果不匹配就直接返回 None；search 函数则会搜索整个字符串，全部不匹配才返回 None。

问题 2：对于字符串 `'<a href="second.html" target="_blank">'`，想匹配 href 的字符串内容，但用 `r'".*"'` 会一直匹配到最后的引号才结束，应该如何解决？

答：正则表达式默认是贪婪匹配，即一次会匹配尽可能多的字符，所以会一直匹配到最后的引号。如果仅要匹配第一对引号里的内容，可以在“*”后增加“?”（即 r'".*?"'）使其成为非贪婪匹配；或将“.”改为“\S”，以排除空格。

上机实训：提取手机号

【实训介绍】

在本章中，我们学习了正则表达式的语法和使用方法。现在我们要利用正则表达式从字符串“手机号 1：+86-13888899999，手机号 2：18900099999，手机号 3：(+86)13933399999，手机号 4：+8615955599999”中提取出所有手机号，分别以不带区号和带区号两种方式输出。

【编程分析】

观察上面的字符串，直接用 \d+ 会匹配到很多非手机号数字。手机号的规律比较简单，都是 1 开头的 11 位数字；区号稍微复杂一些，有好几种写法，但总归都是“+”“-”“86”这些字符的组合。

根据编程分析，在文本模式下编写如下程序。

示例 11-18　实训程序

```
1. import re
2. string = " 手机号 1：+86-13888899999，手机号 2：18900099999，手机号 3：(+86)13933399999，手机号 4：+8615955599999"
3. p = r"1\d{10}"
4. data = re.findall(p, string)
5. print(data)
6. p = r"[\+\-\(\)86]*1\d{10}"
7. data = re.findall(p, string)
8. print(data)
```

【程序说明】

第 1 行：导入 re 模块。

第 2 行：创建包含手机号的待匹配字符串。

第 3 ~ 5 行：创建正则表达式，匹配 1 开头后跟 10 位数字，即手机号，并输出。

第 6 ~ 8 行：创建正则表达式，用“[]”加上对手机号前区号字符的匹配。因为“+”“-”“()”均为正则表达式中的特殊含义字符，所以前面都需要加上“\”。这些手机号的区号可能为空，也可能为多个字符，所以用“*”表示。输出匹配结果。

【程序运行结果】

程序运行结果如图 11-18 所示。

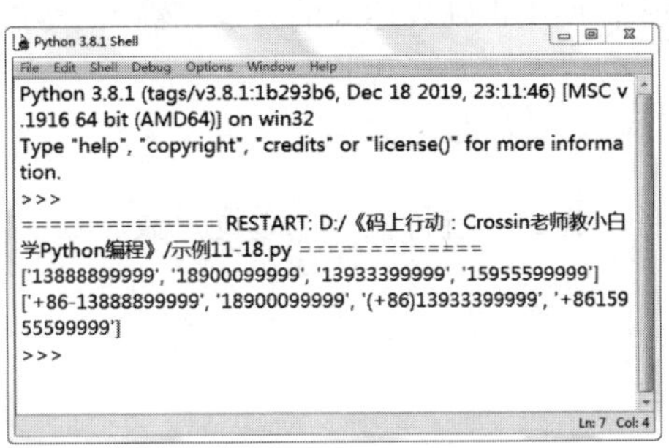

图 11-18　程序运行结果

思考与练习

一、选择题

1. 有一段程序如下，该程序的输出结果是（　　）。

```
import re
string = "13579 你好 Python6789"
```

```
p = r"\d"
data = re.findall(p, string)
print(data)
```

A. ['13579', '6789']

B. '13579'

C. ['1', '3', '5', '7', '9', '6', '7', '8', '9']

D. '135796789'

2. 有一段程序如下，该程序的输出结果是（　　）。

```
import re
string = r"10 人中有 5 个男士，5 个女士 "
p = r"(\d+)"
data = re.findall(p, string)
print(data)
```

A. ['10', '5 个 ', '5 个 ']

B. ['5', '5']

C. ['10', '5', '5']

D. ['5 个 ', '5 个 ']

二、编程题

1. 对于字符串“运动会上，小明的跳高成绩为 1.50m，小张的跳高成绩为 1.45m，小王的跳高成绩为 1.49m”，编写一段程序，使用正则表达式的方式，输出平均成绩。

2. 对于一个英文小说文件 novel.txt，统计其中的单词总数。

本章小结

在本章中我们学习了正则表达式，包括预定义字符、限定符、定位符等语法含义及如何在 Python 中使用正则表达式对字符串进行查找匹配。刚开始接触正则表达式时可能会觉得烦琐，但熟悉之后你将会感受到它的强大，它可以显著提升你处理文本时的开发效率。不仅是在 Python 中，正则表达式在很多软件和系统命令中也同样被广泛使用，可以说是开发者的一项必备技能。

第 12 章

万物皆对象：面向对象编程

★本章导读★

Python 是一门面向对象的编程语言。之前我们接触的代码更多的是面向过程的设计，是按照解决问题的过程来组织程序，强调的是过程化思想；而面向对象则不同，它是对事物进一步抽象，将数据与处理数据的方法进行封装，强调的是模块化思想。

★知识要点★

通过对本章内容的学习，读者能掌握以下知识。

- ◆ 理解类和对象的概念与区别。
- ◆ 掌握类的创建方法。
- ◆ 掌握类的各种属性与方法。

12.1 何为面向对象

把数据和对数据的操作用一种叫作“对象”的东西包裹起来，被称为“面向对象”的编程。这种方法更适合较复杂的程序开发。Python 中所有东西都是对象，每个对象都属于一个确定的类型，并拥有该类型的所有特征和行为。

12.1.1 何为类

类（class）是对一类事物的抽象描述，是一种概念而非具体事物。如家禽是一个大类，包含鸡、鸭、鹅等小类。再如汽车是一个类，往上可属于交通工具这个大类，往下又有轿车、货车、跑车、工程车等小类。

12.1.2 何为对象

对象（object）是指某一类具体事物，也称为实例（instance）。对象是具体的，代表一个事物的实体；类是抽象的，是对事物类别的描述。举例来说，“汽车”作为一个抽象的概念，可以被看成是一个类；而一辆实实在在的汽车，则是“汽车”这种类型的对象。

• 12.1.3 面向对象的特征

面向对象有三大特征：封装、继承、多态。

（1）封装：是对事物的抽象，通过定义类来描述事物的特征和行为。

（2）继承：是对封装的扩展。当新的类具备现有类的特征和行为，并且还有更多属于自身的特点，那么可将新类作为现有类的一个子类，现有类即为父类。

（3）多态：是指子类具有与父类相同的行为，但对应不同的具体表现。

接下来将结合代码来介绍这些特征。

12.2 类的定义

我们在之前的学习中已经接触过不少类，如字符串（str）、列表（list）、字典（dict）等都是Python 内置的类。除此之外，开发者还可以使用 class 关键字创建自定义的类。

• 12.2.1 定义类

最简单的定义类语法如下。

```
class 类名：
    属性名称
    方法名称
```

【示例 12-1 程序】

使用 class 关键字创建一个 Dog 类。

第 1 行：使用 class 关键字创建一个类，类名为 Dog。

第 2 ~ 3 行：给类添加属性。

示例 12-1　定义类

```
1. class Dog:
2.     colour = "白色"
3.     name = "旺财"
```

12.2.2 实例化类

在 Python 中创建一个类的对象，只需使用类名加括号即可，这个过程又被称作类的实例化。

【示例 12-2 程序】

创建上节定义 Dog 类的实例。

第 1～3 行：定义 Dog 类。

第 4 行：实例化 Dog 对象 dog。

第 5 行：访问对象地址。

第 6 行：访问对象类型。

示例 12-2　创建实例

```
1. class Dog:
2.     colour = "白色"
3.     name = "旺财"
4. dog = Dog()
5. print("对象地址：", id(dog))
6. print("对象类型：", type(dog))
```

程序运行结果如图 12-1 所示，输出了对象内存地址和对象类型。对象 dog 是一个变量，所以可以命名为任何符合规范的名称。

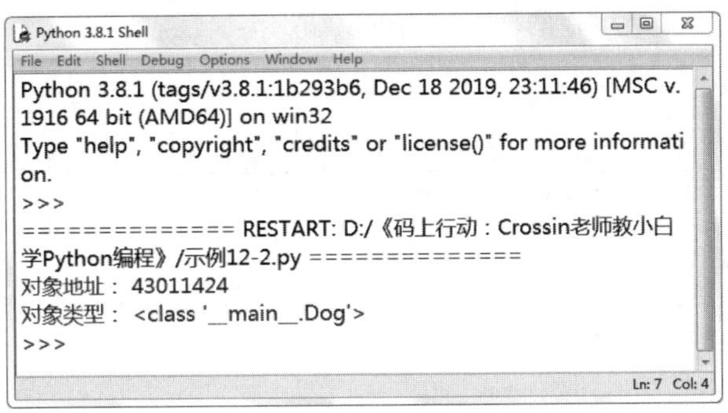

图 12-1　程序运行结果

12.3 属性

属性是事物特征的抽象描述，如对于一个西瓜，颜色、重量、形状、口感都是其属性。属性是类的成员，不能独立存在。Python 类的属性包括类属性和实例属性，并且可以在运行中动态创建属性。

12.3.1 类属性

类属性从属于整个类，类的所有实例都可以共享访问。类属性既可以通过类名访问，也可以通过实例名访问。

【示例 12-3 程序】

访问 Dog 类的类属性。

第 1 ~ 3 行：创建 Dog 类。

第 4 行：实例化一个 Dog 类，赋值给 dog。

第 5 ~ 6 行：通过类名访问属性。

第 7 ~ 8 行：通过实例名访问属性。

示例 12-3　访问类属性

```
1. class Dog:
2.     colour = "白色"
3.     name = "旺财"
4. dog = Dog()
5. print("通过类名访问属性 colour：", Dog.colour)
6. print("通过类名访问属性 name：", Dog.name)
7. print("\n通过实例访问属性 colour：", dog.colour)
8. print("通过实例访问属性 name：", dog.name)
```

程序运行结果如图 12-2 所示，两种方法均可以输出类属性。

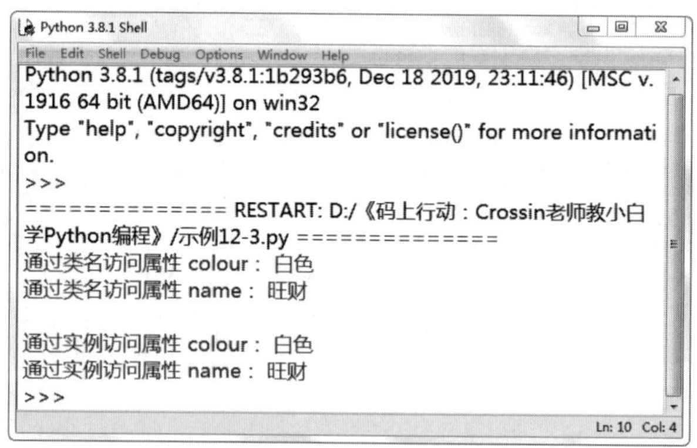

图 12-2　程序运行结果

12.3.2 实例属性

实例属性从属于单个实例，每个实例各自的属性值是独立的。实例属性只能通过实例名访问。在类的内部函数中，通过第一个参数（通常命名为 self）对实例属性进行访问。

【示例 12-4 程序】

__init__ 是 Python 类的内置方法，会在类实例化的时候被自动调用。在 __init__ 方法中，通过 self 创建实例属性 weight 和 length，并通过实例名进行访问。

第 1 ~ 6 行：定义 Dog 类。

第 7 行：实例化 Dog 类 dog1。

第 8 行：实例化 Dog 类 dog2。

第 9 行：输出 dog1 的属性 length。

第 10 行：输出 dog2 的属性 weight。

示例 12-4　访问实例属性

```
1. class Dog:
2.     colour = "白色"
3.     name = "旺财"
4.     def __init__(self, weight, length):
5.         self.weight = weight
6.         self.length = length
7. dog1 = Dog("2.5kg", "30cm")
8. dog2 = Dog("3kg", "35cm")
9. print(dog1.length)
10.print(dog2.weight)
```

程序运行结果如图 12-3 所示。可以看出 dog1 和 dog2 都分别具有一套 weight 和 length 属性。

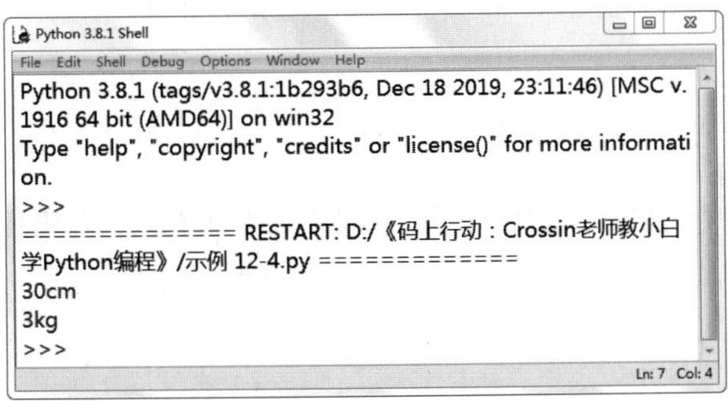

图 12-3　程序运行结果

【示例 12-5 程序】

如果通过类名访问实例属性，会触发异常。

第 1 ~ 6 行：定义 Dog 类。

第 7 行：实例化 Dog 类 dog1。

第 8 行：实例化 Dog 类 dog2。

第 9 ~ 12 行：在 try 语句中使用类名访问属性。

示例 12-5　通过类名访问实例属性

```
class Dog:
    colour = "白色"
    name = "旺财"
    def __init__(self, weight, length):
        self.weight = weight
        self.length = length
dog1 = Dog("2.5kg", "30cm")
dog2 = Dog("3kg", "35cm")
try:
    print(Dog.length)
except Exception as e:
    print("通过类名访问实例属性，触发异常：\n", e)
```

程序运行结果如图 12-4 所示。程序触发了异常，可见不能使用类名访问实例属性。

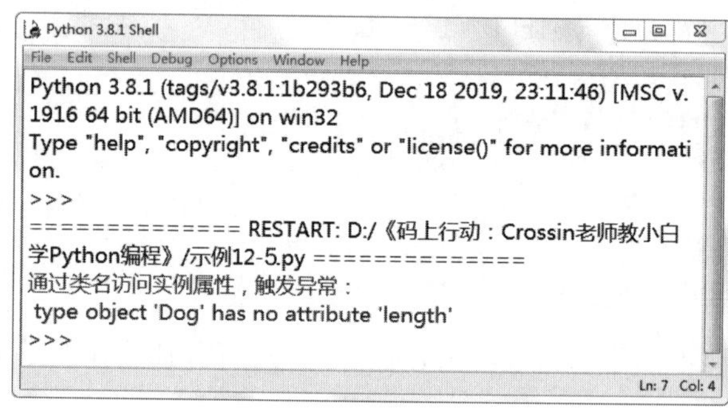

图 12-4　程序运行结果

12.3.3 动态属性

动态属性是 Python 语言的一大特色，类的属性不是必须在定义时确定的，而是可以在运行过程中通过“类名 . 属性名”和“实例名 . 属性名”的方式动态创建。

【示例 12-6 程序】

分别在类和实例上添加属性。

第 1 ~ 3 行：定义 Dog 类。

第 4 ~ 5 行：给 Dog 类添加一个动态的类属性并访问。

第 6 ~ 9 行：实例化两个 Dog 类对象并访问动态类属性。

第 10 ~ 12 行：通过对象添加动态的实例属性并访问。

示例 12-6　动态属性

```
1. class Dog:
```

```
    colour = "白色"
    num = "num1"
Dog.length = "40cm"
print("访问类上的动态属性：", Dog.length)
dog1 = Dog()
print("类上的动态属性会传递给实例：", dog1.length)
dog2 = Dog()
print("\ndog1 和 dog2 共享类上的动态属性 ：", dog1.length == dog2.length)
dog1.weight = "3kg"
dog2.weight = "5kg"
print("dog1 和 dog2 实例上的动态属性是相互独立的：", dog1.weight != dog2.weight)
```

程序运行结果如图 12-5 所示。可以看出，通过类名和实例名都可以添加动态属性，类属性各个对象是共享的，实例属性各个对象是相互独立的。

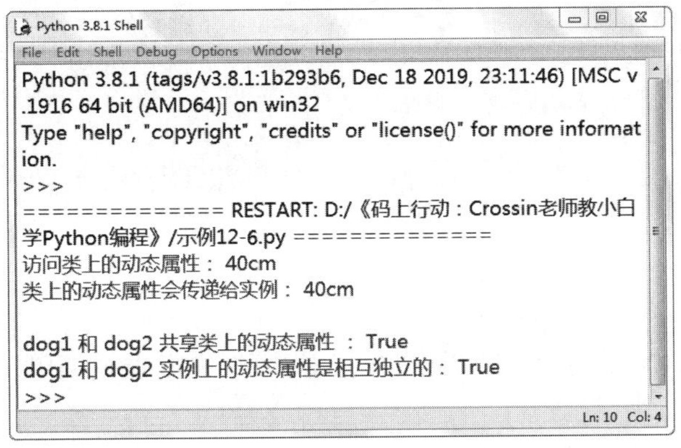

图 12-5　程序运行结果

12.4 方法

方法和函数是两个相似的概念，形式是相同的。面向过程的代码块被称为函数，而采用面向对象，将函数写到类中，就称为这个类的方法。Python 类的方法包括类方法、实例方法和静态方法，可以在运行中动态创建方法。

12.4.1 实例方法

在类中定义的方法默认是实例方法，通过“实例名 . 方法名”访问。实例方法至少需要一个参数，每个实例方法的第一个参数是指向当前实例的对象，一般将参数名设置为 self。方法具有与普通函数的位置参数、可选参数、函数解包等一样的使用方式。

【示例 12-7 程序】

定义实例方法并通过对象名访问。

第 1 ~ 7 行：定义 Dog 类。

第 8 ~ 10 行：实例化一个 Dog 对象 dog1，并通过对象名访问实例方法。

第 12 ~ 14 行：实例化一个 Dog 对象 dog2，并通过对象名访问实例方法。

示例 12-7　实例方法

```
1. class Dog:
2.     def __init__(self, n):
3.         self.name = n
4.     def jump(self):
5.         print(" 小狗 {0} 跳起来 ".format(self.name))
6.     def run(self):
7.         print(" 小狗 {0} 跑起来 ".format(self. name))
8. dog1 = Dog(" 欢欢 ")
9. dog1.jump()
10.dog1.run()
11.print()
12.dog2 = Dog(" 旺旺 ")
13.dog2.jump()
14.dog2.run()
```

程序运行结果如图 12-6 所示。可以看出实例方法中的 self 会指向调用方法的实例，输出其对应的名称。

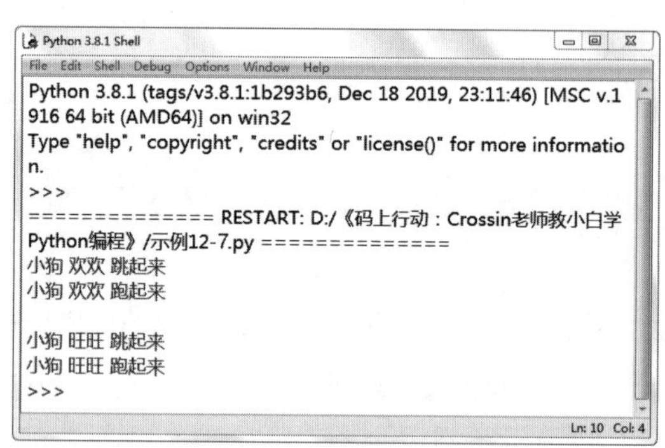

图 12-6　程序运行结果

12.4.2 类方法

类方法通过在方法名的上一行加上 “@classmethod” 修饰符指定，通过 “实例名 . 方法名” 和 “类名 . 方法名” 两种方式均可访问。类方法至少需要一个参数，每个类方法的第一个参数指向当前类，一般将参数名设置为 cls。

【示例 12-8 程序】

定义类方法并访问。

第 1 ~ 9 行：定义 Dog 类。

第 6 ~ 9 行：定义类方法。

第 10 行：通过类名访问类方法。

第 12 ~ 16 行：创建两个 Dog 对象，分别通过对象名访问类方法。

第 18 ~ 20 行：分别输出通过类名和不同对象访问类方法的 id。

示例 12-8　类方法

```
1. class Dog:
2.     colour = "黄色"
3.     count = 0
4.     def __init__(self, colour):
5.         Dog.count = Dog.count + 1
6.     @classmethod
7.     def get_colour(cls):
8.         print("cls: ", cls)
9.         print("访问类属性，count 值为：{0}".format(cls.count))
10.Dog.get_colour()
11.print()
12.dog1 = Dog("Num2")
13.dog1.get_colour()
14.print()
15.dog2 = Dog("Num3")
16.dog2.get_colour()
17.print()
18.print("类的 get_colour 方法：",id(Dog.get_colour))
19.print("实例 dog1 get_colour 方法：",id(dog1.get_colour))
20.print("实例 dog2 get_colour 方法：",id(dog2.get_colour))
```

程序运行结果如图 12-7 所示。虽然 Dog 对象有一个实例属性 name，但在类方法中没有办法访问，即使是通过实例调用也只能访问调用者的类。从输出的 id 可以看出，无论是通过类名访问，还是通过不同的实例访问，同一个类方法都指向了相同的地址，说明类方法是所有实例共享的。

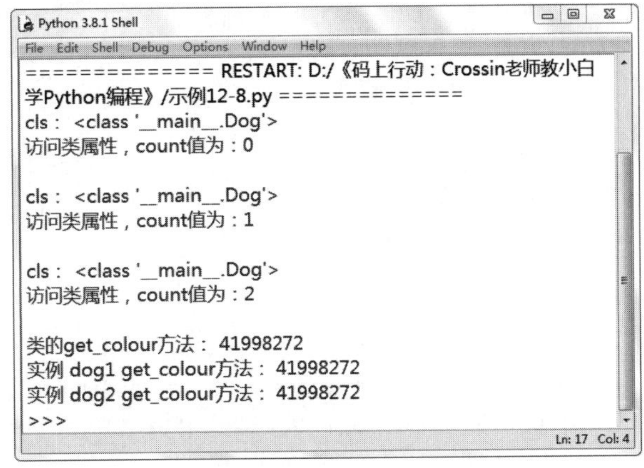

图 12-7　程序运行结果

12.4.3 静态方法

静态方法通过在方法名的上一行加上“@staticmethod”修饰符指定，通过“实例名 . 方法名”和“类名 . 方法名”两种方式均可访问。但静态方法没有必需的参数，不能直接获取调用实例和类。静态方法可以理解为只是放置在类中的普通函数。

【示例 12-9 程序】

定义静态方法并访问。

第 1 ~ 4 行：定义 Dog 类。

第 5 ~ 7 行：定义静态方法 get_weight。

第 8 ~ 10 行：定义静态方法 run。

第 11 ~ 12 行：通过类名访问静态方法。

第 14 ~ 20 行：创建两个 Dog 对象，并分别通过对象名访问静态方法。

第 22 ~ 24 行：分别输出通过类名和不同对象访问静态方法的 id。

示例 12-9　静态方法

```
1. class Dog:
2.     weight = 0.5
3.     def __init__(self, n):
4.         self.name = n
5.     @staticmethod
6.     def get_weight():
7.         print(" 小狗重量 {0} kg:".format(Dog.weight))
8.     @staticmethod
9.     def run(name):
10.        print(" 小狗 {0} 跑起来 :".format(name))
11.Dog.get_weight()
12.Dog.run("Num1")
13.print()
14.dog1 = Dog("Num2")
15.dog1.get_weight()
16.dog1.run(dog1.name)
17.print()
18.dog2 = Dog("Num3")
19.dog2.get_weight()
20.dog2.run(dog2.name)
21.print()
22.print(" 类的 run 方法: ",id(Dog.run))
23.print(" 实例 dog1 run 方法: ",id(dog1.run))
24.print(" 实例 dog2 run 方法: ",id(dog2.run))
```

程序运行结果如图 12-8 所示，可以看出静态方法的行为与类方法相似，但无法获取调用者。

图 12-8　程序运行结果

12.4.4 动态方法

与类的属性一样，类的方法也不是必须在定义时确定，而是可以在运行过程中动态创建。

【示例 12-10 程序】

给类动态添加方法。首先给类动态添加一个属性，并将一个已有的方法赋值给该属性，即可完成方法的添加。

第 1～4 行：定义 Dog 类。

第 5～6 行：定义 run 方法。

第 7 行：给 Dog 类添加一个动态方法 run。

第 8～9 行：实例化 Dog 对象并调用动态方法 run。

示例 12-10　动态方法

```
1. class Dog:
2.     weight = 0.5
3.     def __init__(self, n):
4.         self.name = n
5. def run(self):
6.     print(" 小狗 {0} 跑起来 :".format(self.name))
7. Dog.run = run
8. dog = Dog(" 旺旺 ")
9. dog.run()
```

程序运行结果如图 12-9 所示。

```
Python 3.8.1 (tags/v3.8.1:1b293b6, Dec 18 2019, 23:11:46) [MSC v.
1916 64 bit (AMD64)] on win32
Type "help", "copyright", "credits" or "license()" for more informati
on.
>>>
============== RESTART: D:/《码上行动：Crossin老师教小白
学Python编程》/示例12-10.py =============
小狗 旺旺 跑起来。
>>>
```

图 12-9　程序运行结果

12.5 继承

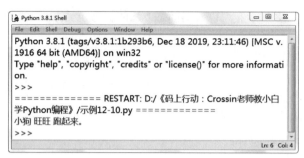

面向对象中的继承，顾名思义就是一个类拥有了另一个类的属性和方法。

12.5.1 单继承

一个现有的类，继承另一个类，那么这个类就具备了被继承类的所有方法和属性。通过继承，可以实现一个类的功能扩展。对于有相同或相似功能的类，通过继承，能减少代码量，并使得程序更容易维护。

在程序设计过程中，如果类与类之间具有从属关系（即“is a”的关系），则推荐使用继承。例如，鸭子是家禽的一种，轿车是汽车的一种，汽车是交通工具的一种。

继承的类称为子类（或导出类、派生类），被继承的类称为父类（或基类、超类）。只有一个父类的继承叫作单继承，语法如下。

```
class 类名(父类):
    属性名称
    方法名称
```

默认情况下，任何一个类都是从“object”类继承下来的，此时的“object”和小括号都可以省略。

```
class Dog(object):
    def __init__(self, name):
        self.name = name
```

若需要从非“object”类继承，则需要指明类名称。

【示例 12-11 程序】

自定义继承类。

第 1 ~ 5 行：定义 Poultry 类。

第 6 ~ 7 行：定义 Duck 类，该类继承 Poultry 类。

第 8 行：创建一个 Duck 对象。

第 9 ~ 10 行：访问对象的属性和方法。

示例 12-11　类的单继承

```
1. class Poultry:
2.     def __init__(self, colour):
3.         self._colour = colour
4.     def fly(self):
5.         print(" 这是父类：poultry 的方法 ")
6. class Duck(Poultry):
7.     pass
8. duck = Duck(" 黄色 ")
9. print(" 访问 _colour 属性：", duck._colour)
10.duck.fly()
```

程序运行结果如图 12-10 所示，Duck 类继承了 Poultry 类之后，就具备了相应的方法和属性。

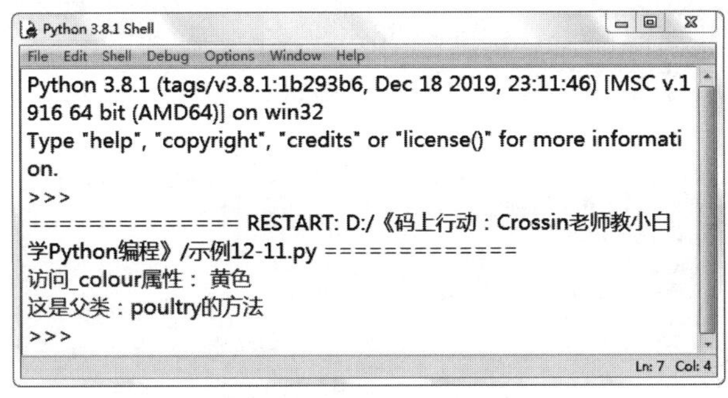

图 12-10　程序运行结果

12.5.2 多继承

如果一个类具有多个类的特征或方法，就可以使用多继承。

【示例 12-12 程序】

自定义多继承，子类 Duckbill 同时从 Poultry 和 Dog 继承。

第 1 ~ 5 行：定义 Poultry 类。

第 6 ~ 8 行：定义 Dog 类。

第 9 ~ 10 行：定义 Duckbill 类，该类继承 Poultry 和 Dog 两个类。

第 11 行：创建一个 Duckbill 对象。

第 12 ~ 14 行：访问对象的属性和方法。

示例 12-12　类的多继承

```
class Poultry:
    def __init__(self, colour):
        self._colour = colour
    def fly(self):
        print(" 这是父类：poultry 的方法 ")
class Dog:
    def run(self):
        print(" 这是父类：Dog 的方法 ")
class Duckbill(Poultry, Dog):
    pass
duckbill = Duckbill(" 黄色 ")
print(" 访问 _colour 属性：", duckbill._colour)
duckbill.fly()
duckbill.run()
```

程序运行结果如图 12-11 所示。可以看到子类具有了两个父类的功能。

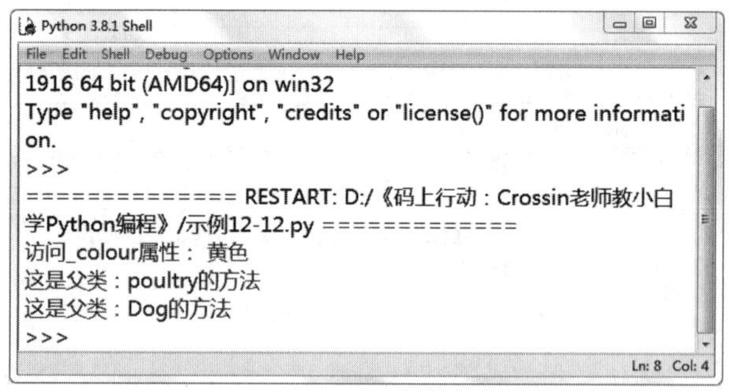

图 12-11　程序运行结果

Crossin 老师答疑

问题 1：面向对象中 __init__ 方法有何作用？

答：__init__ 是 Python 类的内置方法，会在类实例化的时候被自动调用，通常用来设置对象属性的初始值，它的参数要在创建对象的时候提供。

问题 2：在多重继承中，不同父类有同名方法，那么子类将继承哪个方法？

答：在 Python 中，子类继承多个父类时，方法是按父类列表的顺序来继承的。所以出现同名方法时，哪个父类在类定义的括号里写在前面，就继承哪个父类的方法。

上机实训一：一个带计算功能的对象

【实训介绍】

在前面的章节中，我们使用 Python 编程做了一个计算器，即输入两个数，输出这两个数加、减、乘、除的结果。接下来，我们使用面向对象的方法重新编写这个计算器。

【编程分析】

根据面向对象的思想，我们先定义一个类，该类有两个属性，分别对应计算的两个数；还有四个方法，分别实现加、减、乘、除运算。

根据编程分析，在文本模式下编写如下程序。

示例 12-13　实训程序

```
1. class Counter:
2.     def __init__(self, a, b):
3.         self.a = a
4.         self.b = b
5.     def add(self):
6.         print(self.a + self.b)
7.     def sub(self):
8.         print(self.a - self.b)
9.     def mul(self):
10.        print(self.a * self.b)
11.    def div(self):
12.        print(self.a / self.b)
13.c = Counter(100, 20)
14.c.add()
15.c.sub()
16.c.mul()
17.c.div()
```

【程序说明】

第 1 ~ 12 行：定义计算器类 Counter。

第 13 行：实例化一个 Counter 类的对象 c。

第 14 行：调用对象 c 的 add 函数，输出相加结果。

第 15 行：调用对象 c 的 sub 函数，输出相减结果。

第 16 行：调用对象 c 的 mul 函数，输出相乘结果。

第 17 行：调用对象 c 的 div 函数，输出相除结果。

【程序运行结果】

程序运行结果如图 12-12 所示，输出了整数 100 和 20 相加、相减、相乘和相除的结果。

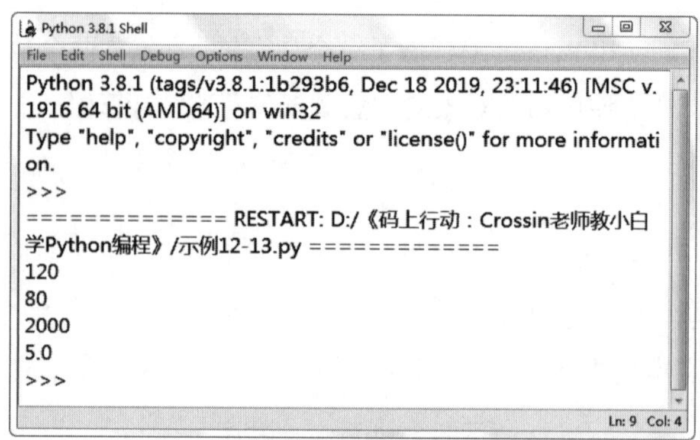

图 12-12　程序运行结果

上机实训二：奥运奖牌榜

【实训介绍】

奥运会期间，奖牌榜备受关注，奖牌榜上的信息每天都在更新。

要求：运用面向对象的知识，构造一个类来描述每个国家的奖牌情况，需要能输出各个国家名及获得的金 / 银 / 铜牌数量，以及根据比赛名次新增奖牌、获取奖牌总数等。完成类的定义后，创建几个国家的奖牌数据，分别按金牌数和奖牌总数对奖牌榜列表进行排序。

【编程分析】

按照描述创建国家奖牌情况这样的一个类，将国家名及金 / 银 / 铜牌数量作为属性，并创建方法，分别实现根据比赛名次新增奖牌、输出奖牌榜信息、获取奖牌总数的功能。

在类的构造函数 __init__ 中，可以通过增加形参，以在实例化对象时指定国家名和奖牌数量。

可以定义一个方法输出奖牌榜信息，也可以直接用类的内置方法 __str__，它会在一个对象被 print 时被自动调用。这样，当希望输出一个国家的奖牌情况时，直接用 print 输出即可。

使用 sorted 函数可以对列表进行排序，通过指定不同的属性（金牌数或奖牌总数）作为 key 参数，可实现不同标准的排序。

在文本模式下编写如下程序。

示例 12-14　实训程序

```
class Medal:
    def __init__(self, country, gold=0, silver=0, bronze=0):
        self.country = country
```

```
4.          self.gold = gold
5.          self.silver = silver
6.          self.bronze = bronze
7.      def get_place(self, place):
8.          if place == 1:
9.              self.gold += 1
10.         elif place == 2:
11.             self.silver += 1
12.         elif place == 3:
13.             self.bronze += 1
14.     def count(self):
15.         return self.gold + self.silver + self.bronze
16.     def __str__(self):
17.         return '%s: 金 %d, 银 %d, 铜 %d, 总 %d' % (
18.             self.country, self.gold, self.silver, self.bronze, self.count()
19.         )
20.china = Medal("中国", 47, 18, 26)
21.us = Medal("美国", 36, 37, 38)
22.uk = Medal("英国", 27, 23, 17)
23.print(china)
24.print(us)
25.print(uk)
26.china.get_place(1)
27.print("中国获得一个冠军：")
28.print(china)
29.medal_list = [us, uk, china]
30.order_by_gold = sorted(medal_list, key=lambda x:x.gold, reverse=True)
31.print("按金牌数排序：")
32.for i in order_by_gold:
33.    print(i)
34.order_by_count = sorted(medal_list, key=lambda x:x.count(), reverse=True)
35.print("按奖牌数排序：")
36.for i in order_by_count:
37.    print(i)
```

【程序说明】

第 1 行：定义 Medal 类。

第 2 ~ 6 行：创建 __init__ 构造函数，提供参数及默认值，使得在实例化时可选择指定属性的初始值。

第 7 ~ 13 行：创建方法，根据名次增加对应奖牌数。

第 14 ~ 15 行：创建方法，返回奖牌总数。

第 16 ~ 19 行：创建 __str__ 方法，使得对象可以通过 print 函数输出奖牌信息。

第 20 ~ 25 行：实例化 3 个 Medal 对象并输出。

第 26 ~ 28 行：中国队获得一个冠军，记录并输出。

第 30 ~ 33 行：使用 sorted 函数按照 gold 属性（即金牌数）排序。

第 34 ~ 37 行：使用 sorted 函数按照 count 方法的返回值（即奖牌总数）排序。

【程序运行结果】

程序运行结果如图 12-13 所示。

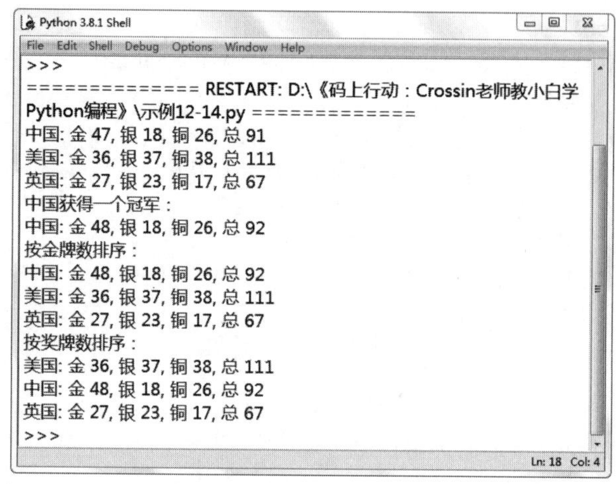

图 12-13　程序运行结果

思考与练习

一、判断题

1. 面向对象的三大特性是封装、继承、多态。（　　）

2.Python 不支持多继承。（　　）

二、选择题

1. 有一段程序如下，该程序的输出结果是（　　）。

```
class Cat:
    def __init__(self, colour="黑色"):
        self.colour = colour
    name = "小白"
cat = Cat("白色")
print(cat.colour)
```

A. 白色　　B.colour　　C. 黑色　　D.cat

2. 有一段程序如下，该程序的输出结果是（　　）。

```
class Cat:
    def __init__(self, colour=" 黑色 "):
        self.colour = colour
    name = " 小白 "
cat = Cat(" 白色 ")
cat.weight = "10kg"
print(cat.weight)
```

A.10kg　　B. 白色　　C. 黑色　　D. 程序报错

本章小结

本章主要介绍了面向对象的基本思想和概念，阐述了类和对象（实例）之间的关系。然后演示了如何定义类、创建对象（实例化），以及如何使用不同类型的属性和方法。最后讲解了面向对象中的继承。在简单的程序中，面向对象并没有特别的优势，甚至看起来还更烦琐。但当开发复杂度较高的程序时（如开发游戏），面向对象的思想可以更好地组织数据和方法，提升开发效率及程序的可维护性。由于面向对象有一定的理解门槛，学习时建议先从看懂面向对象的代码开始，再逐步尝试将面向对象应用到自己的代码中。

第 13 章

多个任务同时干：多线程与多进程

★本章导读★

多任务是提高应用程序响应能力、提升用户体验的一种常见方式。本章主要介绍如何使用 Python 中的多线程、多进程、协程几种方式进行多任务开发。

★知识要点★

通过对本章内容的学习，读者能掌握以下知识。

- ◆ 了解多任务的概念与特点。
- ◆ 掌握多线程编程。
- ◆ 掌握多进程编程及进程间通信。
- ◆ 了解协程及生成器的概念。
- ◆ 掌握利用协程开发异步处理程序。

13.1 线程

线程是操作系统对程序进行运行调度的最小单位。现在的操作系统一般都可以同时运行多个进程（一个进程可以理解为一个程序），如计算机上同时打开聊天软件和浏览器；每个进程又可以包含一个或多个线程，如在聊天软件内一边和他人聊天一边接收文件。

线程是一个单一顺序的控制流，一个程序中的多个线程共享数据和资源。

13.1.1 多任务

多任务是指操作系统在同一时间内运行的多个程序。任务是一个抽象的概念，通常是指达到某一目的的操作，既可以是一个进程，也可以是一个线程。所以多线程和多进程也是多任务最常见的两种实现方法。

13.1.2 并行与并发

在进一步学习多任务开发之前，我们先了解两个概念：并行与并发。

（1）并行：是指多个任务同时执行。通常采用多进程将任务分配到多个 CPU 或一个 CPU 的多个核上，达到在同一时刻同时执行多个程序的目的。

（2）并发：是指多个任务交叉重叠执行。例如，多个线程运行在单核的 CPU 上，CPU 会轮流切换执行多个线程的任务，使其交替运行。用户会感觉多个任务是同时执行的，但实际上某一时刻只有一个线程在执行。

因为并行是同时执行多个任务，所以任务效率会得到提升，比较好理解。但并发实际上没有同时执行多个任务，它的意义是什么呢？在程序中并不是所有任务都高度依赖于 CPU 计算，如文件读写、网络传输，当这些耗时较多又无须 CPU 参与大量计算的任务进行时，就可以通过并发执行其他任务来提升效率和交互体验。例如，你在传输文件的同时依然可以单击界面上的其他按钮，而不必一直等待文件传输完成。

在 Python 中，多线程只允许同一时刻有一个线程在执行，即并发执行。如需并行执行，要使用多进程。

13.1.3 创建线程

Python 提供了两个模块用于创建线程：_thread 和 threading。_thread 只提供基本的创建线程、锁机制，接口相对低级，通常开发时多用 threading 模块来创建线程。

【示例 13-1 程序】

接下来演示如何创建线程。

第 1 ~ 2 行：导入模块。

第 3 ~ 9 行：创建一个函数 get_data，用来模拟一个耗时的连接操作。

第 11 行：使用 threading.Thread 对象创建一个线程，并通过 target 参数指定新线程要执行的函数。新创建出来的线程称为子线程，当前线程为主线程。

第 13 行：子线程对象调用 start 方法，启动子线程，此时子线程就会执行 get_data 函数，主线程则继续往下执行。

第 15 行：子线程对象调用 join 方法，会引起主线程阻塞，即主线程会停留在这里直到子线程执行完毕。

示例 13-1 创建线程

```
1. import datetime
2. import time, threading
3. def get_data():
```

```
    print("\tget_data 函数开始执行，时间：{}".format(datetime.datetime.now()))
    for i in range(1, 11):
        tips = "." * i
        print("\t 正在连接 {}".format("".join(tips)))
        time.sleep(1)
    print("\tget_data 函数执行完毕，时间：{}".format(datetime.datetime.now()))
print(" 主线程创建子线程 ")
t = threading.Thread(target=get_data)
print(" 启动子线程 ")
t.start()
print(" 主线程等待子线程执行完毕 ")
t.join()
print(" 子线程执行完毕 ")
```

程序运行结果如图 13-1 所示，可以看到，在 get_data 函数执行完毕前，程序就已经输出了“主线程等待子线程执行完毕”，说明在子线程执行的同时，主线程也在往下执行。

图 13-1　程序运行结果

需要注意的是，创建线程的参数 target 传递的是一个函数对象，所以不需要加括号，否则参数就变成了函数执行后的返回值。

在实际应用中可以同时创建多个线程并给线程指定名称，并且主线程还可以向子线程的函数指定参数。

【示例 13-2 程序】

下面演示主线程传递参数给子线程。

第 1～2 行：导入模块。

第 3～7 行：创建一个函数 get_data，用来模拟一个耗时的连接操作，等待时间通过参数指定。

第 8～9 行：分别创建两个 threading.Thread 线程对象，指定线程执行函数、名称和函数参数。

第 10～11 行：启动线程。

第 12～15 行：子线程对象先后调用 join 方法，阻塞主线程直到完成。

示例 13-2　创建多个线程

```
1. import datetime
2. import time, threading
3. def get_data(n):
4.     print(" 当前线程名称：{} 开始执行，并休眠 {} 秒 ".
5.            format(threading.currentThread().getName(), n))
6.     time.sleep(n)
7.     print(" 当前线程名称：{} 执行完毕 ".format(threading.currentThread().
getName()))
8. t1 = threading.Thread(target=get_data, name="A 线程 ", args=(2,))
9. t2 = threading.Thread(target=get_data, name="B 线程 ", args=(3,))
10.t1.start()
11.t2.start()
12.t1.join()
13.print(" 线程 {} 执行完毕 ".format(t1.getName()))
14.t2.join()
15.print(" 线程 {} 执行完毕 ".format(t2.getName()))
```

程序运行结果如图 13-2 所示。join 是一个阻塞调用，因此会先等待 A 线程执行完毕，然后再往下执行调用 B 线程对象的 join。另外要注意，向线程函数传递参数时需要提供一个元组对象，因此，即使只有一个参数，也要加上括号和逗号。

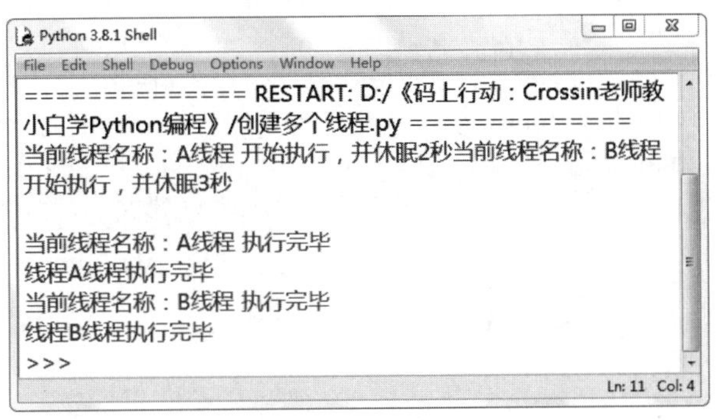

图 13-2　程序运行结果

13.1.4 定义线程类

在 Python 中，可以自定义线程类。自定义线程类需要满足两个条件，一是继承 threading.Thread 类，二是重写 run 方法。

【示例 13-3 程序】

下面演示如何创建自定义线程。

第 1 行：导入模块。

第 2 行：定义 CustomThread 类，继承 threading.Thread 类。

第 3 ~ 6 行：通过初始化函数给当前线程对象设置线程名称和休眠的时间。函数内使用 super() 调用了父类的初始化函数。

第 7 ~ 11 行：重写 run 方法，并通过 self 对象获取当前实例的参数。

第 12 ~ 13 行：分别创建两个 CustomThread 线程对象，指定名称和等待时间。

第 14 行：调用 setDaemon(True) 将 t1 线程设置为守护线程。

第 15 ~ 16 行：启动线程。

第 17 行：t1 对象调用 is_alive 方法，判断当前线程是否处于活动状态。

第 18 行：可以通过 name 属性获取线程名称。

第 19 行：可以通过 ident 属性获取线程 id。

第 20 ~ 21 行：显示 t1、t2 是否为守护线程。

示例 13-3　自定义线程

```
1. import time, threading
2. class CustomThread(threading.Thread):
3.     def __init__(self, name="", num=""):
4.         super().__init__()
5.         self._name = name
6.         self._num = num
7.     def run(self):
8.         print(" 当前线程名称：{} 开始执行，并休眠 {} 秒 ".
9.               format(threading.currentThread().getName(), self._num))
10.        time.sleep(self._num)
11.        print(" 当前线程名称：{} 执行完毕 ".format(threading.currentThread().
getName()))
12.t1 = CustomThread("A 线程 ", 4)
13.t2 = CustomThread("B 线程 ", 5)
14.t1.setDaemon(True)
15.t1.start()
16.t2.start()
17.print("t1 线程活动状态：", t1.is_alive())
18.print("t1 线程名称：", t1.name)
19.print("t1 线程 id：", t1.ident)
20.print("t1 线程是否为后台线程：{}".format(t1.isDaemon()))
21.print("t2 线程是否为后台线程：{}".format(t2.isDaemon()))
```

程序运行结果如图 13-3 所示，输出各线程状态和执行过程。

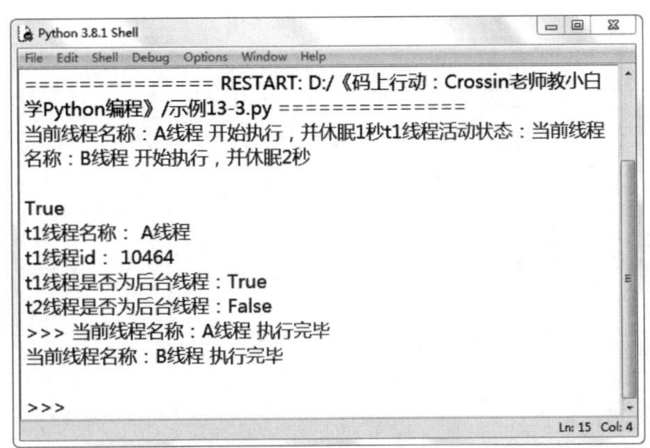

图 13-3 程序运行结果

关于守护线程：setDaemon 方法需要在调用 start 之前调用，否则在运行时会触发异常。守护线程会在主线程执行结束后一同退出。默认情况下，创建的子线程都是非守护线程。这里可以将 t2 线程也设置为守护线程，对比执行效果的差异。

13.2 进程

进程是操作系统调度与分配资源的基本单位，一个操作系统可以同时运行多个进程。一个程序至少有一个进程，也可以具有多个进程。一个进程里有一个或多个线程。

13.2.1 创建进程

Python 是跨平台的，但在不同操作系统上使用进程略有差别。在 Linux 操作系统上使用 fork 调用创建进程，在 Windows 操作系统上则使用 multiprocessing 模块创建进程。

【示例 13-4 程序】

下面演示如何创建子进程。

第 1～2 行：导入模块。

第 3～5 行：创建一个函数 proc，输出所属进程 id 并等待 3 秒。

第 6 行：输出当前主进程 id。

第 7 行：创建 Process 进程对象，指定进程执行函数。

第 9 行：启动进程。

第 11 行：子进程对象调用 join 方法，阻塞主进程直到完成。

示例 13-4　创建子进程

```
from multiprocessing import Process
import os, time
def proc():
    print(" 子进程 id：{}".format(os.getpid()))
    time.sleep(3)
print(" 当前进程：{} 创建子进程 ".format(os.getpid()))
p = Process(target=proc)
print(" 启动子进程 ")
p.start()
print(" 等待子进程结束 ")
p.join()
print(" 主、子进程结束 ")
```

程序运行结果如图 13-4 所示，打印了多进程的运行过程。

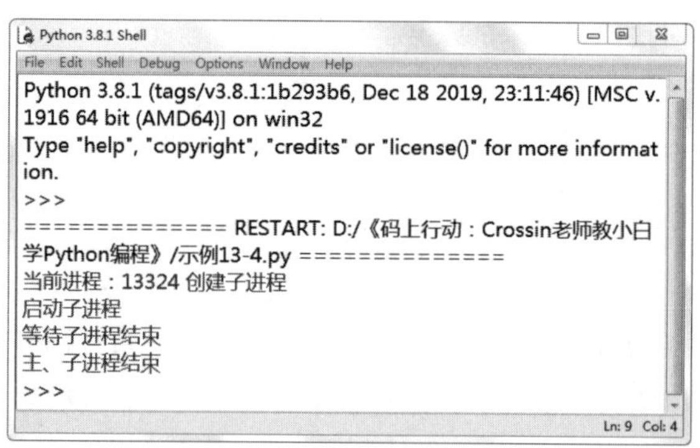

图 13-4　程序运行结果

13.2.2 进程间通信

进程间通信有多种方式，Python 中实现单机进程间通信通常使用 Queue 队列模块。

【示例 13-5 程序】

使用 Queue 队列模块，模拟一个生产者 / 消费者的程序，实现进程间通信。消费者进程则在 1 秒后每隔 1 秒从队列中取出一个数据，如果队列为空则结束。

第 1 ~ 2 行：导入模块。

第 3 ~ 8 行：创建一个函数 set_msg，作为生产者进程，每隔 1 秒向队列中放入一个数据，放入 3 次后结束。

第 9 ~ 15 行：创建一个函数 get_msg，作为消费者进程，在 1 秒后每隔 1 秒从队列中取出一个数据，如果队列为空则结束。

第 16 行：主进程创建 Queue 对象队列 q，用于存放进程间的共享数据，以实现进程间通信。

第 17 ~ 18 行：创建两个 Process 进程对象，分别指定生产者和消费者函数，并将队列 q 传递给子进程。

第 19 ~ 20 行：启动进程。

示例 13-5　生产者 / 消费者

```
1. from multiprocessing import Process, Queue
2. import os, time
3. def set_msg(que):
4.     print("生产者进程 id：{}".format(os.getpid()))
5.     for i in range(3):
6.         print("数据 {} 入队".format(i))
7.         que.put(i)
8.         time.sleep(1)
9. def get_msg(que):
10.     time.sleep(1)
11.     print("\t 消费者进程 id：{}".format(os.getpid()))
12.     while not que.empty():
13.         data = que.get(True)
14.         print("从队列获取数据：{}".format(data))
15.         time.sleep(1)
16.q = Queue()
17.producer = Process(target=set_msg, args=(q,))
18.consumer = Process(target=get_msg, args=(q,))
19.producer.start()
20.consumer.start()
```

程序运行结果如图 13-5 所示，可以看出两个进程之间放入和取出数据的过程。

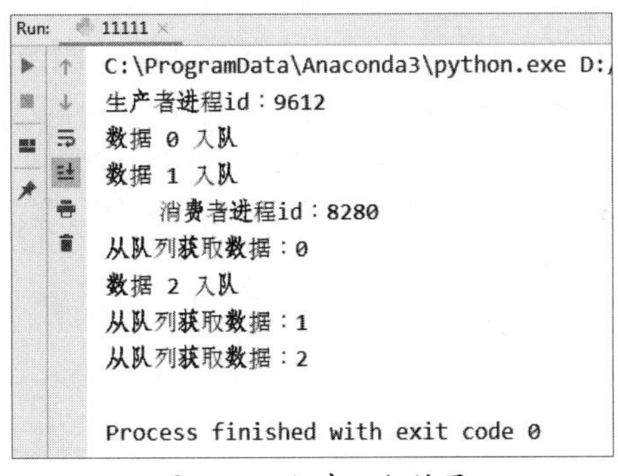

图 13-5　程序运行结果

13.2.3 进程锁

多个线程操作同一全局变量，会由于同时访问而出现结果错乱的情况，解决该问题的方法就是使用线程锁。多个进程操作同一个共享变量时也有类似的问题，同样需要进程锁。当一段代码被加上进程锁之后，同一时刻仅允许一个进程执行此段代码，在一定程度上降低了程序的执行效率，但保证了数据的正确性。

【示例 13-6 程序】

下面演示如何在进程之间使用进程锁，从而避免操作共享变量的冲突。

第 1～2 行：导入模块。

第 3 行：创建一个共享变量。

第 4～11 行：创建一个函数，对共享变量进行 10 万次加 1 再减 1 的计算，停顿 1 秒后输出结果。

第 6 行：加锁。

第 9 行：释放锁。

第 12 行：创建一个进程锁，在进程函数中通过 acquire 与 release 方法来锁定与释放代码。

第 13～14 行：创建两个 Process 进程对象，指定函数，并将进程锁和共享变量传递给子进程。

第 15～16 行：启动进程。

示例 13-6　进程锁

```
1. import multiprocessing
2. import os, time
3. amount = multiprocessing.Value("d", 0)
4. def func(lock, amount):
5.     for i in range(100000):
6.         lock.acquire()
7.         amount.value += 1
8.         amount.value -= 1
9.         lock.release()
10.    time.sleep(1)
11.    print(" 进程 id：{} 得到的结果：{}".format(os.getpid(), amount.value))
12.process_lock = multiprocessing.Lock()
13.p1 = multiprocessing.Process(target=func, args=(process_lock, amount))
14.p2 = multiprocessing.Process(target=func, args=(process_lock, amount))
15.p1.start()
16.p2.start()
```

程序运行结果如图 13-6 所示。在运行实例代码之前，可在第 6、9 行加锁和释放的代码前添加“#”设为注释，对比执行结果。加 1 和减 1 是成对的，结果理应为 0。但如果没有进程锁，进行计算时可能会读取被其他线程修改之前的数值，再写入回去就覆盖了其他线程的修改，使得最终结果不为 0。而加了进程锁之后，计算部分不允许多进程同时访问，于是就避免了冲突。

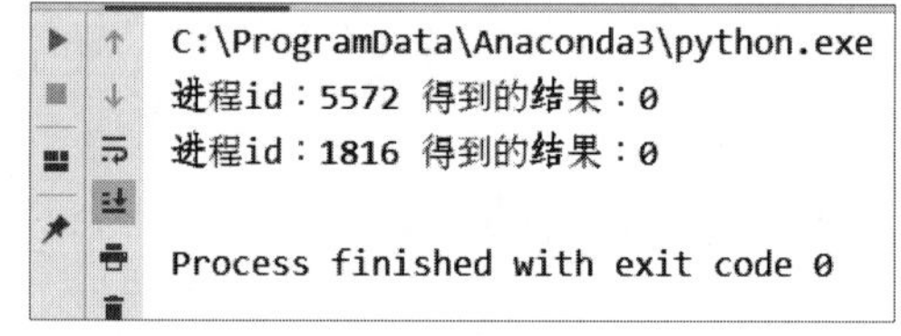

图 13-6　共享变量下的输出

13.3 协程

协程（Coroutine）又称纤程、微线程，是一种比线程更轻量级的存在，它的诞生主要是为了提高系统的并发度。

13.3.1 协程介绍

在编程开发中，把一个函数称为子程序。一个线程内部有多个子程序，每个子程序封装了各自的业务逻辑，但是在某种情况下，需要子程序 A 执行一部分逻辑，然后切换到子程序 B 执行另一部分逻辑，子程序 A 和子程序 B 协同工作才能完成最终的功能，这就是协程。

什么情况下会用到协程呢？举个例子，要用某个程序分析股票行情，开发者写了两个子程序，一个子程序用于采集股票数据，称为程序 A；另一个子程序用于分析股票数据，称为程序 B。为了提高数据的分析效率，会让两个子程序同时开始运行。程序 B 启动后需要数据进行分析，若此时数据还未准备好，程序 B 就要切换到程序 A，执行数据采集任务。程序 A 准备好数据后就要切换到程序 B 继续分析数据。当程序 B 发现数据不够时，又要切换到程序 A 继续采集任务。

如果这个过程采用多线程，会因为频繁切换线程而降低一定程度的 CPU 利用率；如果采用多进程，那么系统对进程管理的开销就会加大。而有了协程之后，则可以更有效地利用 CPU，又不用顾忌线程安全，避免在程序中使用锁等问题。

13.3.2 yield

yield 关键字在 Python 中用于创建生成器，通过生成器可以实现协程的工作流程。

可以把 yield 类似理解为 return，区别是 yield 返回值之后，函数并不会结束，而是等待下一次继续执行。通过 send 方法可以让函数从 yield 处继续，并且在函数中进行赋值。下面我们将结合程序理解这一过程。

【示例 13-7 程序】

下面演示使用生成器创建协程。

第 1 ~ 8 行：创建一个 consumer 函数，其中第 6 行带有 yield 关键字，所以这是一个生成器函数，会在此处返回 count 的值，并在下一次继续执行时赋值给 num。

第 9 ~ 15 行：创建一个 producer 函数，参数是 consumer 函数产生的生成器；函数中多次调用 send 方法，向 consumer 中的 num 赋值，并获取生成器中 count 的值。

第 16 行：创建 consumer 生成器。

第 17 行：调用 producer 函数。

示例 13-7　使用 yield 模拟协程

```
1. def consumer():
2.     print("consumer 开始运行 :")
3.     count = 0
4.     while True:
5.         print("A:consumer 使用 yield 返回消息给 producer")
6.         num = yield count
7.         count += 100
8.         print("D:consumer 收到消息为: {}".format(num))
9. def producer(gen):
10.    num2 = gen.send(None)
11.    print("B:producer 首次收到消息为 {}".format(num))
12.    for i in range(1, 3):
13.        print("C:producer 发送消息: {} 到 consumer".format(i))
14.        num2 = gen.send(i)
15.        print("E:producer 收到消息: {}".format(num2))
16.generator = consumer()
17.producer(generator)
```

程序运行结果如图 13-7 所示。可对照输出结果查看该示例执行的顺序，以理解生成器模拟协程的完整过程。

图 13-7　模拟协程输出

程序调用 producer 后，在第 10 行通过发送 None 触发 consumer 函数的执行；consumer 函数执行到第 6 行跳出，将 count 的值 0 返回给 producer；producer 将收到的 0 赋值给 num2，继续执行到第 14 行，将 i 的值 1 发送给 consumer 函数，并等待下一次 yield；consumer 函数将接收到的值 1 赋值给 num，并继续执行代码，直到循环再一次执行到 yield，将此时 count 的值 100 返回给 producer；接下来以此类推，直到 producer 结束。这两个互相等待、互相协同的函数就构成了一个协程。

13.3.3 gevent

使用 yield 创建协程，需要调用 send 方法触发生成器的执行，该过程不太好理解，代码写起来也有些麻烦。在实际开发中，有一些更方便的 Python 第三方库可以选择，gevent 就是其中之一。

gevent 是一个基于协程的 Python 网络库，使用比较方便。当使用 gevent 创建的协程遇到 IO 阻塞，如写文件、网络传输等耗时操作时，会自动切换到下一协程。

安装 gevent 模块，语法如下。

```
pip install gevent
```

【示例 13-8 程序】

下面演示使用 gevent 创建并使用协程。

第 1 行：导入模块。

第 2 ~ 7 行：创建一个 consumer 函数，其中第 6 行会调用 gevent.sleep 等待 1 秒模拟耗时操作。

第 8 ~ 13 行：创建一个 producer 函数，其中第 12 行会调用 gevent.sleep 等待 1 秒模拟耗时操作。

第 14 ~ 15 行：调用 gevent.spawn 方法创建协程，指定函数及参数。

第 16 ~ 17 行：启动协程。

示例 13-8　使用 gevent 创建协程

```
1. import gevent
2. def consumer(m):
3.     n = 0
4.     while n < m:
5.         print("consumer 协程名称 :{} n:{}".format(gevent.getcurrent().name, n))
6.         gevent.sleep(1)
7.         n += 1
8. def producer(m):
9.     n = 0
10.    while n < m:
11.        print("producer 协程名称 :{} n:{}".format(gevent.getcurrent().name, n))
12.        gevent.sleep(1)
13.        n += 1
14.producer_gevent = gevent.spawn(producer, 3)
15.consumer_gevent = gevent.spawn(consumer, 4)
16.producer_gevent.join()
17.consumer_gevent.join()
```

程序运行结果如图 13-8 所示，可以看到两个协程交替执行。注意，这里的等待并非通过调用 time.sleep 实现，否则不会有协程的效果。当协程执行到 gevent.sleep 时，会自动切换到另一个协程运行。

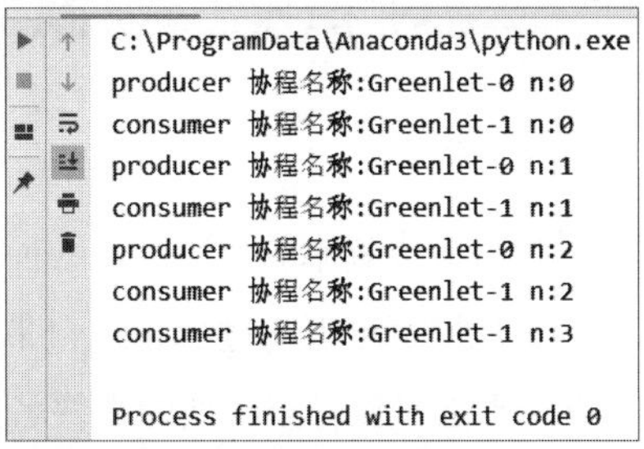

```
C:\ProgramData\Anaconda3\python.exe
producer 协程名称:Greenlet-0 n:0
consumer 协程名称:Greenlet-1 n:0
producer 协程名称:Greenlet-0 n:1
consumer 协程名称:Greenlet-1 n:1
producer 协程名称:Greenlet-0 n:2
consumer 协程名称:Greenlet-1 n:2
consumer 协程名称:Greenlet-1 n:3

Process finished with exit code 0
```

图 13-8　程序运行结果

Crossin 老师答疑

问题 1：进程、线程、协程有什么区别?

答：进程是操作系统分配资源的基本单位，线程是操作系统调度任务的基本单位。进程是线程的容器，一个进程可以有一到多个线程。进程与线程都受操作系统调度。协程不是线程也不是进程，它不是操作系统层面的设定，而是通过代码机制实现在同一线程内子程序的相互切换，由程序开发者自己编程调度。

问题 2：进程锁和线程锁的作用是什么？

答：进程锁和线程锁都是针对进程、线程同时操作相同变量时引起错误而提出的。进程锁用于协调进程操作进程间共享变量，线程锁用于协调线程操作全局变量。两种锁的原理和作用是相同的，但进程是单独的运行空间，而线程共享一个进程内的运行空间，因此两种锁的使用场景不同，不可混用。

问题 3：什么是死锁，Python 中如何避免死锁?

答：以线程锁为例，在有多个线程锁的情况下，不同线程获取了不同的锁，但又希望获取对方的锁，双方都在等待对方释放锁，这种相互等待的现象就是死锁。Python 中使用 threading.Condition 对象，基于条件事件通知的形式去协调线程的运行，即可避免死锁。

上机实训：快速抓取网页内容

【实训介绍】

网页爬虫，即通过代码抓取互联网上的信息，是 Python 的重要应用场景之一。网络请求是一项比较耗时的操作，因此在抓取多个网页时，可以通过并发抓取减少程序的耗时。

抓取地址如下。

```
https://python666.cn/cls/lesson/1/
https://python666.cn/cls/lesson/2/
……
https://python666.cn/cls/lesson/10/
```

【编程分析】

提升抓取效率的方法不止一种，多线程、多进程、协程都可以实现。这里我们选择多线程来实现。

抓取网页可以通过 Python 自带的 urllib.request.urlretrieve 函数实现，函数第 1 个参数是网页地址，第 2 个参数是保存至本地的文件名。由于抓取的网址是有规律的，可以通过循环来生成抓取地址和文件名。

通过 threading.Thread 创建子线程，并将 urlretrieve 作为目标函数即可实现并发抓取。编写如下程序。

示例 13-9　实训程序

```
1. import urllib.request
2. import threading
3. for i in range(1, 11):
4.     t = threading.Thread(target=urllib.request.urlretrieve,
               args=(f'http://book.python666.cn/cls/lesson/{i}/', f'{i}.html'))
5.     t.start()
6.     print(f' 开始抓取第 {i} 页 ')
7. print(' 抓取中……')
```

【程序说明】

第 1～2 行：导入需要的模块。

第 3 行：循环遍历。

第 4 行：创建 Thread 线程对象，并指定线程执行函数和参数。

第 5 行：启动线程。

【程序运行结果】

程序运行结果如图 13-9、图 13-10 所示。

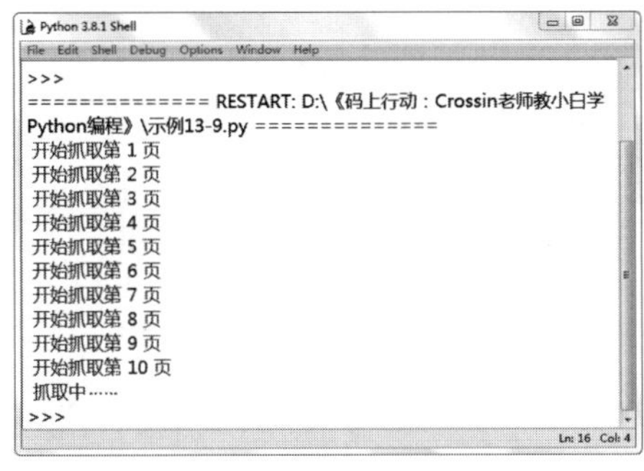

图 13-9　程序运行结果

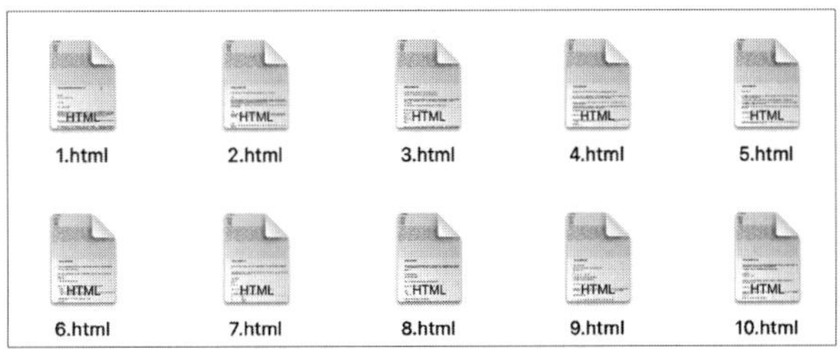

图 13-10　本地生成文件

思考与练习

一、判断题

1. 进程是操作系统调度任务的基本单位。（　　）

2. 一个程序可以仅由进程组成，没有线程。（　　）

二、选择题

1.Python 提供创建线程的模块包括（　　）。

A. _thread　　B. threading　　C. time　　D.thread

2. join 方法的作用是（　　）。

A. 在子线程对象上调用 join 方法，会引起主线程阻塞，直到子线程执行完毕

B. 在主线程对象上调用 join 方法，会引起主线程阻塞，直到子线程执行完毕

C. 在子线程对象上调用 join 方法，会引起子线程阻塞，直到子线程执行完毕

D. 在主线程对象上调用 join 方法，会引起子线程阻塞，直到子线程执行完毕

本章小结

本章首先介绍了线程、进程的概念和区别，以及在开发过程中如何通过多线程和多进程实现并发，提升程序执行效率和交互体验；然后介绍了进程间通信、进程锁等；最后介绍了协程的作用、原理及不同的创建方式。

第 14 章

实战：Python 网络爬虫应用

★本章导读★

网页爬虫，即通过代码抓取互联网上的信息，是 Python 的重要应用场景之一。在学习爬虫之前，需要先了解一些基础知识，如 HTML（网页）基础、HTTP 原理、Session 和 Cookie 的基本原理等。在本章中，将会对这些知识进行简单的讲解和总结，不管是零基础的读者还是有一定基础的读者都能有所收获，使得在后续深入学习中能达到事半功倍的效果。

★知识要点★

通过对本章内容的学习，读者能掌握以下知识。

- 了解爬虫的基本结构和工作流程。
- 理解 HTTP 基本原理。
- 掌握 HTML 基础。
- 掌握 Session 和 Cookie 的作用和区别。
- 使用 requests 库抓取网络信息。

14.1 爬虫的原理与工作流程

我们知道，互联网上的公开信息都可以通过浏览器访问一个 URL 地址获取到。当信息量很大时，靠人工逐个地址查看是非常低效的。而通过程序，则可以批量、快速地访问大量页面并采集相关信息。这种自动抓取网上信息的程序就是“爬虫”。爬虫的应用范围很广，简单的如下载一张网络图片，复杂的如谷歌搜索引擎。需要知道的是，爬虫并不能访问不存在的或访问受限的信息，它只是人工浏览的一种自动化替代手段。

网络爬虫是搜索引擎抓取系统的重要组成部分。爬虫的主要目的是将互联网上的数据下载到本地，作为线上数据的备份。

下面简单介绍典型网络爬虫的基本工作流程。

步骤 1：选取一些种子 URL，如腾讯新闻的某一个省份的新闻列表第 1 ~ 10 页的 URL。

步骤 2：将这些 URL 放入待抓取的 URL 列表中。

步骤 3：依次从待抓取的 URL 列表中取出 URL 进行解析，得到网页源码，并下载存储到已下载网页源码库中，同时将这个抓取过的 URL 放进已抓取 URL 列表中。

步骤 4：分析已抓取 URL 列表中 URL 对应的网页源码，按照一定的需求或规则，从中提取出新 URL 放入待抓取的 URL 列表中，这样依次循环，直到待抓取 URL 列表中的 URL 抓取完为止。

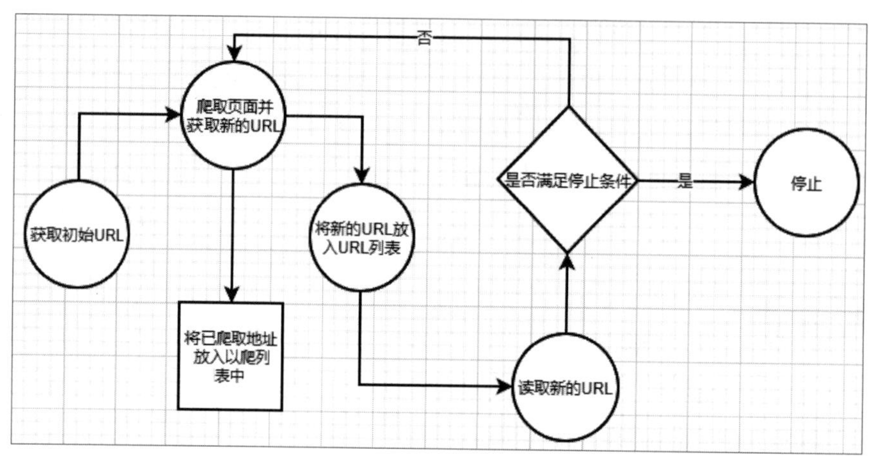

图 14-1　爬虫工作流程

按照以上流程，即可将一个网站上的页面悉数获取。当然，开发中实际的工作流程和抓取策略要根据需求进行调整。

14.2 HTTP 基础

为什么在浏览器中输入 URL 就可以看到网页的内容，这个过程中发生了什么？接下来我们将对此进行基本介绍，这也是我们进行爬虫开发的必备知识。

14.2.1 超文本

“超文本”是超级文本的中文缩写，我们打开浏览器所看到的网页其实就是超文本解析而成的。其网页源码是一系列的 HTML 代码，包含了各种标签，如 img 显示图片、div 布局、p 指定显示段落等。浏览器解析这些标签后，便形成了我们所看到的网页，而网页的源代码就可以称作超文本。

举个例子，我们用 Chrome 浏览器打开京东首页，然后右击鼠标→选择【检查】选项（或直接按【F12】键），即可打开浏览器的开发工具模式，这时我们在【Elements】选项卡中就可以看到当前网页的源代码，这些源代码都是超文本，如图 14-2 所示。

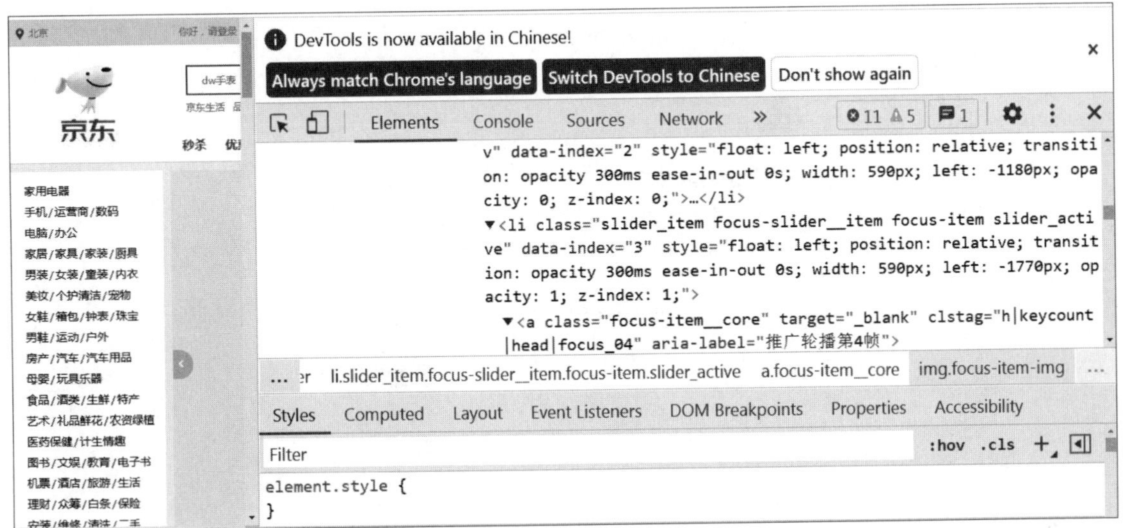

图 14-2　京东首页源代码

14.2.2 HTTP

在上网时，访问的网址（URL）的开头会有“http”或“https”，代表访问资源需要的协议类型。有时我们还会看到“ftp”“sftp”“smb”开头的 URL，它们也都是协议类型。在爬虫中，抓取的页面通常是 HTTP 或 HTTPS 协议的，我们先了解一下这两个协议的含义。

HTTP 中文名为超文本传输协议。HTTP 是用于从网络传输超文本数据到本地浏览器的传送协议，它能保证高效而准确地传送超文本文档。HTTP 被用于在 Web 浏览器和网站服务器之间传递信息，HTTP 以明文方式发送内容，不提供任何方式的数据加密，如果攻击者截取了 Web 浏览器和网站服务器之间的传输报文，就可以直接读懂其中的信息，因此，HTTP 不适合传输一些敏感信息，如银行卡号、密码等。

14.2.3 HTTPS

HTTPS 是以安全为目标的 HTTP 通道，简单来讲就是 HTTP 的安全版，即 HTTP 下加入 SSL 层，对传输的内容进行加密。这样，即使有攻击者在网络传输过程中截取了传输报文，依然无法解密其中的信息。

由于安全性更高，越来越多的网站和 App 选择使用 HTTPS，如我们每天使用的聊天工具、购物网站、视频网站等。

不过有时我们会发现，某些网站虽然使用了 HTTPS，浏览器还是会提示“您的连接不是私密连接”，如图 14-3 所示。

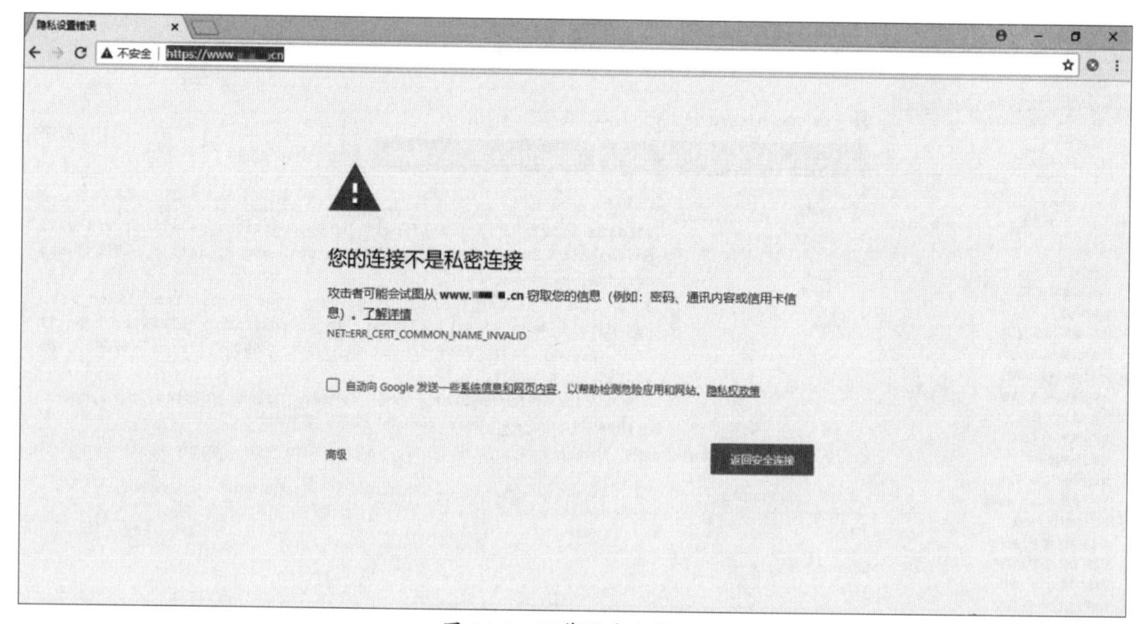

图 14-3　浏览器安全提示

这往往是因为网站的 CA 证书过期或证书未经 CA 机构认证，但实际上该网站的数据传输依然是经过 SSL 加密认证的。如果我们要爬取这样的站点，就需要设置忽略证书的选项，否则会提示 SSL 连接错误。

14.2.4 HTTP 请求过程

前面介绍了什么是 HTTP 和 HTTPS，下面我们对它们的请求过程进行深入了解。由于 HTTP 和 HTTPS 的请求过程是一样的，这里仅以 HTTP 为例进行讲解。HTTP 请求过程笼统来讲，可归纳为 3 个步骤。

第 1 步：客户端浏览器向网站所在的服务器发送一个请求。

第 2 步：网站服务器接收到这个请求后进行解析和处理，然后返回响应对应的数据给浏览器。

第 3 步：浏览器里面包含了网页的源代码等内容，浏览器再对其进行解析，最终将结果呈现给用户，如图 14-4 所示。

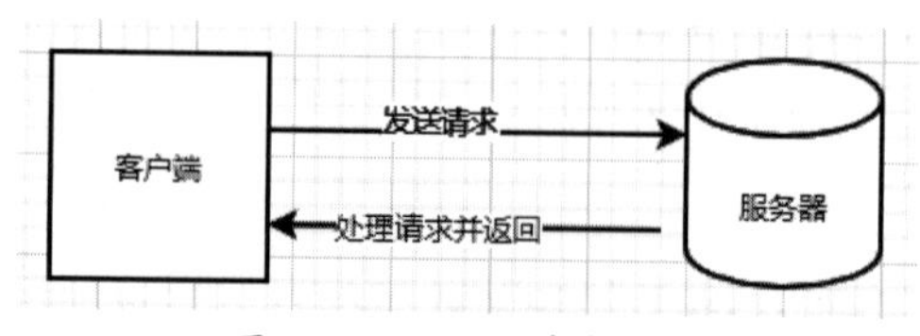

图 14-4　HTTP 请求过程

为了能够更加直观地呈现出这个过程，下面将通过案例演示实际操作。首先打开 Chrome 浏览器，按【F12】键或单击鼠标右键，然后执行【选择】→【检查】命令进入开发者调试模式。

以淘宝网为例，输入“https://www.taobao.com”进入淘宝网首页，观察右侧开发者模式面板，选择【Network】选项卡，如图 14-5 所示，界面中出现了很多条目，这就是一个请求接收和响应的过程。

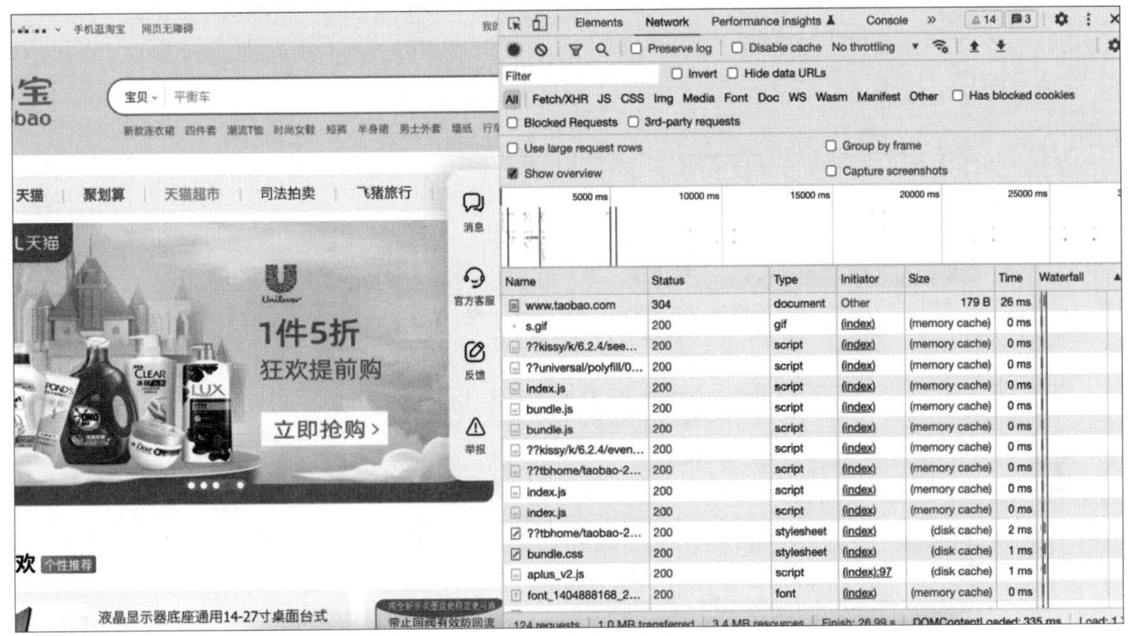

图 14-5　淘宝网首页

通过观察我们可以发现，【Network】选项卡中有很多列信息，从左到右各列的含义如下。

（1）Name：请求的名称，通常情况下 URL 的最后一部分内容就是名称。

（2）Status：响应的状态码，如果显示的是“200”则表示正常响应，通过状态码我们可以判断发送请求后是否得到了正常响应，常见的响应状态码有 404（网页不存在）、500（服务器错误）等。

（3）Type：请求的类型，常见类型有 xhr、document 等，如这里有一个名称为“www.taobao.com”的请求，它的类型为 document，表示这次请求的是一个 HTML 文档，响应的内容就是 HTML 代码。

（4）Initiator：请求源，用于标记请求是哪个进程或对象发起的。

（5）Size：表示从服务器下载的文件和请求的资源大小。如果是从缓存中获取的资源，则该列会显示 from cache。

（6）Time：表示从发起请求到响应所耗费的总时间。

（7）Waterfall：网络请求的可视化瀑布流。

单击名称为“www.taobao.com”的请求，可以看到关于请求更详细的信息，如图 14-6 所示。

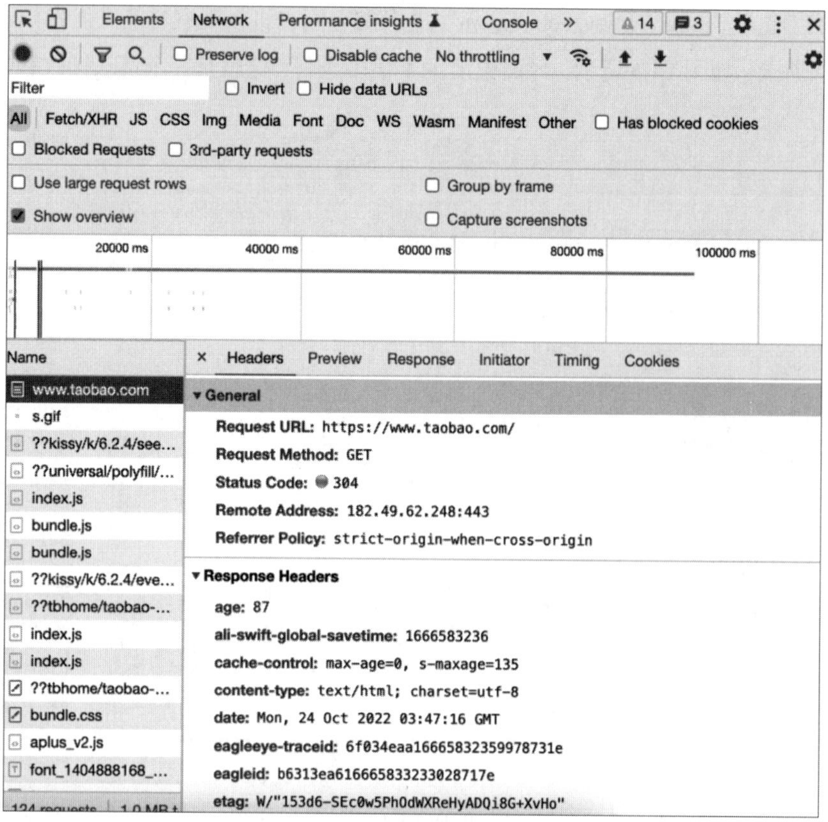

图 14-6　请求详细信息

General：Request URL 为请求的 URL，Request Method 为请求的方法，Status Code 为响应状态码，Remote Address 为远程服务器的地址和端口，Referrer Policy 为 Referrer 判别策略。

Response Headers 和 Resquest Headers：代表响应头和请求头。请求头里面有许多信息，如 User-Agent 浏览器标识、Cookie、Host 等，这是请求的一部分，服务器会根据请求头内部的信息判断请求是否合法，进而做出对应的响应。在图 14-6 中可以看到的 Response Headers 就是响应的一部分，其中包含服务器的类型、文档类型、日期信息等，浏览器接收到响应后，会解析响应内容，并展现给用户。

14.3 网页基础

网页就是浏览器呈现的一个个页面。简单来说，它是由若干代码编写的文件形式，其中包含文字、图片、音乐、视频等多种类型的资源。

本节将对网页的基础知识进行简单介绍，但不会太过深入，因为我们的目的不是编写网页，而是为开发爬虫做铺垫。

14.3.1 网页的组成

一个典型的网页通常由三类内容组成：HTML、CSS 和 Java Script。

1. HTML

HTML 不是一种编程语言，而是一种用来描述网页的标记语言（Markup Language），全称为 Hyper Text Markup Language，即超文本标记语言。它可以理解为一种具有约定格式的文本。HTML 文档也叫 Web 页面，其中包含文字、超链接、图片、视频等各种复杂的元素，不同类型的元素通过不同的标签来表示，如图片用 img 标签表示，段落用 p 标签表示，它们之间的布局通过 div 标签管理。

仍以淘宝网为例，在 Chrome 浏览器中打开淘宝网首页，右击鼠标，选择【查看网页源码】命令，即可看到淘宝网首页的网页源代码，如图 14-7 所示。

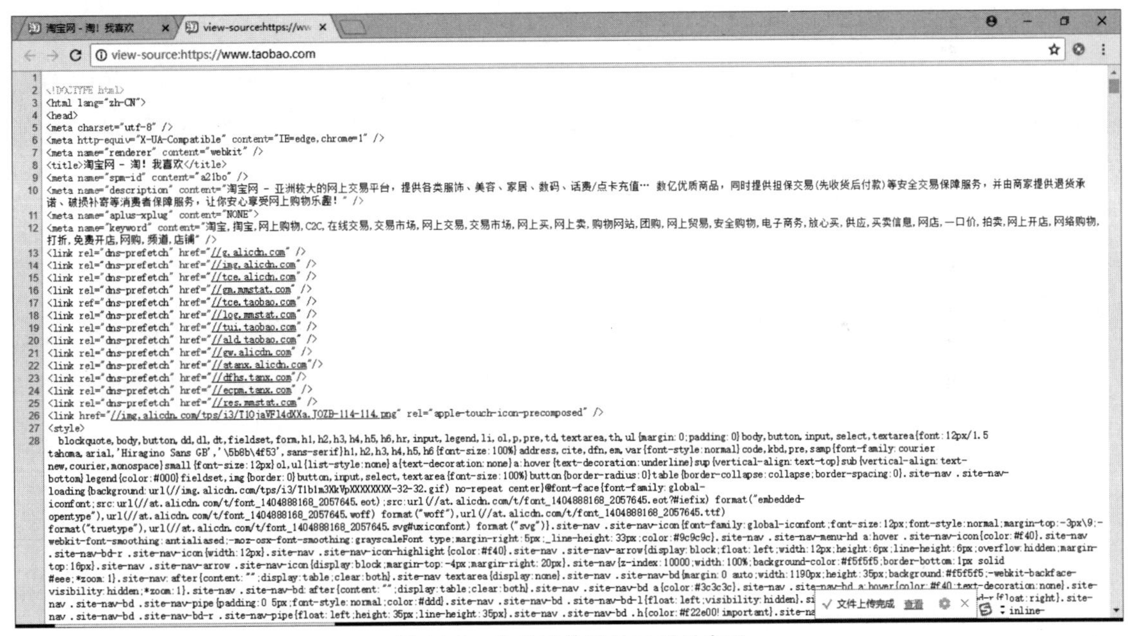

图 14-7　淘宝网首页的网页源代码

这里显示的就是 HTML，其中包含各种标签，这些标签定义的节点元素相互嵌套，组成了网页的结构。

2. CSS

前面我们了解了 HTML 定义的网页结构。但单纯由 HTML 表示的网页上只有最基本的元素，看起来并不美观。为了让网页看起来更美观，需要借助 CSS。

CSS 全称为 Cascading Style Sheets（层叠样式表），它的出现就是为了改造 HTML 标签在浏览器中展示的外观，使其变得更加好看。如果没有 CSS，就没有如此缤纷多彩的互联网世界。

以下代码就是一个 CSS 样式。

```
#test {
        width: 800px;
        height: 600px;
        background-color: red;
}
```

代码中大括号前面是一个 CSS 选择器，该选择器的意思是这套规则对于 ID 为 test 的节点生效。大括号内部就是一条条样式规则，如 width 指定了元素的宽，height 指定了元素的高，background-color 指定了元素的背景颜色。

在网页中一般会统一定义整个网页的样式规则，并写入 CSS 文件中（后缀名为 .css）。然后在 HTML 中用 link 标签引入写好的 CSS 文件，即可让其中的规则生效，使网页变得更加美观。

3. JavaScript

JavaScript 简称 JS，是一种脚本语言。纯 HTML 页面本身缺乏交互性，我们能在网页中看到鼠标单击的动画效果、轮播图片、气泡提示、进度条等动态效果，几乎都是 JavaScript 的功劳。它使得网页不仅能单向地展示静态信息，还能提供更多实时的、动态的、交互的页面功能。

JavaScript 通常也是以文件形式加载（后缀名为 .js），在 HTML 中通过 script 标签引入，如下代码所示。

```
<script src="test.js"><script>
```

综上所述，可以简单地理解为：HTML 定义了网页的内容和结构，CSS 描述了网页的布局和样式，JavaScript 丰富了网页的行为和效果。

14.3.2 网页结构示例

下面我们通过实例来感受一下 HTML 的基本结构。新建一个后缀名为 .html 的文件，如 test.html，在文件中输入以下内容。

```
<!DOCTYPE html>
<html>
    <head>
        <title> 网页的标题 </title>
    </head>
    <body>
        <p>
            网页显示的内容
        </p>
    </body>
```

```
</html>
```

这就是一个简单的 HTML，开头用“!DOCTYPE”定义了文档的类型，最外层是 <html> 标签，末尾有 </html> 结束标签来表示闭合，其内部是 <head> <title> 和 <body> 标签，分别代表网页头、标题和网页体，它们也需要对应的结束标签。<head> 标签里通常定义一些页面的配置和引用，比如我们前面所说的 CSS 和 JS 文件一般都是在这里引入的。

<title> 标签定义的网页标题会显示在浏览器的顶部或标签卡上，不会出现在网页中。<body> 标签内部才是网页正文显示的内容，可以在里面写入各种标签和内容。将代码保存后，双击它，在浏览中打开，就可以看到图 14-8 所示的内容。

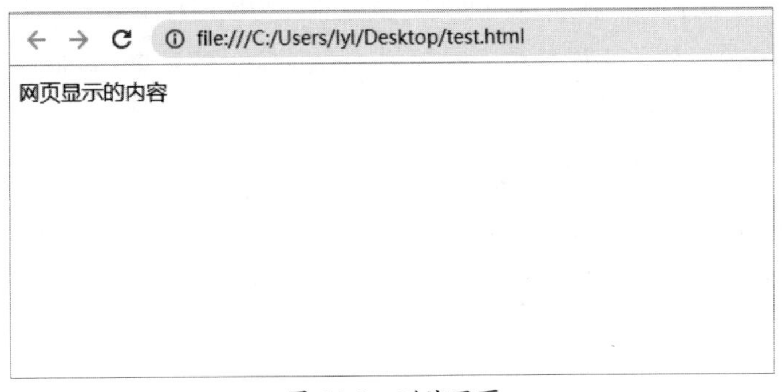

图 14-8　测试网页

这个实例就是 HTML 网页的一般结构，即 <html> 标签内嵌套 <head> 和 <body> 标签，<head> 内定义网页的配置和引用，<body> 内定义网页的正文。

14.4 Cookie 和 Session

在浏览网站时，我们会遇到这种情况：有些网站需要登录之后才能访问，登录之后可以反复访问网站里的各个页面而无须重新登录，过一段时间再访问同一网站会被要求重新登录。为什么会出现这种情况？这里面主要涉及 Cookie 和 Session（会话）的相关知识，本节就来聊一聊它们。

14.4.1 Cookie 和 Session 的工作原理

Cookie 和 Session 是用于保持 HTTP 连接状态的技术，在网页和 App 中被广泛使用。在开发爬虫时，经常会需要在请求中携带 Cookie 以通过身份验证或应对“反爬”。下面分别对 Cookie 和 Session 的基本原理进行简要讲解。

1. Cookie

HTTP是无状态的，即服务器不知道用户之前做了什么，这严重阻碍了交互式Web应用程序的实现。在典型的网上购物场景中，用户浏览了几个页面，选购了一盒饼干和两瓶饮料，最后结账时，由于HTTP的无状态性，不通过额外的手段，服务器并不知道用户到底选购了什么。而如果每次请求都做一次身份验证并携带上之前的所有信息，则会让请求变得非常复杂。为了解决这一问题，就有了Cookie。服务器可以借助Cookie维护用户与服务器会话中的状态。

Cookie由服务端生成，发送给客户端（通常是浏览器），并由客户端保存到本地，它的主要工作原理如下。

（1）创建Cookie：用户第一次浏览网站时，服务器会给该用户生成一个唯一的识别码（Cookie ID），创建一个Cookie对象，并设置最大时效（maxAge）；然后将Cookie放入HTTP响应报文的头部（response header）返回给客户端。

（2）设置存储Cookie：浏览器收到该响应报文之后，根据报文头里的set-cookie信息，生成相应的Cookie，保存在客户端。该Cookie里面记录着用户当前的身份状态信息。

（3）发送Cookie：当用户再次访问该网站时，浏览器首先检查所有存储的Cookie，如果存在该网站未过期的Cookie，就会把该Cookie附在HTTP请求头上发送给服务器。

（4）读取Cookie：服务器接收到用户的HTTP请求之后，从请求头得到该用户的Cookie，从里面获取需要的信息。

简单来说，Cookie的基本原理如图14-9所示。

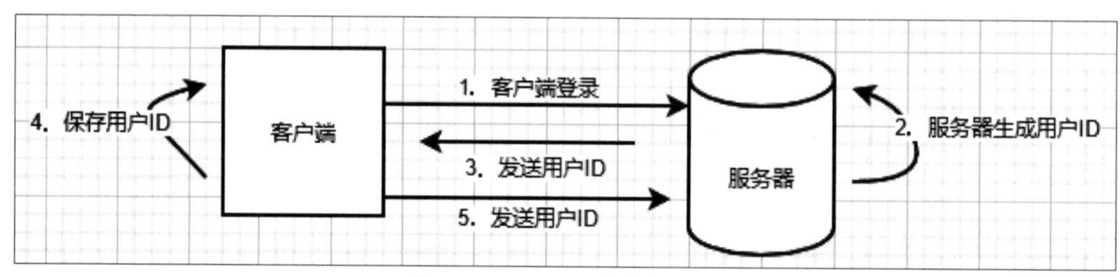

图14-9　Cookie的基本原理

2. Session

Session是一种服务器端的机制，用来存储用户会话的信息。Session由服务器生成，保存在服务器端，它的主要工作原理如下。

（1）当用户访问一个网站时，服务器首先检查这个用户发来的请求里是否包含一个Session ID，如果包含则说明该用户已登录并创建过Session，那么就按照这个Session ID从服务器中查找对应Session。

（2）如果请求里没有包含或查找不到Session ID，那么就为该用户创建一个Session，并生成一个与此 Session 相关的 Session ID。这个 Session ID 是唯一的、不重复的、无规律的字符。Session ID 将被在本次响应中返回到客户端保存，而保存这个 Session ID 的正是 Cookie。在后续的请求中，浏览器会自动按照规则把这个标识发送给服务器，以此保持会话状态，记录用户的身份。

14.4.2 Cookie 和 Session 的区别

了解了 Cookie 和 Session 的基本原理，下面浅谈它们之间的一些区别。Session 存储在服务器端，Cookie 存储在客户端，Cookie 中包含 Session ID。Session 的安全性高于 Cookie，但 Session 里信息过多且不断增加会带来服务器的负担，所以通常选择把一些重要的数据放在 Session 里并设定过期时间，把不太重要的数据放在 Cookie 里。Cookie 分为会话 Cookie 和持久化 Cookie，会话 Cookie 的生命周期和浏览器一致，浏览器关闭时会话 Cookie 随之消失，Session 也就无法继续保持了。而持久化 Cookie 会存储在客户端本地文件中，直到 Session 过期或服务器程序关闭才会失效。

14.5 实战一：使用 requests 库抓取网络信息

Python 内置了网络请求模块 urllib.request，提供了网络请求及相关操作的一些功能，可用于开发网络爬虫。但在实际开发中，我们通常会选择使用更方便、功能更强大的第三方网络请求模块，requests 库就是这种模块的代表。requests 库除了可以很简单地实现基本网络请求操作，还提供了对于 gzip 压缩、字符编码转换、JSON 格式解析等操作的自动处理。相较于 urllib.request 库，大大减少了开发工作量。

httpbin.org 是一个提供 HTTP 请求测试的网站，可以测试 HTTP 请求和响应的各种信息，如 Cookie、IP、headers 和登录验证等，且支持 GET、POST 等多种方法。

接下来我们将使用 requests 模块对 httpbin.org 进行网络请求、获取数据，以演示基本的网络爬虫开发方法。

14.5.1 使用 GET 方法请求数据

首先需要安装 requests 库，语法如下。

```
pip install requests
```

安装完成后，使用 requests.get(url) 函数就可以实现对目标地址发送 GET 请求。GET 请求的返回值相当于在浏览器中直接打开网址接收到的返回结果。在浏览器中打开以下网址。

```
http://httpbin.org/get?name=crossin&code=python
```

可以看到一组文字，如图 14-10 所示。它会显示我们请求时提供的 URL 参数、headers 信息、请求者的 IP 等，这就是我们打算抓取的测试数据。URL 参数通过在网址后加上“? 参数名 = 参数值”的方式提供，多个参数间通过“&”分隔。

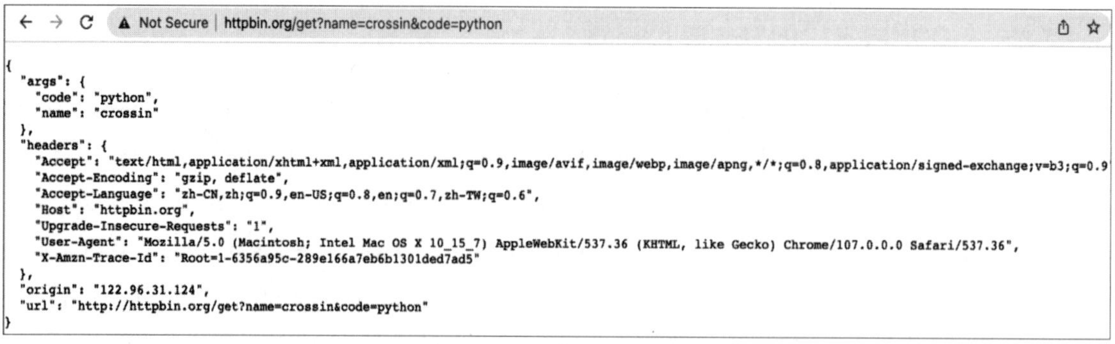

← → C ▲ Not Secure | httpbin.org/get?name=crossin&code=python


```
{
  "args": {
    "code": "python",
    "name": "crossin"
  },
  "headers": {
    "Accept": "text/html,application/xhtml+xml,application/xml;q=0.9,image/avif,image/webp,image/apng,*/*;q=0.8,application/signed-exchange;v=b3;q=0.9
    "Accept-Encoding": "gzip, deflate",
    "Accept-Language": "zh-CN,zh;q=0.9,en-US;q=0.8,en;q=0.7,zh-TW;q=0.6",
    "Host": "httpbin.org",
    "Upgrade-Insecure-Requests": "1",
    "User-Agent": "Mozilla/5.0 (Macintosh; Intel Mac OS X 10_15_7) AppleWebKit/537.36 (KHTML, like Gecko) Chrome/107.0.0.0 Safari/537.36",
    "X-Amzn-Trace-Id": "Root=1-6356a95c-289e166a7eb6b1301ded7ad5"
  },
  "origin": "122.96.31.124",
  "url": "http://httpbin.org/get?name=crossin&code=python"
}
```


图 14-10　浏览器显示数据

这组数据看上去有点像 Python 中的字典，是一种 JSON 格式的数据，它确实也很容易被程序转换成字典类型。我们要做的就是请求这个地址，带上 URL 参数，获取服务器的返回值，再把结果输出到控制台。

【示例 14-1 程序】

使用 requests 模块获取 GET 请求的响应内容，编写程序如下。

第 1 行：导入 requests 模块。

第 2 行：设定请求的 URL 地址。

第 3 ~ 7 行：使用 get 函数发送请求，获取数据后，输出返回结果的 text 属性。考虑到网络请求存在失败的可能，请求代码加上了异常处理，如果未成功会提示查询失败。

示例 14-1　获取 GET 请求

```
1. import requests
2. url = 'http://httpbin.org/get?name=crossin&code=python'
3. try:
4.     req = requests.get(url)
5.     print(req.text)
6. except:
7.     print('查询失败')
```

程序运行结果如图 14-11 所示。

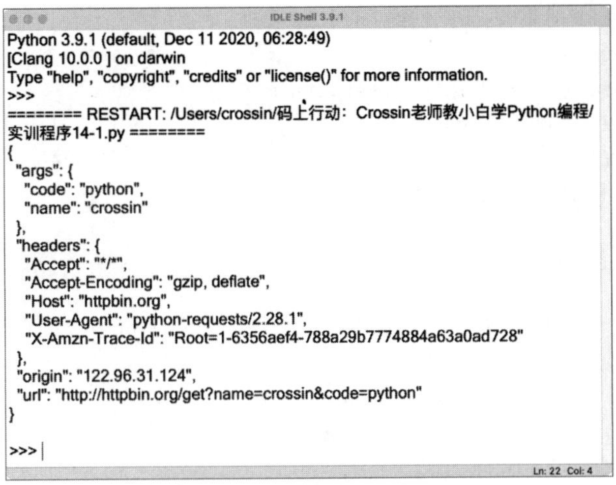

```
IDLE Shell 3.9.1
Python 3.9.1 (default, Dec 11 2020, 06:28:49)
[Clang 10.0.0 ] on darwin
Type "help", "copyright", "credits" or "license()" for more information.
>>>
======== RESTART: /Users/crossin/码上行动：Crossin老师教小白学Python编程/
实训程序14-1.py ========
{
 "args": {
  "code": "python",
  "name": "crossin"
 },
 "headers": {
  "Accept": "*/*",
  "Accept-Encoding": "gzip, deflate",
  "Host": "httpbin.org",
  "User-Agent": "python-requests/2.28.1",
  "X-Amzn-Trace-Id": "Root=1-6356aef4-788a29b7774884a63a0ad728"
 },
 "origin": "122.96.31.124",
 "url": "http://httpbin.org/get?name=crossin&code=python"
}

>>>|
Ln: 22 Col: 4
```

图 14-11　获取返回结果

14.5.2 处理 JSON 格式数据

如图 14-11 所示，请求结果看起来是一个字典的结构，但又不止一层。字典中的 args 和 headers 两个 key 对应的值又分别是一个字典。现在我们希望取出 args 的内容（虽然这是我们自己传过去的）及我们请求的来源 IP 地址（也就是我们本机的外网 IP）。

text 属性里的内容虽然看上去像字典，但其实是一个满足 JSON 格式的字符串。我们可以直接用 requests 模块提供的 json 方法，将其转换成一个真正的字典。

【示例 14-2 程序】

解析 JSON 格式信息，编写程序如下。

第 1 行：导入 requests 模块。

第 2 行：设定请求的 URL 地址。

第 4 行：使用 get 函数发送请求，获取数据。

第 5 行：输出返回结果 text 属性的类型。

第 6 ~ 7 行：调用返回结果的 json 方法，并输出结果的类型。

第 8 ~ 10 行：从结果字典中获取参数和 IP，并输出。

第 3、11、12 行：考虑到网络请求存在失败的可能，请求代码加上了异常处理，如果请求或解析未成功会提示查询失败。

示例 14-2　解析 JSON 信息

```
1. import requests
2. url = 'http://httpbin.org/get?name=crossin&code=python'
3. try:
4.     req = requests.get(url)
```

```
    print('.text 的类型：', type(req.text))
    data = req.json()
    print('.json() 的类型：', type(data))
    for k, v in data['args'].items():
        print(f' 参数 {k} 的值是 {v}')
    print(' 本机 IP：', data['origin'])
except:
    print(" 查询失败 ")
```

程序运行结果如图 14-12 所示。可以看出 text 确实是一个字符串，而调用 json 方法之后则转换成了字典。

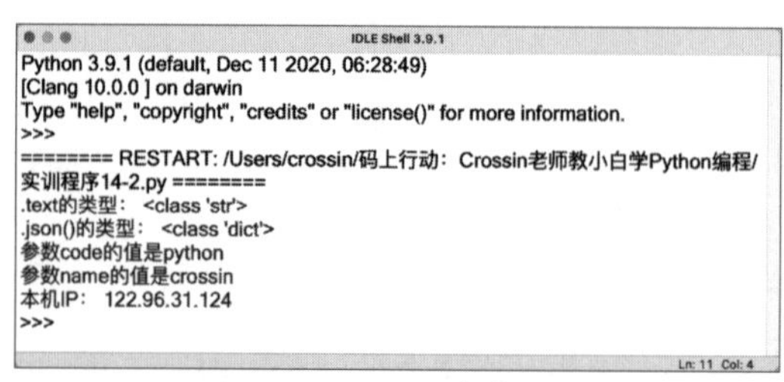

图 14-12　JSON 解析结果

14.6 实战二：爬取酷狗音乐排行榜 TOP 200 数据

除了把获取到的数据直接打印出来，更多的时候我们需要把这些信息存储到文件中。接下来，我们尝试获取酷狗音乐排行榜 TOP 200 的歌曲名称，并存储到文件中。

酷狗音乐排行榜首页如图 14-13 所示。

图 14-13　酷狗音乐排行榜首页

14.6.1 获取第一页歌曲名称

首先，在浏览器中输入以下网址。

```
https://www.kugou.com/yy/rank/home/1-8888.html
```

网页打开后可以看到图 14-13 所示的酷狗音乐排行榜首页，当前排名第一的歌曲是《孤勇者》。右击鼠标，选择【检查】选项（或直接按【F12】键），在【Elements】选项卡中可以找到歌曲信息所在的元素，如图 14-14 所示。现编写一段程序，获取这一页的歌曲名称和演唱者。

从 HTML 代码中可以看到，歌曲名称和演唱者信息均处于 <li> 元素的 title 属性中，可以通过前面学习的正则表达式进行提取。

```
Elements  Console  Sources  Network  Performance  Memory  Application
  </div>
 ▼<div class="pc_temp_songlist ">
   ▼<ul>
     ▶<li class=" " title="陈奕迅 - 孤勇者" data-index="0">…</li> == $0
     ▶<li class=" " title="蔡健雅 - Letting Go" data-index="1">…</li>
     ▶<li class=" " title="鱼多余 - 剑魂 (鱼多余DJ版)" data-index="2">…</li>
     ▶<li class=" " title="林俊杰 - 美人鱼" data-index="3">…</li>
     ▶<li class=" " title="林俊杰 - 新地球" data-index="4">…</li>
     ▶<li class=" " title="真瑞 - 最美的瞬间" data-index="5">…</li>
     ▶<li class=" " title="温奕心 - 一路生花" data-index="6">…</li>
     ▶<li class=" " title="小洲 - 还有梦想" data-index="7">…</li>
     ▶<li class=" " title="队长、黄礼格 - 11" data-index="8">…</li>
     ▶<li class=" " title="徐佳莹 - 一样的月光" data-index="9">…</li>
     ▶<li class=" " title="队长 - 哪里都是你" data-index="10">…</li>
     ▶<li class=" " title="Daniel Powter - Free Loop" data-index="11">…</li>
```

图 14-14 网址源码

【示例 14-3 程序】

抓取第 1 页歌曲名称和演唱者，编写程序如下。

第 1～2 行：导入模块。

第 3～4 行：请求目标地址，获取响应对象。

第 5 行：使用正则表达式，从响应的文本内容中提取出需要的信息。

第 6～7 行：输出提取出的结果。

示例 14-3 抓取第 1 页歌曲信息

```python
1. import requests
2. import re
3. url= "https://www.kugou.com/yy/rank/home/1-8888.html"
4. res = requests.get(url)
5. contents = re.findall(r'<li.*?title="(.*?)".*?>', res.text)
6. for content in contents:
7.     print(content)
```

程序运行结果如图 14-15 所示，排行榜中第 1 页歌曲信息已经成功抓取。

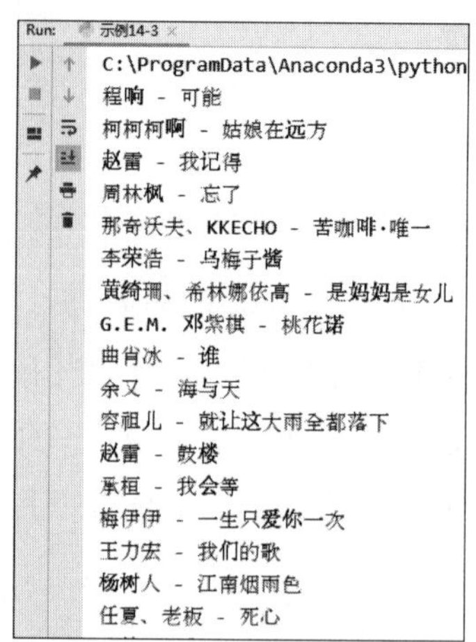

图 14-15　程序运行结果

14.6.2 站点分析

观察第 1 页的 URL：https://www.kugou.com/yy/rank/home/1-8888.html，尝试把数字 1 换成数字 2，再放进浏览器打开，可以看到返回的是排行榜第 2 页的信息，如图 14-16 所示。经测试后确认，更换不同数字即为不同页面，因此只需更改 -8888 前面的数字即可。

图 14-16　排行榜第 2 页界面

14.6.3 编写程序

由于每页显示的歌曲为 22 首，所以总共需要抓取 10 页，就能获取到排行榜 TOP 200 歌曲信息。在代码中可通过 for 循环拼接出这 10 个 URL。

【示例 14-4 程序】

抓取排行榜 TOP 200 歌曲名称和演唱者信息。结合站点分析，编写程序如下。

第 1～2 行：导入模块。

第 3 行：以写入模式打开文件。

第 4 行：循环 10 次。

第 5 行：构造每页的 URL 地址。

第 6～7 行：请求目标地址获取结果，并提取出需要的信息。

第 8～9 行：将结果写入文件。

第 10 行：关闭文件。

示例 14-4　抓取排行榜 TOP 200 歌曲信息

```
import requests
import re
f = open('酷狗音乐排行榜.txt', 'w')
for i in range(1,11):
    url= "https://www.kugou.com/yy/rank/home/{i}-8888.html"
    res = requests.get(url)
    contents = re.findall(r'<li.*?title="(.*?)".*?>', res.text)
    for content in contents:
        f.write(content + '\n')
f.close()
```

程序运行结果如图 14-17、图 14-18 所示，排行榜 TOP 200 歌曲名称及演唱者已经成功写入文本文件中。

示例14-4.py × 酷狗音乐排行榜.txt ×

```
1   程响 - 可能
2   柯柯柯啊 - 姑娘在远方
3   赵雷 - 我记得
4   周林枫 - 忘了
5   那奇沃夫、KKECHO - 苦咖啡·唯一
6   李荣浩 - 乌梅子酱
7   黄绮珊、希林娜依高 - 是妈妈是女儿
8   G.E.M. 邓紫棋 - 桃花诺
9   曲肖冰 - 谁
10  余又 - 海与天
11  容祖儿 - 就让这大雨全都落下
12  赵雷 - 鼓楼
13  承桓 - 我会等
14  梅伊伊 - 一生只爱你一次
15  王力宏 - 我们的歌
16  杨树人 - 江南烟雨色
```

图 14-17　文本前面的数据

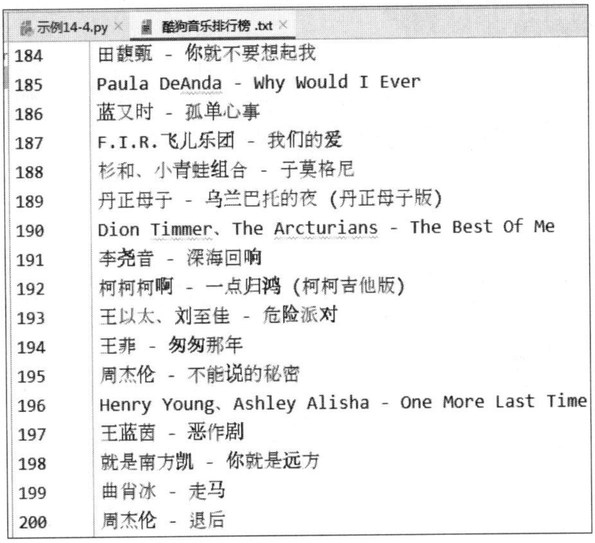

示例14-4.py × 酷狗音乐排行榜.txt ×

```
184  田馥甄 - 你就不要想起我
185  Paula DeAnda - Why Would I Ever
186  蓝又时 - 孤单心事
187  F.I.R.飞儿乐团 - 我们的爱
188  杉和、小青蛙组合 - 于莫格尼
189  丹正母于 - 乌兰巴托的夜 (丹正母于版)
190  Dion Timmer、The Arcturians - The Best Of Me
191  李尧音 - 深海回响
192  柯柯柯啊 - 一点归鸿 (柯柯吉他版)
193  王以太、刘至佳 - 危险派对
194  王菲 - 匆匆那年
195  周杰伦 - 不能说的秘密
196  Henry Young、Ashley Alisha - One More Last Time
197  王蓝茵 - 恶作剧
198  就是南方凯 - 你就是远方
199  曲肖冰 - 走马
200  周杰伦 - 退后
```

图 14-18　文本后面的数据

本章小结

在本章中，我们学习了网络爬虫相关知识，通过编写爬虫程序，我们可以定时、自动地获取互联网上的公开信息，节省大量的人力工作。我们通过两个实战案例讲解了如何使用 Python 进行爬虫开发。读者可以参考实战案例举一反三，编写自己的爬虫程序。

第 15 章

实战：用 Python 开发一款图形界面计算器

★本章导读★

在前面章节中学习的所有程序，运行结果都是显示在 shell 交互窗口的，没有图形化的界面，用户体验不是特别好。一个受用户欢迎的程序，通常不仅功能强大，而且还有美观的界面。本章将介绍如何编写带有图形界面的应用程序，提升程序的易用性。

★知识要点★

通过对本章内容的学习，读者能掌握以下知识。

◆ 掌握基于 tkinter 模块的 GUI 编程方法。

◆ 掌握 tkinter 常用组件。

◆ 理解并尝试开发计算器例程。

15.1 tkinter 模块

tkinter 是 Python 内置的 GUI 模块，用于进行图形界面的开发。例如，我们想开发一个信息录入程序，如果只能通过控制台输入和输出，一般人使用起来会很不方便。类似的程序通常都会有一个图形界面窗口供用户操作，这样可以提供良好的交互体验，对于用户正常使用程序很有必要。

15.1.1 tkinter 模块说明

Python 的 GUI 模块有很多，选择 tkinter，主要有以下三点原因。

（1）tkinter 是 Python 自带的库，无须安装，使用的开发者很多。

（2）门槛低，只要有 Python 基础就能很快上手。虽然 tkinter 组件众多，每个组件又有各自的方法、参数等，但通用性很强，可以即查即用。

（3）tkinter 的能力常被人低估，其实它也能做出漂亮的 UI 界面。

15.1.2 常用组件

tkinter 模块支持约 16 个核心窗口部件，这 16 个核心窗口部件的简要说明如表 15-1 所示。

表 15-1 tkinter 核心窗口部件

tkinter 类	部件名称	功能描述
Button	按钮	单击时执行一个动作
Canvas	画布	提供绘画功能，可以画各种几何图形
Checkbutton	复选框	允许用户选择或反选一个选项
Entry	单行文本框	单行文本框
Frame	框架	承载放置其他 GUI 元素
Label	标签	显示不可编辑的文本或图标
Listbox	列表框	一个选项列表，用户可以从中选择
Menu	菜单	弹出一个选项列表，用户可以从中选择
Menubutton	菜单按钮	包含菜单的组件
Message	消息框	可以显示多行文本
Radiobutton	单选框	从多个选项中选取一个
Scale	进度条	滑块组件
Scrollbar	滚动条	为组件提供滚动功能
Text	多行文本框	多行文本框
Toplevel	顶层	为其他组件提供单独的容器
messageBox	消息框	显示应用程序的消息框

注意在 tkinter 中窗口部件类都是同级的，相互间不存在继承关系。

15.2 常用组件使用说明

15.1.2 小节中简要介绍了 tkinter 模块的主要部件及其功能，接下来我们结合代码演示几个常用组件的使用方法。

15.2.1 创建主窗口及 Label 标签

就像绘画要先铺好画纸一样，我们首先要创建一个主窗口，然后才能在上面放置各种控件元素。

【示例 15-1 程序】

创建主窗口的过程很简单，编写如下程序。

第 1 行：导入模块。

第 2 行：实例化 Tk 对象，创建主窗口。

第 3～4 行：设定窗口的标题和尺寸。

第 5 行：创建一个 Label 标签控件，其中 text 为显示文字，bg 为背景颜色，font 为字体，width 为宽度，height 为高度。这里的宽度和高度是以字符数量为单位，如 height=3，就是标签为 3 个字符的高度。

第 6 行：在主窗口上放置标签。

第 7 行：主窗口循环显示。mainloop 类似一个 while True 循环，会让窗口不断刷新，否则无法更新显示及响应用户的操作。

示例 15-1　Label 标签

```
1. import tkinter
2. window = tkinter.Tk()
3. window.title(' 窗体大小为 500*300')
4. window.geometry('500x300')
5. l = tkinter.Label(window, text=' 这是一个 label', bg='red', font=('Arial', 12),
width=30, height=3)
6. l.pack()
7. window.mainloop()
```

程序运行结果如图 15-1 所示，主窗口创建成功，并且在窗口的正上方有一个红色的文字标签。

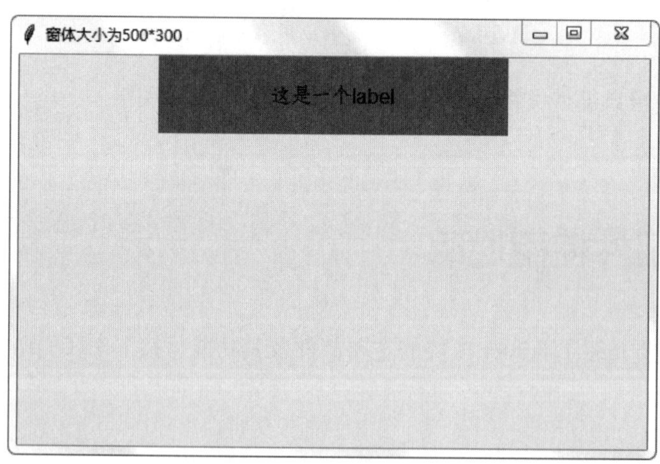

图 15-1　标签的创建

15.2.2 Button 窗口部件

Button（按钮）组件是一个标准的 tkinter 窗口部件，用于实现各种按钮。按钮上可以有文字或图像，并且能够与一个函数关联，当这个按钮被按下时，tkinter 会自动调用关联的函数。

【示例 15-2 程序】

在文本模式下编写如下程序。

第 1～4 行：引入模块并创建主窗口。

第 5 行：创建一个字符串类型变量 var，用于控件之间传递数据。

第 6～7 行：创建一个 Label 标签控件，将 textvariable 参数设置为字符串变量 var，放置在窗口上。

第 8 行：创建全局变量 on_hit，用于记录按钮单击状态。

第 9～16 行：定义函数 click，该函数会对全局变量 on_hit 取反，并根据 on_hit 的值设置或清除变量 var 的值。

第 17 行：创建一个 Button 按钮控件，将 command 参数设置为 click 函数，当按钮被单击时会自动调用函数 hit_me。

第 18 行：在主窗口上放置按钮。

第 19 行：主窗口循环显示。

注意，传给 command 参数的是一个函数对象，不是函数运行后的返回值，所以这里的 click 不能加“()”。

示例 15-2　Button 按钮

```
1. import tkinter as tk
2. window = tk.Tk()
3. window.title('窗体大小为500*300')
4. window.geometry('500x300')
5. var = tk.StringVar()
6. l = tk.Label(window, textvariable=var, bg='green', fg='white', font=('Arial',
12), width=30, height=2)
7. l.pack()
8. on_hit = False
9. def click():
10.    global on_hit
11.    if not on_hit:
12.        on_hit = True
13.        var.set('你点了按钮')
14.    else:
15.        on_hit = False
16.        var.set('')
17.b = tk.Button(window, text='我是Button', font=('Arial', 12), width=10,
          height=1, command=click)
18.b.pack()
19.window.mainloop()
```

程序运行结果如图 15-2 所示，可见主窗口正上方有一个绿色标签，标签上没有任何内容，标签下方有一个 Button 按钮，按钮内容为“我是 Button”。

图 15-2　按钮的创建

单击按钮后，标签上会显示“你点了按钮”，如图 15-3 所示。再次单击按钮，标签内容会被清除。

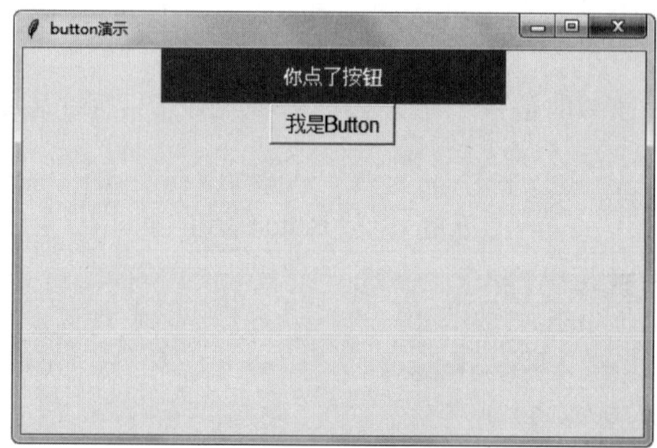

图 15-3　按钮单击效果

15.2.3 Entry 窗口部件

Entry 是 tkinter 提供的单行文本输入框，用于获取键盘输入。当程序需要用户输入信息时会用到，如登录账号、发表评论等界面。

【示例 15-3 程序】

编写如下程序。

第 1～4 行：引入模块并创建主窗口。

第 5～6 行：创建一个 Entry 输入框控件，放置在窗口上。

第 7 行：主窗口循环显示。

示例 15-3　文本输入框

```
1. import tkinter as tk
2. window = tk.Tk()
```

```
window.title(' 文本输入框 ')
window.geometry('500x300')
e = tk.Entry(window)
e.pack()
window.mainloop()
```

程序运行结果如图 15-4 所示，主窗口正上方放置了一个文本输入框，可在其中输入内容。

图 15-4　在文本框中输入内容

15.2.4 grid 布局方式

grid 是网格的意思，采用这种布局方式，控件会像放入格子一样放置在窗口上。例如，下面的代码会创建一个 3 行 3 列的网格，其中的参数 row 为行，column 为列，padx/pady 是单元格间距，ipadx/ipady 是单元格与内部元素的填充距离。

【示例 15-4 程序】

下面进行 grid 布局演示，编写程序如下。

第 1～4 行：引入模块并创建主窗口。

第 5～7 行：创建 3 个 Label 标签控件，使用 grid 布局放置在窗口上。

第 8 行：主窗口循环显示。

示例 15-4　grid 布局

```
1. import tkinter as tk
2. window = tk.Tk()
3. window.title(' 窗体大小为 500*300')
4. window.geometry('500x300')
5. for i in range(3):
6.     l = tk.Label(window, text=str(i+1))
7.     l.grid(row=i, column=i, padx=10, pady=10, ipadx=10, ipady=10)
8. window.mainloop()
```

程序运行结果如图 15-5 所示。可见 1、2、3 这三个标签依次被放置在 i 行 i 列的位置。

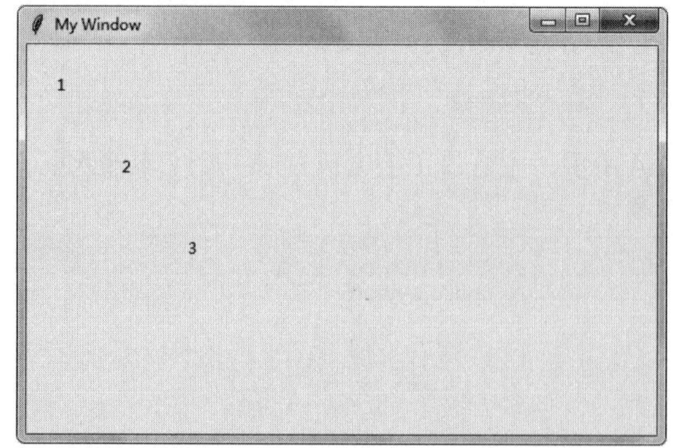

图 15-5　grid 布局效果

15.3 实战：开发一个计算器

介绍完 tkinter 的主要功能组件，接下来就演示用这些组件开发一个计算器，其界面如图 15-6 所示。

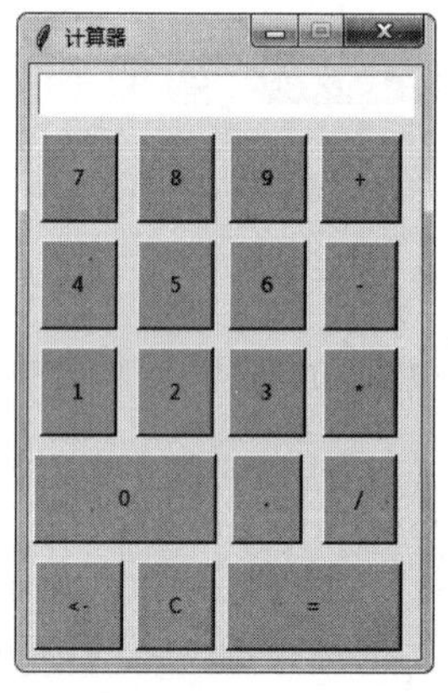

图 15-6　计算器界面

15.3.1 界面布局

计算器的界面并不复杂，由一个文本框和多个按钮组成，且布局规整。

【示例 15-5 程序】

根据界面设计创建控件，并使用 grid 布局方式对它们进行放置，编写如下程序。

第 1 ~ 3 行：引入模块并创建主窗口。

第 4 行：设定窗口不可调整大小。

第 5 ~ 6 行：创建一个 Entry 输入框控件，使用 grid 布局放置在窗口上方第一行，作为计算器的显示区域。这里的参数 columnspan 是让控件跨越多个网格，sticky 设置控件的对齐方式（'WENS' 就是上下左右均对齐）。

第 7 ~ 9 行：因为需要创建多个按钮，这里定义一个函数来简化，函数中创建 Button 按钮控件并布局，按钮文字和布局位置可根据参数调整。

第 10 ~ 27 行：创建计算器上的各个按钮并布局。

第 28 行：主窗口循环显示。

示例 15-5　计算器按钮布局

```
import tkinter as tk
root = tk.Tk()
root.title(" 计算器 ")
root.resizable(0, 0)
entry = tk.Entry(root, justify="right")
entry.grid(row=0, column=0, columnspan=5, padx=5, pady=5, sticky='WENS')
def new_button(text, row, column, columnspan=1):
    btn = tk.Button(root, text=text, bg='#AABBBB', padx=15, pady=12,
            activebackground='#55EE55')
    btn.grid(row=row, column=column, columnspan=columnspan, padx=5, pady=5,
            sticky='WENS')
new_button('7', 1, 0)
new_button('8', 1, 1)
new_button('9', 1, 2)
new_button('+', 1, 3)
new_button('4', 2, 0)
new_button('5', 2, 1)
new_button('6', 2, 2)
new_button('-', 2, 3)
new_button('1', 3, 0)
new_button('2', 3, 1)
new_button('3', 3, 2)
new_button('*', 3, 3)
new_button('0', 4, 0, 2)
new_button('.', 4, 2)
new_button('/', 4, 3)
new_button('<-', 5, 0)
new_button('C', 5, 1)
new_button('=', 5, 2, 2)
root.mainloop()
```

程序运行结果如图 15-7 所示。可见计算器的基本界面已经完成，但用鼠标单击按钮，数字并不会出现在文本框中，因为我们还没有编写每个按钮单击后的回调函数。

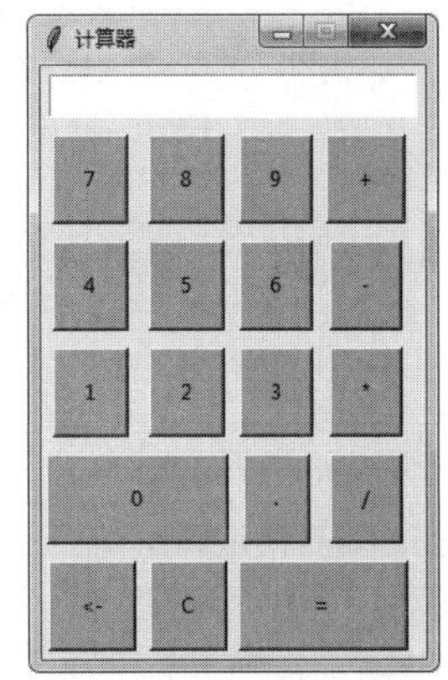

图 15-7　计算器界面布局

15.3.2 添加按钮回调函数

完成计算器的界面布局后，给各个按钮添加单击回调函数。

【示例 15-6 程序】

编写如下程序，加粗部分为新增代码。

第 7～8 行：定义 get_input 函数，向输入框末尾写入字符。

第 9 ~ 11 行：定义 backspace 函数，删除输入框的最后一个字符。

第 12 ~ 13 行：定义 clear 函数，删除输入框中所有内容。

第 14 ~ 18 行：定义 calc 函数，获取输入框中的内容，略去最左边的“0*/”符号避免报错，通过 eval 方法计算出表达式的结果，写入输入框。

第 19 ~ 22 行：给创建按钮的函数增加一个参数 cmd 用于设定回调函数，默认情况下，这个回调函数是将所单击按钮上的字符传递给 get_input 函数，写入输入框。

第 39 ~ 41 行：给删除（<-）清除（C）和计算（=）三个按钮分别设定对应的回调函数。

其他代码参考 15.3.1 小节。

示例 15-6　计算器完整程序

```
1. import tkinter as tk
2. root = tk.Tk()
3. root.title(" 计算器 ")
4. root.resizable(0, 0)
5. entry = tk.Entry(root, justify="right")
6. entry.grid(row=0, column=0, columnspan=5, padx=5, pady=5, sticky='WENS')
7. def get_input(value):
8.     entry.insert(tk.END, value)
9. def backspace():
10.     count = len(entry.get())
11.     entry.delete(count-1)
12.def clear():
13.     entry.delete(tk.END)
14.def calc():
15.     expression = entry.get()
16.     output = str(eval(expression.lstrip('0*/')))
17.     entry.delete(0, tk.END)
18.     entry.insert(0, output)
19.def new_button(text, row, column, columnspan=1, cmd=None):
20.     if not cmd:
21.         cmd = lambda: get_input(text)
22.     btn = tk.Button(root, text=text, bg='#AABBBB', padx=15, pady=12,
                activebackground='#55EE55', command=cmd)
23.     btn.grid(row=row, column=column, columnspan=columnspan, padx=5, pady=5,
                sticky='WENS')
24.new_button('7', 1, 0)
25.new_button('8', 1, 1)
26.new_button('9', 1, 2)
27.new_button('+', 1, 3)
28.new_button('4', 2, 0)
29.new_button('5', 2, 1)
30.new_button('6', 2, 2)
31.new_button('-', 2, 3)
```

```
new_button('1', 3, 0)
new_button('2', 3, 1)
new_button('3', 3, 2)
new_button('*', 3, 3)
new_button('0', 4, 0, 2)
new_button('.', 4, 2)
new_button('/', 4, 3)
new_button('<-', 5, 0, cmd=backspace)
new_button('C', 5, 1, cmd=clear)
new_button('=', 5, 2, 2, cmd=calc)
root.mainloop()
```

补充完成上面的示例程序后，再单击按钮，相应内容就会出现在文本框中。

输入“123+456”后，如图 15-8 所示，单击“=”按钮，就可以得到计算结果“579”，如图 15-9 所示。

输入“23*32”后，如图 15-10 所示，单击“=”按钮，就可以得到计算结果“736”，如图 15-11 所示。其他运算及功能读者可自行测试，此处不再演示。

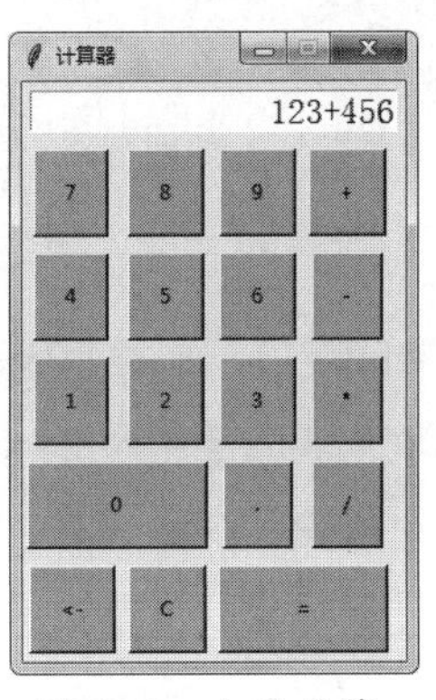

图 15-8　加法计算

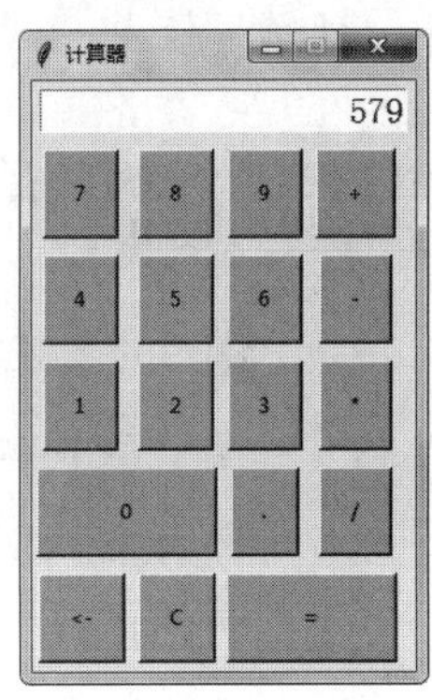

图 15-9　加法计算结果

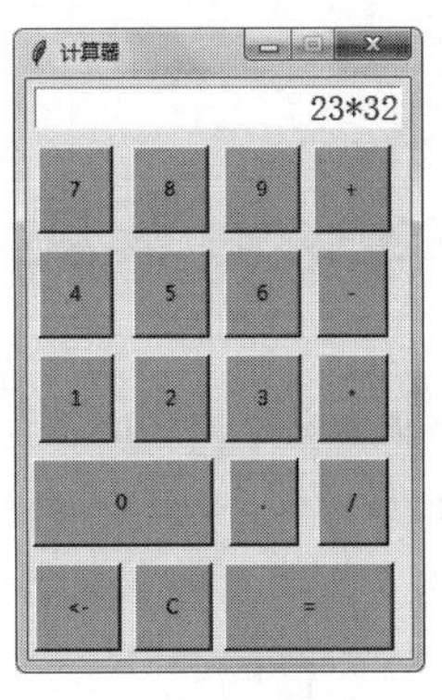

图 15-10　乘法计算

图 15-11　乘法计算结果

本章小结

在本章中，我们学习了 Python 内置的 tkinter 模块，使用该模块可以简单地创建出 GUI 界面，使得我们的程序有更好的用户体验。常用的组件包括文本输入框、文本标签、按钮等。掌握了 tkinter 模块的使用，我们就可以动手编写一些有图形界面的工具软件，解决工作和生活中的一些小需求，十分方便。

第 16 章

实战：用 pygame 开发“飞机大战”游戏

★本章导读★

本章将介绍 Python 中的游戏开发模块 pygame，通过 pygame 模块开发一个“飞机大战”游戏。

★知识要点★

通过对本章内容的学习，读者能掌握以下知识。

- ◆ 了解 pygame 模块的使用方法。
- ◆ 掌握 pygame 模块在游戏开发中的常用组件。
- ◆ 理解并掌握“飞机大战”游戏的编程逻辑与代码。

16.1 认识 pygame 模块

pygame 模块从名称就可以看出与游戏相关，它集成了对游戏中图像、声音、用户输入的常用处理，使开发者能够更容易地开发出各种各样好玩的游戏。pygame 模块由 Pete Shinners 于 2000 年开发，是一款免费、开源、跨平台的 Python 游戏引擎，主要用于开发 2D 游戏。

16.1.1 模块安装

pygame 模块不是 Python 的内置模块，需另行安装，最简单的方法是通过 Python 的包管理器 pip 来安装。以 Windows 操作系统为例，打开 CMD 命令行工具，如图 16-1 所示，输入以下命令即可进行安装。

```
pip install pygame
```

此命令同样适用于 Linux 和 Mac OS 操作系统，在相应的终端中输入命令即可。

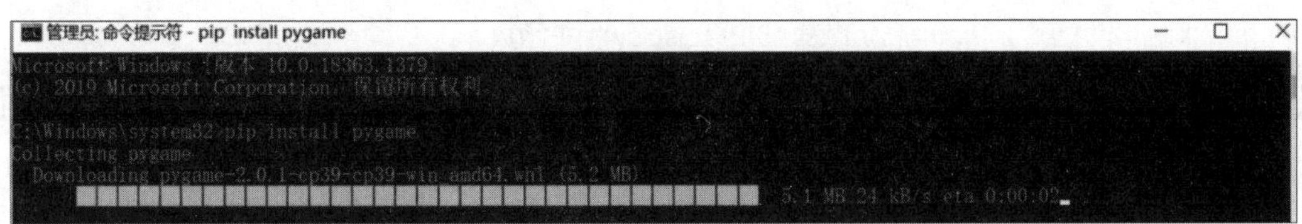

图 16-1　安装 pygame 模块

16.1.2 游戏的初始化和退出

在使用 pygame 模块的相关函数前，要先调用 init 方法来初始化函数；在游戏结束之前，要调用 quit 函数卸载所有 pygame 模块，如表 16-1 所示。

表 16-1　初始化与退出函数

方法	含义
pygame.init()	导入并初始化所有 pygame 模块，使用其他模块之前，必须先调用 init 方法
pygame.quit()	卸载所有 pygame 模块，在游戏结束之前调用

16.1.3 pygame 中的坐标系

在 pygame 编程中，坐标系的原点 (0,0) 在左上角，X 轴沿水平方向向右，Y 轴沿竖直方向向下，如图 16-2 所示。

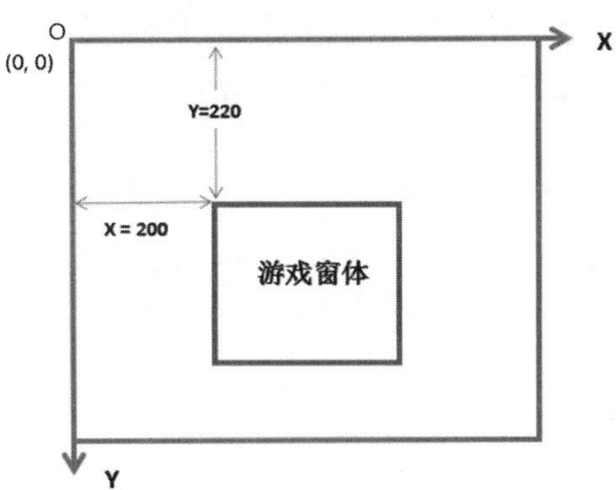

图 16-2　pygame 模块中的坐标系

在此坐标系下，pygame 模块中的可见元素都可以用一个矩形区域来描述位置，即坐标 (x,y) 和尺寸 (width,height)。

16.1.4 创建游戏主窗口

pygame 模块提供了一个子模块 pygame.display，用于创建、管理游戏主窗口，相关函数如表 16-2 所示。

表 16-2　display 相关函数

方法	含义
pygame.display.set_mode()	初始化游戏显示窗口
pygame.display.update()	刷新显示游戏窗口

pygame.display.set_mode(resolution=(0,0), flags=0, depth=0) 会创建一个游戏显示窗口的对象，其中 resolution 是一个元组，指定屏幕的宽和高，默认为整个屏幕的大小；flags 指定屏幕的附加选项，如是否全屏等；depth 表示颜色的位数，默认自动匹配；返回值是一个 pygame.Surface 对象，为游戏的主窗口，游戏的元素都需要绘制到这个窗口上。

【示例 16-1 程序】

创建游戏主窗口。编写如下代码。

第 1～3 行：导入模块并初始化 pygame。

第 4 行：创建一个主窗口，大小为 480×640。

第 4 行：等待 5 秒钟。

第 5 行：退出程序。

示例 16-1　创建游戏主窗口

```
1. import pygame
2. import time
3. pygame.init()
4. window = pygame.display.set_mode((480, 640))
5. time.sleep(5)
6. pygame.quit()
```

程序运行结果如图 16-7 所示，一个大小为 480×640 的窗口呈现在屏幕上。

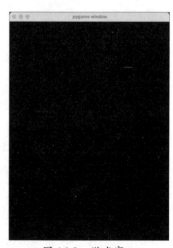

图 16-3　游戏窗口

•16.1.5 绘制图像

游戏中最多的元素是图像。图像文件一般保存在硬盘上，当要在 pygame 模块中使用一张图片时，会经过以下几个步骤。

第 1 步：使用 pygame.image.load() 将图像文件加载到内存中。

第 2 步：调用主窗口 Surface 的 blit 方法将图像绘制到指定的位置。

第 3 步：使用 pygame.display.update() 更新整个屏幕的显示。

【示例 16-2 程序】

将一张图片加载到游戏主窗口上。编写如下代码。

第 1 ~ 3 行：导入模块并初始化 pygame。

第 4 行：创建一个主窗口。

第 5 行：加载图片到内存，图片路径可以是绝对路径或相对代码所在目录的路径。

第 6 行：将图片绘制在主窗口中距离窗口左上角 (100,100) 的位置，这个位置也是基于图片的左上角来计算的。

第 7 行：刷新显示。

第 8 ~ 9 行：等待 5 秒后关闭程序。

示例 16-2　绘制图像

```
1. import pygame
2. import time
3. pygame.init()
4. window = pygame.display.set_mode((480, 640))
5. img = pygame.image.load("pygame.png")
6. window.blit(img, (100, 100))
7. pygame.display.update()
8. time.sleep(5)
9. pygame.quit()
```

程序运行结果如图 16-4 所示，窗口中显示出了一张图片。

图 16-4　窗口中显示图片

16.2 案例游戏介绍

在正式动手开发之前，我们先了解一下“飞机大战”游戏的玩法和程序结构。

16.2.1 游戏玩法

该游戏的玩法很简单，具体规则如下。

- 玩家操控一架飞机，开始时处于窗口的中下方位置。
- 玩家飞机位置会随鼠标位置移动。
- 单击鼠标可让玩家飞机发射子弹。
- 屏幕上方不断出现敌方飞机并向下移动。
- 如果玩家的子弹打到敌方飞机，则敌方飞机被清除。

- 如果敌方飞机碰到玩家飞机，则游戏结束。

16.2.2 程序主要结构

要实现“飞机大战”游戏，大致需要编写以下几个部分的代码。

1. 游戏主循环

有一种现象叫作视觉暂留，即人眼看到一个画面后会在视觉系统上保留 0.1 ~ 0.4 秒。电影、动画便是利用这种现象，把一幅幅静态画面快速连续播放，形成看上去会动的画面，游戏也是如此。

在游戏代码中，通常都会有一个“主循环”，每次循环都相当于一个静态的画面一直刷新，就有了动态的效果。这是游戏的主体部分。

2. 角色的移动

不管是玩家飞机还是敌方飞机，在游戏过程中都需要移动。因此在主循环中，需要根据条件改变飞机的位置，以产生移动的效果。

3. 事件响应

与动画不同，游戏不仅要把画面播放出来，还要处理玩家的操作。在主循环中，需要接收玩家的输入，并做出正确的响应。

4. 碰撞检测

在这个游戏中，当玩家的子弹碰到敌方飞机，或敌方飞机碰到玩家飞机，都会引起游戏状态的变化。所以在主循环中，还需要检测这些相关的对象是否发生了碰撞，即在位置上产生了重叠，进而触发执行对应的程序逻辑。

16.2.3 准备工作

清楚了游戏的玩法和程序结构，我们还需要准备一些图片素材，主要是玩家飞机、子弹和敌方飞机，如图 16-5 所示。大家可以自行准备，或从公众号“Crossin 的编程教室”获取。把准备好的图片放在代码所在的文件夹下。

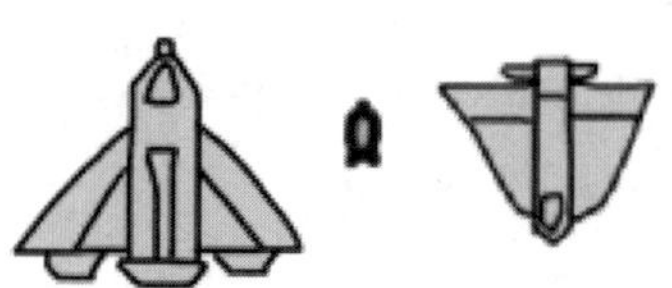

图 16-5　游戏图片素材

16.3 游戏开发

接下来我们将一步一步完成“飞机大战”游戏的开发。

16.3.1 操控飞机

前面我们已经了解了如何在游戏里放一张图片，现在我们就要把这张图片换成飞机，并让它的位置随鼠标位置移动。这里我们不再直接绘制图片，而是把代码放进主循环。

【示例 16-3 程序】

创建游戏主循环，绘制飞机图片，并实现鼠标操控玩家飞机。编写如下代码。

第 1 ~ 3 行：导入模块并初始化 pygame。

第 4 ~ 5 行：创建主窗口并设置标题。

第 6 行：隐藏鼠标指针。

第 7 ~ 8 行：载入玩家飞机图片，并绘制在初始位置。

第 9 行：进入游戏主循环。

第 10 ~ 13 行：监听事件，遇到关闭事件（单击窗口的 × ）就退出游戏。如果没有这个步骤，程序将无法关闭。

第 14 行：绘制背景色。

第 15 ~ 18 行：获取鼠标位置，并根据此位置重绘玩家飞机，即实现对飞机的操控。这里减去飞机的一半宽和高是为了让鼠标处于飞机的正中间而不是左上角。

第 19 行：刷新屏幕。

示例 16-3 鼠标操控飞机

```
1. import pygame
2. from sys import exit
3. pygame.init()
4. screen = pygame.display.set_mode((480, 640))
5. pygame.display.set_caption(" 飞机大战 ")
6. pygame.mouse.set_visible(False)
7. plane = pygame.image.load('plane.png')
8. screen.blit(plane, (200, 500))
9. while True:
10.     for event in pygame.event.get():
11.         if event.type == pygame.QUIT:
12.             pygame.quit()
13.             exit()
14.     x, y = pygame.mouse.get_pos()
15.     x -= plane.get_width() / 2
```

```
    y -= plane.get_height() / 2
    screen.fill((200, 200, 200))
    screen.blit(plane, (x, y))
    pygame.display.update()
```

程序运行结果如图 16-6 所示。移动鼠标，查看飞机是否也会跟着移动。

这里我们必须给游戏设置一个背景色，或者绘制一张背景图，否则会发现每一次循环绘制的飞机都会出现在屏幕上，如图 16-7 所示。

图 16-6　鼠标操控飞机

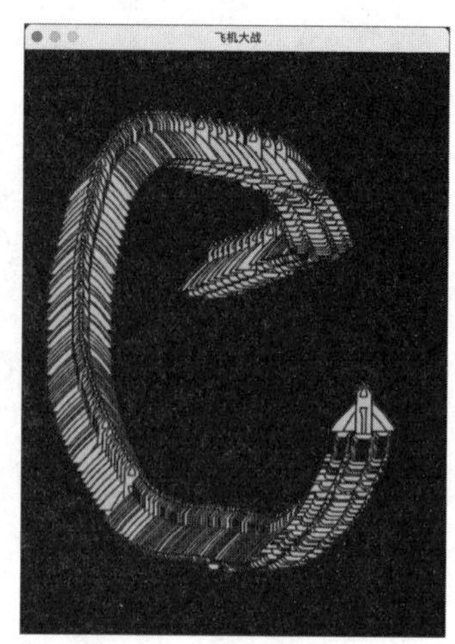

图 16-7　不加背景的效果

16.3.2 发射子弹

当玩家单击鼠标时，飞机会发射子弹。考虑到游戏中会同时存在不止一颗子弹，每颗子弹会有相似的性质和不同的移动轨迹，所以这里用面向对象的方式来设计子弹会更方便。子弹类有图像、坐标位置等属性，还有一个控制子弹不断向屏幕上方移动的方法。

触发子弹发射要用到鼠标单击事件。上一节我们已经用到了事件监听，现在只要再加上对 MOUSEBUTTONDOWN（按下鼠标按钮）事件的处理即可。当单击鼠标时，创建一颗子弹对象，记录在一个列表中；在游戏主循环中调用子弹移动的方法；当子弹移出屏幕时，将其从列表中移除。

【示例 16-4 程序】

定义子弹类，并在每次单击鼠标时创建一颗子弹对象。编写如下代码，加粗部分为新增代码。

第 9 ~ 18 行：定义 Bullet 子弹类。初始化函数中加载子弹图片赋值给 image 属性，x、y 属性赋值为鼠标单击的位置。move 方法会将子弹位置向上移动，在移出屏幕后会将自身从子弹列表中移出。

第 19 行：创建一个列表用于存放子弹对象。

第 25 ~ 26 行：当收到鼠标单击事件时，创建子弹对象并存入列表。

第 28 ~ 30 行：在主循环中遍历所有子弹，更新子弹位置并重新绘制。

示例 16-4　发射子弹

```
1. import pygame
2. from sys import exit
3. pygame.init()
4. screen = pygame.display.set_mode((480, 640))
5. pygame.display.set_caption(" 飞机大战 ")
```

```
pygame.mouse.set_visible(False)
plane = pygame.image.load('plane.png')
screen.blit(plane, (200, 500))
class Bullet:
    def __init__(self):
        self.image = pygame.image.load('bullet.png')
        mouseX, mouseY = pygame.mouse.get_pos()
        self.x = mouseX - self.image.get_width() / 2
        self.y = mouseY - self.image.get_height() / 2
    def move(self):
        self.y -= 3
        if self.y < 0:
            bullets.remove(self)
bullets = []
while True:
    for event in pygame.event.get():
        if event.type == pygame.QUIT:
            pygame.quit()
            exit()
        if event.type == pygame.MOUSEBUTTONDOWN:
            bullets.append(Bullet())
    screen.fill((200, 200, 200))
    for b in bullets:
        b.move()
        screen.blit(b.image, (b.x, b.y))
    x, y = pygame.mouse.get_pos()
    x -= plane.get_width() / 2
    y -= plane.get_height() / 2
    screen.blit(plane, (x, y))
    pygame.display.update()
```

程序运行结果如图 16-8 所示。单击鼠标，查看是否可以发射子弹。

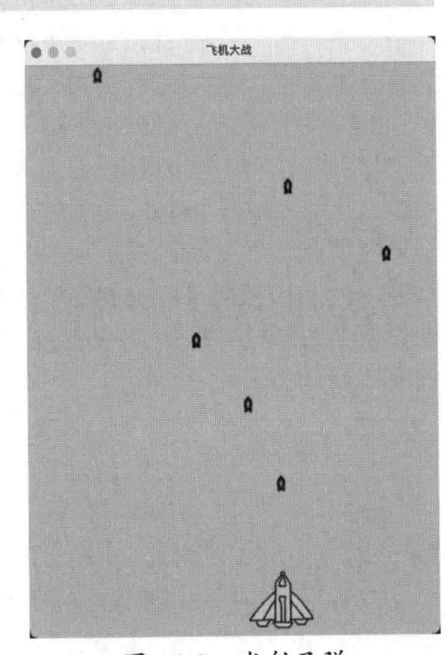

图 16-8　发射子弹

16.3.3 添加敌方飞机

完成了玩家飞机的代码，接下来创建敌方飞机。同样定义一个敌方飞机类，除了图像和坐标属性，再增加一个速度属性。敌方飞机的移动方法与子弹类似，只不过方向相反。

敌方飞机的产生不由事件触发，而是定时产生。可以通过一个倒计时的计数变量来决定下一次产生敌方飞机的时间。创建出来的敌方飞机同样也用一个列表保存。

考虑到游戏性，这里使用 random 模块，让每架敌方飞机的出现间隔、位置、速度都有所不同。

【示例 16-5 程序】

定义敌方飞机类，以一定时间间隔创建敌方飞机对象。编写如下代码，加粗部分为新增代码。

第 10 ~ 19 行：定义 Enemy 敌方飞机类。初始化函数中加载敌方飞机图片赋值给 image 属性，x、y 属性为敌方飞机位置，其中 x 值在屏幕范围内随机产生，speed 属性为敌方飞机速度，也是在一定范围内随机产生。move 方法会将敌方飞机位置向下移动，在移出屏幕后会将自身从敌方飞机列表中移出。

第 31 行：创建一个列表用于存放敌方飞机对象。

第 32 行：count 变量用于记录距离下次创建敌方飞机的时间。

第 41 ~ 44 行：在主循环中将 count 值减 1，当小于 0 时创建敌方飞机对象并存入列表，同时随机产生下一次的创建时间。

第 45 ~ 47 行：在主循环中遍历所有敌方飞机，更新敌方飞机位置并重新绘制。

示例 16-5　添加敌方飞机

```
1. import pygame
2. import random
3. from sys import exit
4. pygame.init()
5. screen = pygame.display.set_mode((480, 640))
6. pygame.display.set_caption(" 飞机大战 ")
7. pygame.mouse.set_visible(False)
8. plane = pygame.image.load('plane.png')
9. screen.blit(plane, (200, 500))
10.class Enemy:
11.    def __init__(self):
12.        self.x = random.randint(60, 420)
13.        self.y = -60
14.        self.speed = random.random() + 0.5
15.        self.image = pygame.image.load('enemy.png')
16.    def move(self):
17.        self.y += self.speed
18.        if self.y > 700:
19.            enemies.remove(self)
20.class Bullet:
21.    def __init__(self):
22.        self.image = pygame.image.load('bullet.png')
23.        mouseX, mouseY = pygame.mouse.get_pos()
24.        self.x = mouseX - self.image.get_width() / 2
25.        self.y = mouseY - self.image.get_height() / 2
26.    def move(self):
```

```
        self.y -= 3
        if self.y < 0:
            bullets.remove(self)
bullets = []
enemies = []
count = 0
while True:
    for event in pygame.event.get():
        if event.type == pygame.QUIT:
            pygame.quit()
            exit()
        if event.type == pygame.MOUSEBUTTONDOWN:
            bullets.append(Bullet())
    screen.fill((200, 200, 200))
    count -= 1
    if count < 0:
        enemies.append(Enemy())
        count = random.randint(300, 600)
    for e in enemies:
        e.move()
        screen.blit(e.image, (e.x, e.y))
    for b in bullets:
        b.move()
        screen.blit(b.image, (b.x, b.y))
    x, y = pygame.mouse.get_pos()
    x -= plane.get_width() / 2
    y -= plane.get_height() / 2
    screen.blit(plane, (x, y))
    pygame.display.update()
```

程序运行结果如图 16-9 所示。敌方飞机会不断从屏幕上方飞下来。

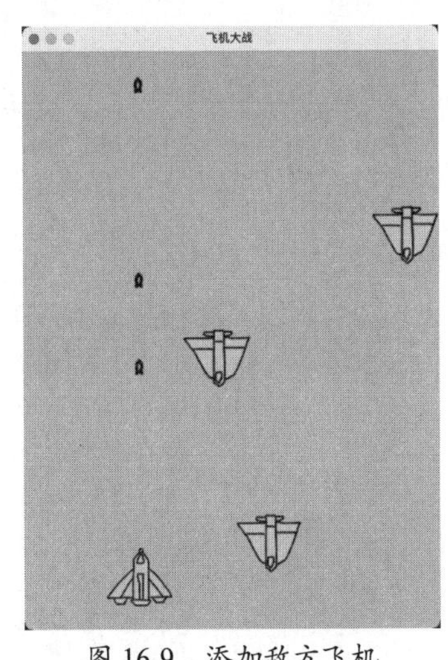

图 16-9　添加敌方飞机

16.3.4 命中目标

有了双方的飞机，接下来就要让它们“大战”了。首先实现玩家子弹击中敌方飞机的效果：在主循环中判断子弹与敌方飞机是否发生了“碰撞”，若是则清除敌方飞机和子弹。

2D 游戏碰撞检测的原理就是查看两个物体是否有重合的部分。这里我们用一个最简单的碰撞检测，就是计算子弹和敌方飞机图片所处的矩形框是否有重合。对于每一个子弹对象，都需要与所有敌方飞机对象进行判断。

【示例 16-6 程序】

对子弹和敌方飞机进行碰撞检测。编写如下代码，加粗部分为新增代码。

第 30 ~ 35 行：定义 checkHit 函数，判断敌方飞机与子弹是否重合，判断的依据是子弹的坐标位于敌方飞机的图片矩形之内。

第 55 ~ 58 行：在主循环对子弹的遍历代码中再增加一层对敌方飞机的遍历，以实现对于每一个子弹对象，都与每一个敌方飞机对象做一次碰撞检测。如果发生碰撞，则分别从列表中移除子弹和敌方飞机。

示例 16-6　检测子弹击中敌方飞机

```
1. import pygame
2. import random
3. from sys import exit
4. pygame.init()
5. screen = pygame.display.set_mode((480, 640))
6. pygame.display.set_caption(" 飞机大战 ")
7. pygame.mouse.set_visible(False)
8. plane = pygame.image.load('plane.png')
9. screen.blit(plane, (200, 500))
10.class Enemy:
11.    def __init__(self):
12.        self.x = random.randint(60, 420)
13.        self.y = -60
14.        self.speed = random.random() + 0.5
15.        self.image = pygame.image.load('enemy.png')
16.    def move(self):
17.        self.y += self.speed
18.        if self.y > 700:
19.            enemies.remove(self)
20.class Bullet:
21.    def __init__(self):
22.        self.image = pygame.image.load('bullet.png')
23.        mouseX, mouseY = pygame.mouse.get_pos()
24.        self.x = mouseX - self.image.get_width() / 2
25.        self.y = mouseY - self.image.get_height() / 2
26.    def move(self):
27.        self.y -= 3
28.        if self.y < 0:
29.            bullets.remove(self)
30.def checkHit(enemy, bullet):
31.    if (enemy.x < bullet.x < enemy.x + enemy.image.get_width()) and (
32.        enemy.y < bullet.y < enemy.y + enemy.image.get_height()
33.    ):
34.        return True
```

```
    return False
bullets = []
enemies = []
count = 0
while True:
    for event in pygame.event.get():
        if event.type == pygame.QUIT:
            pygame.quit()
            exit()
        if event.type == pygame.MOUSEBUTTONDOWN:
            bullets.append(Bullet())
    screen.fill((200, 200, 200))
    count -= 1
    if count < 0:
        enemies.append(Enemy())
        count = random.randint(300, 600)
    for e in enemies:
        e.move()
        screen.blit(e.image, (e.x, e.y))
    for b in bullets:
        for e in enemies:
            if checkHit(e, b):
                enemies.remove(e)
                bullets.remove(b)
        b.move()
        screen.blit(b.image, (b.x, b.y))
    x, y = pygame.mouse.get_pos()
    x -= plane.get_width() / 2
    y -= plane.get_height() / 2
    screen.blit(plane, (x, y))
    pygame.display.update()
```

运行程序，当子弹击中敌方飞机时，子弹和敌方飞机均会消失。

16.3.5 游戏结束

判断完子弹击中敌方飞机，再来判断敌方飞机“击中”玩家飞机。代码逻辑与判断子弹击中敌方飞机基本一致，但因为玩家飞机与子弹的数据结构不同，需要另加一个函数。

当判断双方飞机发生碰撞之后，游戏就结束了。这里用一个变量记录游戏的状态，如果游戏结束，主循环就不再计算角色运动和绘制。

【示例 16-7 程序】

对玩家飞机和敌方飞机进行碰撞检测。编写如下代码，加粗部分为新增代码。

第 36 ~ 44 行：定义 checkCrash 函数，判断敌方飞机与玩家飞机是否重合，判断的依据是玩家飞机的图片矩形与敌方飞机的图片矩形是否有重合部分。

第 48 行：设定变量记录游戏结束状态。

第 54 ~ 57 行：如果游戏已结束，则不再判断鼠标单击，也不执行主循环后续的运动计算、碰撞检测和图像绘制。

第 64 ~ 68 行：在主循环对敌方飞机的遍历代码中增加与玩家飞机的碰撞检测。如果发生碰撞，则在屏幕上显示“Game Over!”，同时将游戏状态设为结束。

示例 16-7　检测双方飞机发生碰撞

```
1. import pygame
2. import random
3. from sys import exit
4. pygame.init()
5. screen = pygame.display.set_mode((480, 640))
6. pygame.display.set_caption(" 飞机大战 ")
7. pygame.mouse.set_visible(False)
8. plane = pygame.image.load('plane.png')
9. screen.blit(plane, (200, 500))
10.class Enemy:
11.    def __init__(self):
12.        self.x = random.randint(60, 420)
13.        self.y = -60
14.        self.speed = random.random() + 0.5
15.        self.image = pygame.image.load('enemy.png')
16.    def move(self):
17.        self.y += self.speed
18.        if self.y > 700:
19.            enemies.remove(self)
20.class Bullet:
21.    def __init__(self):
22.        self.image = pygame.image.load('bullet.png')
23.        mouseX, mouseY = pygame.mouse.get_pos()
24.        self.x = mouseX - self.image.get_width() / 2
25.        self.y = mouseY - self.image.get_height() / 2
26.    def move(self):
27.        self.y -= 3
28.        if self.y < 0:
29.            bullets.remove(self)
30.def checkHit(enemy, bullet):
31.    if (enemy.x < bullet.x < enemy.x + enemy.image.get_width()) and (
32.        enemy.y < bullet.y < enemy.y + enemy.image.get_height()
33.    ):
34.        return True
```

```
    return False
def checkCrash(enemy, plane):
    x, y = pygame.mouse.get_pos()
    if (x + plane.get_width() > enemy.x) and (
        x < enemy.x + enemy.image.get_width()) and (
        y + plane.get_height() > enemy.y) and (
        y < enemy.y + enemy.image.get_height()
    ):
        return True
    return False
bullets = []
enemies = []
count = 0
gameover = False
while True:
    for event in pygame.event.get():
        if event.type == pygame.QUIT:
            pygame.quit()
            exit()
        if not gameover and event.type == pygame.MOUSEBUTTONDOWN:
            bullets.append(Bullet())
    if gameover:
        continue
    screen.fill((200, 200, 200))
    count -= 1
    if count < 0:
        enemies.append(Enemy())
        count = random.randint(300, 600)
    for e in enemies:
        if checkCrash(e, plane):
            font = pygame.font.Font(None, 64)
            text = font.render("Game Over!", 1, (0, 0, 0))
            screen.blit(text, (120, 300))
            gameover = True
        e.move()
        screen.blit(e.image, (e.x, e.y))
    for b in bullets:
        for e in enemies:
            if checkHit(e, b):
                enemies.remove(e)
                bullets.remove(b)
        b.move()
        screen.blit(b.image, (b.x, b.y))
    x, y = pygame.mouse.get_pos()
    x -= plane.get_width() / 2
```

```
    y -= plane.get_height() / 2
    screen.blit(plane, (x, y))
    pygame.display.update()
```

运行程序，当敌方飞机撞上玩家飞机时，游戏将会结束，如图 16-10 所示。

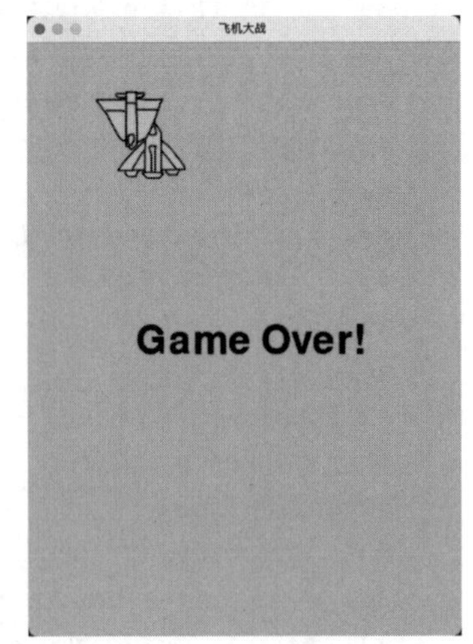

图 16-10　游戏结束

至此，一个具备基本核心玩法的“飞机大战”游戏已经完成。当然，这个程序还有进一步的扩展空间，包括但不限于：

（1）将玩家飞机也设计为类，甚至可以和敌方飞机、子弹抽象出同一父类，从而优化代码结构；

（2）游戏结束后可重新开始；

（3）增加分数统计与显示；

（4）通过文件记录每次的成绩；

（5）美化图像，击中敌方飞机时添加动画效果。

各位读者可以自行扩展，做出自己独特的“飞机大战”游戏。

本章小结

在本章中，我们学习了 Python 中用来开发游戏的 pygame 模块，了解了 2D 游戏的常见代码逻辑，并演示了如何开发一个“飞机大战”游戏。在此游戏中，我们用到了之前学习过的知识，如条件判断、循环、列表、函数、模块、面向对象等，也学习了 pygame 开发时的主循环、事件响应等写法，可以说是对 Python 基础知识的一次综合运用。

在之后的学习中，读者朋友们可以选择自己感兴趣的方向，如网络爬虫、数据分析、网站开发、GUI 程序开发、游戏开发等，有针对性地进行深入了解，学习相应的框架，多进行实战案例的模仿和练习，在开发过程中不断提升编程能力和开发经验。也欢迎来“Crossin 的编程教室”，与其他学习 Python 的小伙伴们交流讨论，共同进步。

第 17 章

用 ChatGPT 学习 Python

★本章导读★

本章我们将了解一个时下非常热门的 AI 产品——ChatGPT，并使用它来学习和开发 Python。

★知识要点★

通过对本章内容的学习，读者能掌握以下知识。

◆ 了解 ChatGPT 的原理、用法和应用场景。

◆ 利用 ChatGPT 辅助 Python 的学习与开发。

◆ 掌握如何在自己的程序中接入 ChatGPT。

17.1 ChatGPT 简介

在使用 ChatGPT 之前，我们先来了解一下关于它的一些基本信息。

17.1.1 ChatGPT 是什么

ChatGPT 是由 OpenAI 公司于 2022 年 11 月推出的一个基于大型语言模型的人工智能聊天机器人应用。

关于它的更多情况，我们就直接让它来自我介绍吧。

提问：ChatGPT 是什么？

ChatGPT:

ChatGPT 是由 OpenAI（一个人工智能研究组织）开发的一个基于自然语言处理（NLP）的大型语言模型，它采用了深度学习技术。ChatGPT 的全称是 Chat Generative Pre-trained Transformer（聊天生成式预训练转换器），其中 Transformer 是一个神经网络架构，可以处理序列数据，如文本。

ChatGPT 是建立在前人研究基础上的，它的设计思路是先对大规模语料进行预训练，然后再对特定任务进行微调，从而达到更好的表现。预训练过程中，模型通过学习大规模文本数据，如维基百科、新闻文章和社交媒体上的帖子等，来理解自然语言的语法和语义，从而生成能够流畅表达人类思维的文本。

ChatGPT 是一个通用性较强的语言模型，能够处理各种自然语言任务，如问答、文本生成、机器翻译等。因此，它在许多领域中都被广泛应用，如智能客服、智能写作、语音识别、情感分析等。

与人类进行对话是 ChatGPT 的一大亮点，它可以接受用户输入的自然语言，然后根据自己的预训练经验和对话历史，生成符合语法和语义的回复。ChatGPT 的对话能力在某些情况下能够欺骗人类，让他们认为正在与一个真实的人进行交互。

然而，需要注意的是，ChatGPT 并不是完美的，它有时会犯错或生成不太准确的回复，这也是基于模型的自然语言处理技术的局限性。

17.1.2 ChatGPT 的原理

因为 ChatGPT 具备检索信息和智能生成人类语言的能力，再加上它内部有庞大的知识资料库，所以，当人们需要查找某类信息时，可以直接向 ChatGPT 询问，而无须像过去一样通过网络搜索、查找文献等方式得到答案。这很可能会颠覆当前的搜索引擎，成为人们获取信息的新方式。

下面，同样用 ChatGPT 来了解一下其自身的实现原理。

提问：详细解释 ChatGPT 的原理。

ChatGPT:

ChatGPT 是一个基于自然语言处理和深度学习技术的语言模型，它的原理可以分为三个部分：预训练、微调和生成。

1. 预训练：ChatGPT 是通过预训练来学习自然语言的语法和语义的。预训练数据集通常是大规模的、未标注的文本数据，如维基百科、新闻、小说和社交媒体上的帖子等。ChatGPT 采用了 Transformer 结构，即多头注意力机制和前馈神经网络的组合。在预训练过程中，模型通过输入一个文本序列，从中预测下一个单词或掩盖文本序列中一个单词并预测它，来学习语言模型。这样，模型就可以理解单词之间的关系和上下文，学习到自然语言的规则和语法。

2. 微调：在预训练完成后，ChatGPT 需要通过微调来适应特定任务。微调的数据集通常是有标注的，如情感分析、问答系统、对话生成等任务。在微调过程中，ChatGPT 会根据任务的不同来调整自己的语言模型，以达到更好的性能表现。

3. 生成：ChatGPT 是一个生成式模型，即可以自动生成符合语法和语义的文本。在对话生成中，模型会根据之前的对话历史和当前输入的对话内容，生成符合语法和语义的回复。生成过程中，模型通过不断地推理和生成来完成对话，从而实现与人类的交互。

总体来说，ChatGPT 是一个强大的语言模型，可以处理各种自然语言任务，如问答、文本生成、机器翻译等。其原理基于深度学习技术，能够通过大规模的数据学习自然语言的规则和语法，从而生成符合人类思维习惯的文本回复。

17.1.3 如何使用 ChatGPT

下面我们就来了解一下如何使用 ChatGPT。

打开浏览器，访问 ChatGPT 的官方网站：https://chat.openai.com/，其登录页面如图 17-1 所示。

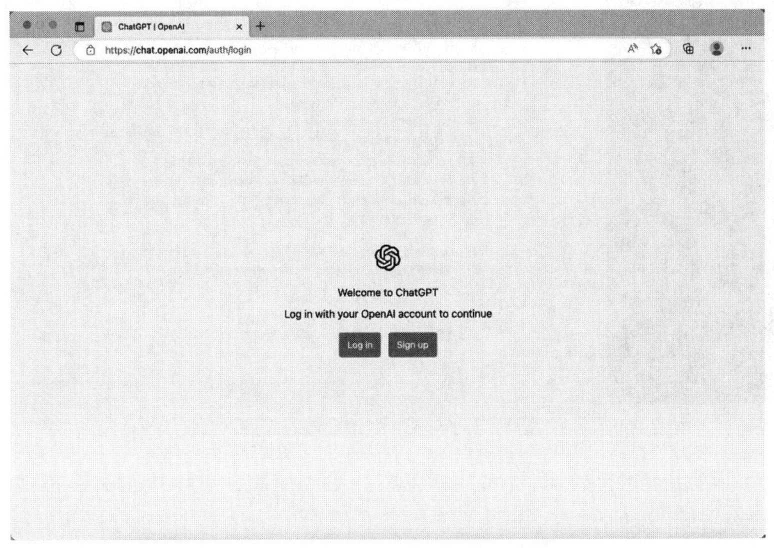

图 17-1 ChatGPT 登录页面

单击【Sign up】按钮，按照提示进行注册。注册完成后单击【Log in】按钮登录 ChatGPT 系统。登录后的用户页面如图 17-2 所示。

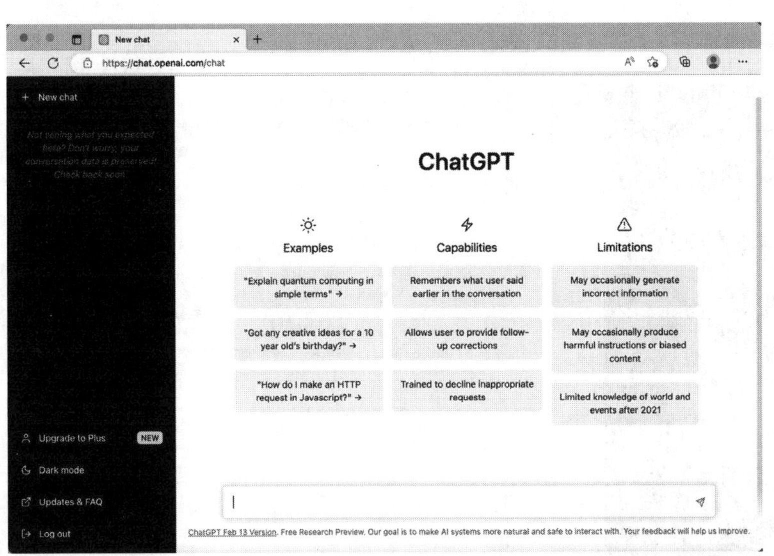

图 17-2 ChatGPT 用户页面

页面的下方有一个文本框，我们只要在其中输入想要提问的内容，然后单击右侧的“小飞机”按钮，就可以与 ChatGPT 进行交互了。我们可以直接用中文提问，得到中文回答，如图 17-3 所示。

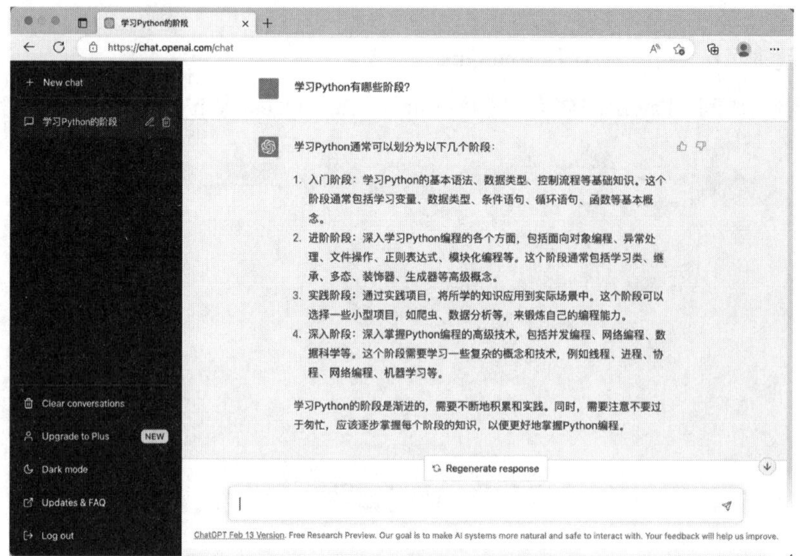

图 17-3　与 ChatGPT 进行交互

如果 ChatGPT 未能正确响应，或者对其回复的内容不满意，可以单击文本框上方的【Regenerate response】按钮重新生成一次回答。

相比过去的一些智能问答系统，ChatGPT 的一个明显的改进就是可以保留之前对话中的内容，并从中提取信息。例如，在图 17-3 所示的例子中，我们提到了“学习 Python”，那么在之后的问答中，ChatGPT 会理解我们说的“初学者”就是指“学习 Python 的初学者”，如图 17-4 所示。

图 17-4　与 ChatGPT 进行连续交互

同 ChatGPT 的每一组对话，都会在页面的左侧列出，可以单击列表项切换对话，如图 17-5 所示。

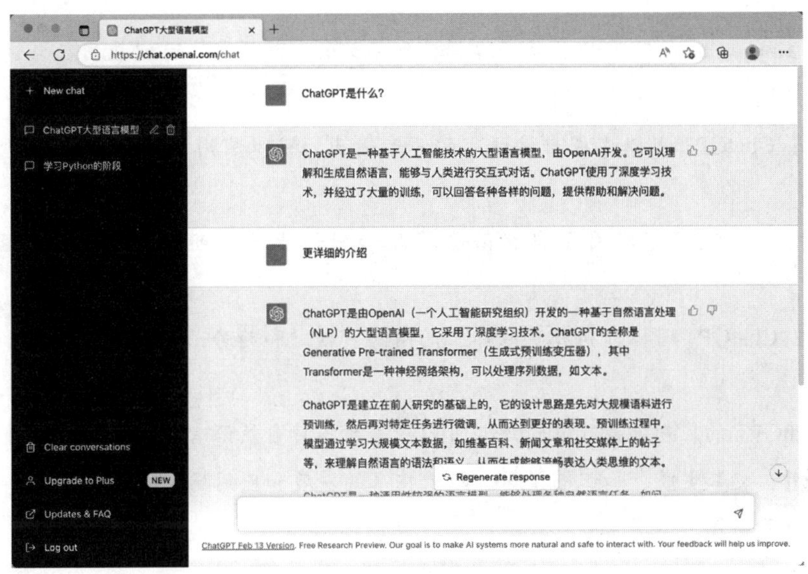

图 17-5　切换 ChatGPT 对话

17.1.4 ChatGPT 能做什么

通过 17.1.3 小节的体验，我们已经可以初步感受到 ChatGPT 的强大和方便。那么下面我们再来问问它，它还能给我们提供哪些帮助呢？

提问：列举 ChatGPT 的应用场景。

ChatGPT：

ChatGPT 作为一个强大的自然语言处理模型，可以应用于多种场景。以下是一些 ChatGPT 的应用场景。

智能客服：ChatGPT 可以用来生成自然语言的回答，可以与用户进行自然而流畅的对话，提高客户服务效率。

聊天机器人：ChatGPT 可以用来生成自然语言的对话，可以应用在社交媒体、语音助手、智能家居等领域，提供个性化的服务。

问答系统：ChatGPT 可以根据用户输入的问题，生成符合语法和语义的回答，可以应用在搜索引擎、智能客服、知识库问答等领域。

机器翻译：ChatGPT 可以将一种语言翻译成另一种语言，可以应用在跨语言交流、文本翻译等领域。

文本生成：ChatGPT 可以生成符合语法和语义的文章、故事、新闻等，可以应用在文本摘要、文本生成、文学创作等领域。

情感分析：ChatGPT 可以分析文本的情感色彩，可以应用在社交媒体监测、产品评论分析、舆情监测等领域。

自然语言生成：ChatGPT 可以生成符合语法和语义的自然语言，可以应用在自然语言生成、自然语言处理等领域。

语音合成：ChatGPT 可以生成自然语言的声音输出，可以应用在语音合成、智能语音助手等领域。

知识图谱：ChatGPT 可以用于自然语言推理和知识表示，可以应用于知识图谱的构建和推理。

舆情监测：ChatGPT 可以分析社交媒体上的情感、话题和趋势，可以应用在舆情监测、品牌管理等领域。

总之，ChatGPT 的应用场景非常广泛，可以应用于各种自然语言处理任务，如对话生成、机器翻译、情感分析、文本生成、知识图谱等。随着技术的发展和应用场景的不断扩展，ChatGPT 在未来将有更多的应用场景。

17.2 用 ChatGPT 学 Python

ChatGPT 的能力远不止对于语言文字的处理，它甚至可以对代码进行理解和生成，这得益于它丰富的知识库和它背后强大的神经网络系统。

本节中，我们将带领大家一起用 ChatGPT 辅助 Python 学习。

17.2.1 讲解知识点

使用 ChatGPT 辅助 Python 学习的最直接的方式，就是让它对 Python 的知识点进行讲解。

提问：介绍一下 Python 中的 random 模块。

ChatGPT:

Python 中的 random 模块是一个用于生成伪随机数的标准库模块。它提供了各种生成随机数的函数，以及生成伪随机数序列的工具。下面是 random 模块中常用的函数和方法。

random()：生成一个 [0, 1) 之间的随机浮点数。

randint(a, b)：生成一个 [a, b] 之间的随机整数。

choice(seq)：从序列 seq 中随机选择一个元素。

shuffle(seq)：将序列 seq 中的元素随机打乱。

sample(population, k)：从 population 中随机选择 *k* 个元素作为样本，返回一个新的列表。

seed(a=None)：初始化随机数生成器的种子，a 是种子值，如果 a 为 None，则使用系统当前时间作为种子。

uniform(a, b)：生成一个 [a, b] 之间的随机浮点数。

gauss(mu, sigma)：生成一个均值为 mu，标准差为 sigma 的高斯分布随机数。

使用 random 模块需要注意的是，生成的随机数是伪随机数，即在种子值确定的情况下，每次生成的随机数序列是一样的。因此，如果需要生成不同的随机数序列，需要使用不同的种子值。

提问：Python 中的可变对象和不可变对象有什么区别？

ChatGPT:

在 Python 中，可变对象和不可变对象的主要区别在于它们的值是否可以被修改。可变对象是可以被修改的，而不可变对象一旦创建就无法被修改。

下面是 Python 中一些常见的可变对象和不可变对象。

不可变对象：

整数（int）

浮点数（float）

布尔值（bool）

字符串（str）

元组（tuple）

不可变集合（frozenset）

可变对象：

列表（list）

字典（dict）

集合（set）

当你修改一个可变对象时，它的值会被改变，而不会创建一个新的对象。这意味着如果你将一个可变对象传递给函数，并在函数内部修改它，那么它的值在函数调用结束后也会发生变化。

例如，如果你有一个列表，你可以在任何时候添加、删除或修改其中的元素。如果你传递这个列表给一个函数，并在函数内部修改它，那么这个列表的值也会被修改。

而对于不可变对象，如果你想改变它的值，你必须创建一个新的对象。例如，如果你想将一个字符串转换为大写，你必须创建一个新的字符串。

总的来说，可变对象通常比不可变对象更灵活，但也更容易出错。在编写 Python 代码时，需要考虑对象是否可变，并使用适当的对象来存储和处理数据。

17.2.2 代码示例

除了讲解知识点，还可以直接让 ChatGPT 提供示例代码片段供我们学习。

提问：写一段 Python 代码，实现控制台下的“猜数字”游戏。

ChatGPT:

好的，下面是一个简单的猜数字游戏的 Python 代码，你可以在控制台下运行它。

```
import random

# 生成一个 1 到 100 之间的随机数
number = random.randint(1, 100)

# 提示玩家输入猜测的数字
print ("我想了一个1到100之间的数字，请猜猜看是多少。")
guess = int(input("你的猜测是:"))

# 循环判断玩家的猜测是否正确
while guess != number:
    if guess < number:
        print("你猜的数字太小了，请再试一次。")
    else:
        print("你猜的数字太大了，请再试一次。")
    guess = int(input("你的猜测是:"))

# 玩家猜对了，输出恭喜信息
print("恭喜你，猜对了！这个数字就是", number)
```

代码中用到了 Python 内置的 random 模块来生成一个 1 到 100 之间的随机数，然后提示玩家输入猜测的数字。接着用一个循环来判断玩家猜测的数字是否和随机数相等，如果不相等就提示玩家再试一次，直到玩家猜对为止。最后，输出恭喜信息。

把代码复制到编辑器中运行，可以发现由 ChatGPT 写的这段 Python 代码是完全没有问题的，如图 17-6 所示。

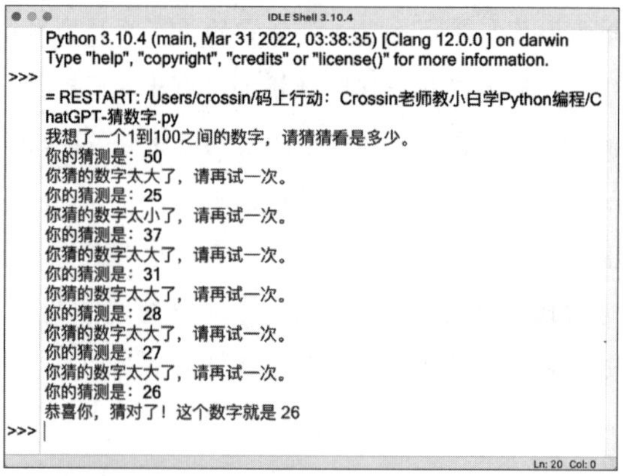

```
IDLE Shell 3.10.4
Python 3.10.4 (main, Mar 31 2022, 03:38:35) [Clang 12.0.0 ] on darwin
Type "help", "copyright", "credits" or "license()" for more information.
>>>
= RESTART: /Users/crossin/码上行动：Crossin老师教小白学Python编程/ChatGPT-猜数字.py
我想了一个1到100之间的数字，请猜猜看是多少。
你的猜测是：50
你猜的数字太大了，请再试一次。
你的猜测是：25
你猜的数字太小了，请再试一次。
你的猜测是：37
你猜的数字太大了，请再试一次。
你的猜测是：31
你猜的数字太大了，请再试一次。
你的猜测是：28
你猜的数字太大了，请再试一次。
你的猜测是：27
你猜的数字太大了，请再试一次。
你的猜测是：26
恭喜你，猜对了！这个数字就是 26
>>>
Ln: 20 Col: 0
```

图 17-6　ChatGPT 写的“猜数字”游戏代码

• 17.2.3 调试 debug

不管是知识点讲解，还是提供示例代码，你可能都还觉得这只用到了 ChatGPT 的信息检索能力。那么用 ChatGPT 来对代码进行 debug 调试，恐怕就要颠覆你过去对聊天机器人的认知了。

我们准备一段代码，作用是删除列表中的偶数。

```
l = [1, 2, 3, 4, 4, 5, 5, 5, 6, 6, 8, 9]
for i in l:
    if i % 2 == 0:
        l.remove(i)
print(l)
```

这段代码的运行结果和我们的预期不符，列表中仍然含有偶数 4 和 6，如图 17-7 所示。

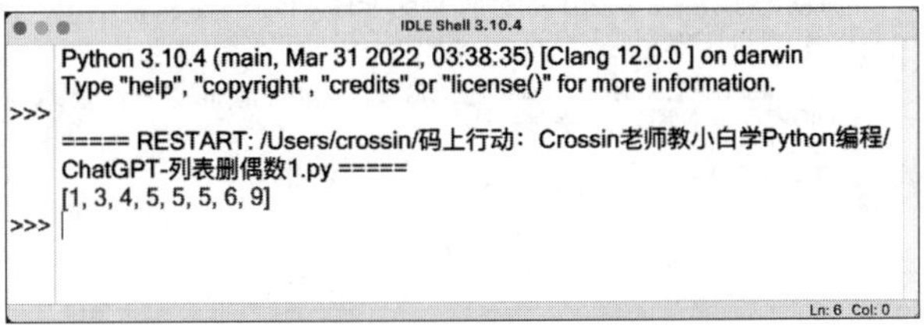

```
IDLE Shell 3.10.4
Python 3.10.4 (main, Mar 31 2022, 03:38:35) [Clang 12.0.0 ] on darwin
Type "help", "copyright", "credits" or "license()" for more information.
>>>
===== RESTART: /Users/crossin/码上行动：Crossin老师教小白学Python编程/
ChatGPT-列表删偶数1.py =====
[1, 3, 4, 5, 5, 5, 6, 9]
>>>
Ln: 6 Col: 0
```

图 17-7　未能正确删除列表中的偶数

把这段代码发给 ChatGPT，看看它怎么说。

提问：

```
l = [1, 2, 3, 4, 4, 5, 5, 5, 6, 6, 8, 9]
for i in l:
    if i % 2 == 0:
        l.remove(i)
print(l)
```

ChatGPT:

在 Python 中，修改一个列表的同时进行迭代操作可能会导致意外的结果。这是因为当你从一个列表中删除元素时，其他元素的索引会发生变化，从而可能导致一些元素被跳过或多次处理。

在上面的代码中，我们在循环中删除了列表 l 中的偶数元素。由于列表 l 中有重复元素，当程序尝试删除一个偶数时，如果它的前面或后面有相同的元素也是偶数，那么这些元素可能会被跳过。例如，在第二个元素 2 被删除后，列表 l 变成了 [1, 3, 4, 5, 5, 6, 6, 8, 9]，此时程序将跳过第三个元素 4，而不会将它删除。

因此，上面的代码可能会导致意外的结果。如果要删除列表中的偶数元素，可以使用列表推导式或 filter 函数来实现。

```
# 使用列表推导式
```

```
l = [1, 2, 3, 4, 4, 5, 5, 5, 6, 6, 8, 9]
l = [x for x in l if x % 2 != 0]
print(l)

# 使用 filter 函数
l = [1, 2, 3, 4, 4, 5, 5, 5, 6, 6, 8, 9]
l = list(filter(lambda x: x % 2 != 0, l))
print(l)
```

这些方法会创建一个新的列表，而不会修改原始列表。

可以看出，ChatGPT 准确指出了我们的代码中的问题，并且给出了两种替代写法。这两种替代写法的代码运行结果如图 17-8 所示。

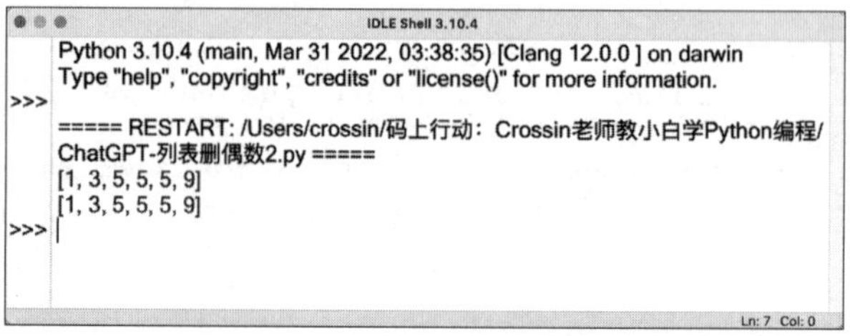

```
IDLE Shell 3.10.4
Python 3.10.4 (main, Mar 31 2022, 03:38:35) [Clang 12.0.0 ] on darwin
Type "help", "copyright", "credits" or "license()" for more information.
>>>
===== RESTART: /Users/crossin/码上行动：Crossin老师教小白学Python编程/
ChatGPT-列表删偶数2.py =====
[1, 3, 5, 5, 5, 9]
[1, 3, 5, 5, 5, 9]
>>>
Ln: 7  Col: 0
```

图 17-8　两种替代写法正确删除了列表中的偶数

通过上述例子可以看出，ChatGPT 可以在学习 Python 的过程中起到很大的辅助作用，相当于有了一个专属的智能助教，让学习者事半功倍。

17.3 用 ChatGPT 辅助编程开发

既然 ChatGPT 可以理解并生成代码，那么自然而然，它不仅可以帮助我们学习代码，同样也可以直接用于实际的软件开发中。

本节我们将会利用 ChatGPT，编写具有不同功能的 Python 代码。

17.3.1 网络爬虫开发

网络爬虫是 Python 的常见应用场景之一，用于采集网页上的内容和数据。我们来看看 ChatGPT 是不是也能完成这样的任务。

我们的目标是抓取网页“https://s.askci.com/data/economy/00001/”上的表格，如图 17-9 所示。

图 17-9　网页上的表格

提问：用 Python 代码采集网页“https://s.askci.com/data/economy/00001/”上的所有表格，并分别保存成 Excel 文件。

ChatGPT:

为了实现这个任务，需要使用 Python 中的 requests 和 pandas 库来获取和处理网页数据。具体步骤如下。

1. 导入必要的库。

```
import requests
import pandas as pd
```

2. 发送 HTTP 请求获取网页内容。

```
url = "https://s.askci.com/data/economy/00001/"
response = requests.get(url)
```

3. 使用 pandas 的 read_html 函数解析网页上的所有表格。

```
dfs = pd.read_html(response.text)
```

4. 将每个表格保存为一个单独的 Excel 文件。

```
for i, df in enumerate(dfs):
    filename = f"table{i+1}.xlsx"
    df.to_excel(filename, index=False)
```

完整代码如下。

```
import requests
import pandas as pd

```

```
url = "https://s.askci.com/data/economy/00001/"
response = requests.get(url)

dfs = pd.read_html(response.text)

for i, df in enumerate(dfs):
    filename = f"table{i+1}.xlsx"
    df.to_excel(filename, index=False)
```

以上代码的运行结果如图 17-10 所示。可以看到程序成功采集到了表格数据并保存成了 Excel 文件，但表头有一些小问题，没能正确显示。

0	1	2	3	4	5	6	7	8
[illegible]	[illegible]	[illegible]	[illegible]	[illegible]	[illegible]	[illegible]	[illegible]	[illegible]
202212	4618	1122	480.2	-17.9	1442.1	11.5	768.3	23.3
202211	4617	1204	363.6	-20.5	1518	8.6	837.8	19.4
202210	4601	1235	323.6	-19	1411.7	4	751.9	14.9
202209	4588	1324	298.2	-25.3	1360.6	6.5	693	17.5
202208	4573	1315	276.1	-25.2	1357.9	10.8	683.4	22.4
202207	4569	1291	242.6	-28.8	1364.1	13.4	688.8	24.6
202206	4564	1303	224.1	-19.1	1322.5	12.2	664.9	23.1
202205	4553	1193	210	-12.9	1289.2	7.6	648.8	18
202204	4549	1297	204.4	-5.7	1287.3	9.9	646	22
202203	4546	1498	180.1	5.6	1244.5	4	617.2	12.9
202202	4539	1395	116.9	3.7	1197.8	0.1	574.1	3.3
202112	4343	970	560.9	-8.3	1242.4	5	603.5	10.4
202111	4343	1024	440.1	-21.5	1350	8.5	680.9	15.1
202110	4334	1083	382.8	-27.9	1300.6	3.9	627.9	5.9
202109	4322	1224	383.1	-21.7	1223	-1.1	565	-5
202108	4312	1234	358.1	-15.1	1179.9	-4.1	538.4	-9.4
202107	4298	1305	323.6	-12.6	1166.7	-3.2	534.2	-9
202106	4284	1407	262.1	-18.4	1145.1	-3.3	522.8	-8.6

图 17-10　采集到 Excel 文件中的表格数据

让 ChatGPT 修改一下代码。

提问：结果中表头的中文显示成了乱码，并且没有作为 Excel 文件的第一行，修正这两个问题。

ChatGPT:

可以通过设置 pandas 库的选项来解决表头中文乱码和表头没有作为 Excel 文件的第一行的问题。可以设置 pandas 库的 display.unicode.east_asian_width 选项为 True，这样就可以正确地显示中文字符宽度，也可以通过设置 header 参数为 True 来将表头作为 Excel 文件的第一行。

下面是修改后的代码。

```
import requests
import pandas as pd

url = "https://s.askci.com/data/economy/00001/"
response = requests.get(url)

dfs = pd.read_html(response.text, header=0)
```

```
8.
9. for i, df in enumerate(dfs):
10.     filename = f "table{i+1}.xlsx"
11.     df.to_excel(filename, index=False, header=True)
12.
13.pd.set_option('display.unicode.east_asian_width', True)
```

以上代码的运行结果如图 17-11 所示，可以看到表头被调整到了第一行，但乱码问题依然存在。

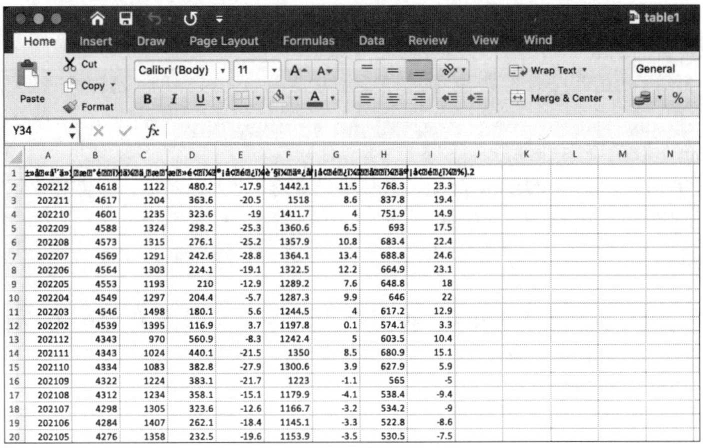

A	B	C	D	E	F	G	H	I
[illegible]	[illegible]	[illegible]	[illegible]	[illegible]	[illegible]	[illegible]	[illegible]	[illegible]
202212	4618	1122	480.2	-17.9	1442.1	11.5	768.3	23.3
202211	4617	1204	363.6	-20.5	1518	8.6	837.8	19.4
202210	4601	1235	323.6	-19	1411.7	4	751.9	14.9
202209	4588	1324	298.2	-25.3	1360.6	6.5	693	17.5
202208	4573	1315	276.1	-25.2	1357.9	10.8	683.4	22.4
202207	4569	1291	242.6	-28.8	1364.1	13.4	688.8	24.6
202206	4564	1303	224.1	-19.1	1322.5	12.2	664.9	23.1
202205	4553	1193	210	-12.9	1289.2	7.6	648.8	18
202204	4549	1297	204.4	-5.7	1287.3	9.9	646	22
202203	4546	1498	180.1	5.6	1244.5	4	617.2	12.9
202202	4539	1395	116.9	3.7	1197.8	0.1	574.1	3.3
202112	4343	970	560.9	-8.3	1242.4	5	603.5	10.4
202111	4343	1024	440.1	-21.5	1350	8.5	680.9	15.1
202110	4334	1083	382.8	-27.9	1300.6	3.9	627.9	5.9
202109	4322	1224	383.1	-21.7	1223	-1.1	565	-5
202108	4312	1234	358.1	-15.1	1179.9	-4.1	538.4	-9.4
202107	4298	1305	323.6	-12.6	1166.7	-3.2	534.2	-9
202106	4284	1407	262.1	-18.4	1145.1	-3.3	522.8	-8.6
202105	4276	1358	232.5	-19.6	1153.9	-3.5	530.5	-7.5

图 17-11 修改后的表格数据

其实要解决这里的乱码问题，只需要在抓取网页之后增加一行代码设定编码即可。

```
1. response.encoding = 'utf8'
```

可以看出，虽然 ChatGPT 很强大，但并不能保证每次生成的代码都是完美的，我们仍然需要引导它不断修正或人工干预。

17.3.2 Excel 表格数据处理

前文中我们从网页上采集了表格数据并保存成了 Excel 文件，进一步，还可以让 ChatGPT 对 Excel 表格数据进行处理。

提问：有一个 Excel 表格 table1.xlsx，下面是它的表头和前 3 行数据。

类别年份　企业数量（个）亏损企业数（个）　亏损总额（亿元）　累计增长（%）

存货（亿元）累计增长（%).1　产成品（亿元）累计增长（%).2

202212　4618　1122　480.2　-17.9　1442.1　11.5　768.3　23.3

202211　4617　1204　363.6　-20.5　1518　8.6 837.8　19.4

202210　4601　1235　323.6　-19 1411.7　4　751.9　14.9

用 Python 对表格数据按照类别年份的前 4 位分组，并计算每个分组的平均企业数量，按降序排列。

ChatGPT:

可以使用 pandas 库来对表格数据进行分组和聚合。首先需要读取 Excel 文件并将其转换为 pandas DataFrame 对象。然后可以使用 DataFrame 的 groupby 方法将数据按照类别年份的前 4 位分组，并使用 mean 方法计算每个分组的平均企业数量。最后使用 sort_values 方法按照平均企业数量降序排列。

```
import pandas as pd

df = pd.read_excel('table1.xlsx')

# 按照类别年份的前 4 位分组并计算平均企业数量
grouped = df.groupby(df['类别年份'].astype(str).str[:4])['企业数量（个）'].mean()

# 按照平均企业数量降序排列
result = grouped.sort_values(ascending=False)

print(result)
```

这段代码假定 Excel 文件名为 table1.xlsx，表格数据已经包含在一个名为“df”的 DataFrame 对象中。如果数据来自其他来源，需要先将其读取为 DataFrame 对象。

运行代码后，程序会输出每个分组的平均企业数量，并按照降序排列。注意，在对类别年份进行分组之前，需要将其转换为字符串类型，并截取前 4 位。这样可以将类别年份的后 4 位忽略掉，只保留前 4 位用于分组。

以上代码的运行结果如图 17-12 所示。这次，ChatGPT 完美实现了我们提出的需求。

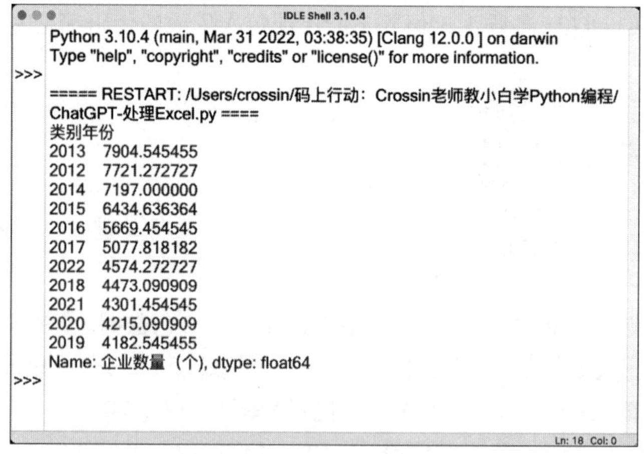

图 17-12　分组统计并排序

17.3.3 GUI 图形界面程序

在第 15 章中，我们讲解了如何用 Python 实现一个带 GUI 界面的计算器。现在我们让 ChatGPT 写一个同样的程序，看看它会给我们什么样的答案。

提问：用 Python 实现一个带 GUI 界面的计算器。

ChatGPT:

好的，以下是使用 Python 的 Tkinter 模块实现的简单计算器 GUI 界面代码示例。

```
from tkinter import *

# 创建主窗口
root = Tk()
root.title("简单计算器")

# 创建输入框
entry = Entry(root, width=35, borderwidth=5)
entry.grid(row=0, column=0, columnspan=4, padx=10, pady=10)

# 定义按钮点击事件
def button_click(number):
    current = entry.get()
    entry.delete(0, END)
    entry.insert(0, str(current) + str(number))

def button_clear():
    entry.delete(0, END)

def button_add():
    first_number = entry.get()
    global f_num
    global math
    math = "addition"
    f_num = int(first_number)
    entry.delete(0, END)

def button_subtract():
    first_number = entry.get()
    global f_num
    global math
    math = "subtraction"
    f_num = int(first_number)
    entry.delete(0, END)

def button_multiply():
```

```
    first_number = entry.get()
    global f_num
    global math
    math = "multiplication"
    f_num = int(first_number)
    entry.delete(0, END)

def button_divide():
    first_number = entry.get()
    global f_num
    global math
    math = "division"
    f_num = int(first_number)
    entry.delete(0, END)

def button_equal():
    second_number = entry.get()
    entry.delete(0, END)

    if math == "addition":
        entry.insert(0, f_num + int(second_number))

    if math == "subtraction":
        entry.insert(0, f_num - int(second_number))

    if math == "multiplication":
        entry.insert(0, f_num * int(second_number))

    if math == "division":
        entry.insert(0, f_num / int(second_number))

# 创建按钮
button_1 = Button(root, text="1", padx=40, pady=20, command=lambda: button_click(1))
button_2 = Button(root, text="2", padx=40, pady=20, command=lambda: button_click(2))
button_3 = Button(root, text="3", padx=40, pady=20, command=lambda: button_click(3))
button_4 = Button(root, text="4", padx=40, pady=20, command=lambda: button_click(4))
button_5 = Button(root, text="5", padx=40, pady=20, command=lambda: button_click(5))
button_6 = Button(root, text="6", padx=40, pady=20, command=lambda: button_click(6))
button_7 = Button(root, text="7", padx=40, pady=20, command=lambda: button_
```

```
click(7))
button_8 = Button(root, text="8", padx=40, pady=20, command=lambda: button_click(8))
button_9 = Button(root, text="9", padx=40, pady=20, command=lambda: button_click(9))
button_0 = Button(root, text="0", padx=40, pady=20, command=lambda: button_click(0))
button_add = Button(root, text="+", padx=39, pady=20, command=button_add)
button_equal = Button(root, text="=", padx=91, pady=20, command=button_equal)
button_clear = Button(root, text="清空", padx=79, pady=20, command=button_clear)
button_subtract = Button(root, text="-", padx=41, pady=20, command=button_subtract)
button_multiply = Button(root, text="*", padx=40, pady=20, command=button_multiply)
button_divide = Button(root, text="/", padx=41, pady=20, command=button_divide)

# 放置按钮
button_1.grid(row=3, column=0)
button_2.grid(row=3, column=1)
button_3.grid(row=3, column=2)

button_4.grid(row=2, column=0)
button_5.grid(row=2, column=1)
button_6.grid(row=2, column=2)

button_7.grid(row=1, column=0)
button_8.grid(row=1, column=1)
button_9.grid(row=1, column=2)

button_0.grid(row=4, column=0)

    button_clear.grid(row=4, column=1, columnspan=2)
    button_add.grid(row=5, column=0)
    button_equal.grid(row=5, column=1, columnspan=2)

    button_subtract.grid(row=6, column=0)
    button_multiply.grid(row=6, column=1)
    button_divide.grid(row=6, column=2)

    # 运行主循环
    root.mainloop()
```

在这个计算器GUI界面中，我们创建了一个输入框“entry”来显示用户输入的数字和计算结果。我们使用“grid()”方法将输入框和按钮放置在界面上的指定位置。

按钮的点击事件由“button_click()”和其他命名的函数处理。当用户单击数字按钮时，“button_click()”函数将输入框中的当前数字和新数字相连接，并将结果插入输入框中。当用户单击运算符按钮时，我们使用全局变量“f_num”和“math”来存储第一个数字和运算符，并将输入框清空。

在“button_equal()”函数中，我们获取输入框中的第二个数字，根据存储在“math”变量中的运算符执行相应的计算，并将结果插入输入框中。最后，我们在GUI界面上放置所有的数字和运算符按钮。

运行这个代码示例，你应该可以看到一个简单的计算器GUI界面，可以执行基本的加、减、乘、除运算。你可以尝试修改代码来添加其他功能或改进界面的外观。

和我们一样，ChatGPT也选择了用Tkinter模块来编写GUI计算器，并且还对代码进行了简要的解释说明。以上代码的运行结果如图17-13所示。

图17-13　GUI计算器

相比我们之前写的代码，ChatGPT给出的代码冗长许多，实现的计算器的界面也稍显凌乱，使用时会发现交互有一些不友好。

另外，由于这个回答内容过长，ChatGPT无法一次性输出所有内容，需要用户输入“继续”让ChatGPT在下一个回答中继续输出剩余内容。

17.3.4 游戏开发

几乎所有的编程学习者都有用代码写小游戏的经历。下面我们来看一看ChatGPT在这方面的表现如何。

提问：用Python写一个简单的Pong弹球游戏。

ChatGPT:

好的，以下是一个简单的Pong弹球游戏的Python代码，使用了pygame游戏库。

```
import pygame
import random

# 初始化 Pygame
pygame.init()

# 游戏窗口尺寸
WIDTH = 800
HEIGHT = 600

# 定义常用颜色
BLACK = (0, 0, 0)
WHITE = (255, 255, 255)

# 创建游戏窗口
screen = pygame.display.set_mode((WIDTH, HEIGHT))
pygame.display.set_caption("Pong")

# 创建球对象
class Ball:
    def __init__(self):
        self.radius = 10
        self.x = WIDTH // 2
        self.y = HEIGHT // 2
        self.speed_x = random.choice([-5, 5])
        self.speed_y = random.choice([-5, 5])

    def draw(self):
        pygame.draw.circle(screen, WHITE, (self.x, self.y), self.radius)

    def move(self):
        self.x += self.speed_x
        self.y += self.speed_y

        # 碰到左右边界反弹
        if self.x <= self.radius or self.x >= WIDTH - self.radius:
            self.speed_x = -self.speed_x

        # 碰到上下边界反弹
        if self.y <= self.radius or self.y >= HEIGHT - self.radius:
            self.speed_y = -self.speed_y

    def reset(self):
        self.x = WIDTH // 2
        self.y = HEIGHT // 2
```

```
        self.speed_x = random.choice([-5, 5])
        self.speed_y = random.choice([-5, 5])

# 创建球拍对象
class Paddle:
    def __init__(self, x):
        self.width = 10
        self.height = 100
        self.x = x
        self.y = HEIGHT // 2 - self.height // 2
        self.speed = 5

    def draw(self):
        pygame.draw.rect(screen, WHITE, (self.x, self.y, self.width, self.height))

    def move_up(self):
        self.y -= self.speed

        # 防止球拍超出上边界
        if self.y < 0:
            self.y = 0

    def move_down(self):
        self.y += self.speed

        # 防止球拍超出下边界
        if self.y > HEIGHT - self.height:
            self.y = HEIGHT - self.height

# 创建球和两个球拍对象
ball = Ball()
player1 = Paddle(50)
player2 = Paddle(WIDTH - 50 - 10)

# 游戏主循环
running = True
while running:
    # 处理事件
    for event in pygame.event.get():
        if event.type == pygame.QUIT:
            running = False
        elif event.type == pygame.KEYDOWN:
            # 玩家 1 控制球拍移动
            if event.key == pygame.K_w:
```

```
                player1.move_up()
            elif event.key == pygame.K_s:
                player1.move_down()
            # 玩家 2 控制球拍移动
            elif event.key == pygame.K_UP:
                player2.move_up()
            elif event.key == pygame.K_DOWN:
                player2.move_down()

    # 移动球和检测碰撞
    ball.move()
    if ball.x <= player1.x and ball.y >= player1.y and ball.y <= player1.y + player1.height and ball.speed_x < 0:
        ball.speed_x = -ball.speed_x
    elif ball.x >= player2.x and ball.y >= player2.y and ball.y <= player2.y + player2.height and ball.speed_x > 0:
        ball.speed_x = -ball.speed_x

    # 判断球是否出界
    if ball.x < 0:
        ball.reset()
    elif ball.x > WIDTH:
        ball.reset()

    # 清屏并绘制对象
    screen.fill(BLACK)
    ball.draw()
    player1.draw()
    player2.draw()

    # 刷新屏幕
    pygame.display.flip()

# 退出 pygame
pygame.quit()
```

该游戏窗口的分辨率为 800×600 像素，玩家 1 控制左侧的球拍，使用 W/S 键移动，玩家 2 控制右侧的球拍，使用上 / 下箭头键移动。

代码主循环中，先处理 pygame 事件，然后移动球和球拍对象，检测球是否碰到了球拍或出界，最后清屏并绘制所有对象，刷新屏幕。运行代码即可开始游戏。

以上代码的运行结果如图 17-14 所示。

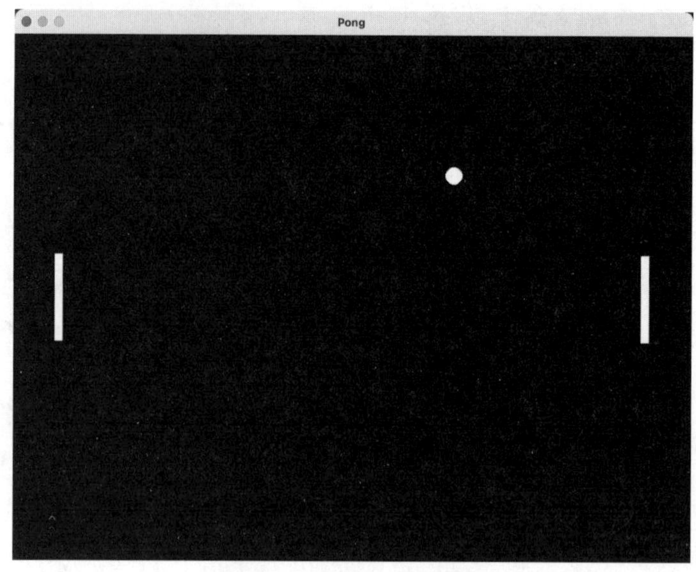

图 17-14　PONG 弹球游戏

同前面的计算器类似，ChatGPT 给出了一个可运行的代码框架，基本实现了我们想要的功能。虽然代码不完美，但在此基础上进行修改也大大节省了开发时间。

17.3.5 生成测试数据

除了直接让 ChatGPT 写代码，我们也可以让它生成一些开发中使用的测试数据。

提问：生成一组测试用的用户数据，以 JSON 形式给出。

ChatGPT:

以下是一组测试用的用户数据，以 JSON 形式给出。

```
[
  {
    "id": 1,
    "username": "john_doe",
    "email": "john_doe@gmail.com",
    "age": 25,
    "gender": "male",
    "address": {
      "street": "123 Main St",
      "city": "Anytown",
      "state": "CA",
      "zipcode": "12345"
    }
  },
  {
    "id": 2,
```

```
    "username": "jane_doe",
    "email": "jane_doe@gmail.com",
    "age": 30,
    "gender": "female",
    "address": {
      "street": "456 Oak St",
      "city": "Anytown",
      "state": "CA",
      "zipcode": "12345"
    }
  },
  {
    "id": 3,
    "username": "bob_smith",
    "email": "bob_smith@yahoo.com",
    "age": 45,
    "gender": "male",
    "address": {
      "street": "789 Maple St",
      "city": "Anytown",
      "state": "CA",
      "zipcode": "12345"
    }
  }
]
```

此数据集包含了三个用户的信息，分别是他们的 ID、用户名、电子邮件地址、年龄、性别和地址。地址信息是嵌套在每个用户对象中的一个对象，包括街道地址、城市、州和邮政编码。这些信息可以用于测试 Web 应用程序或 API 的功能。

如果对数据内容或格式不满意，可以让 ChatGPT 进一步修改。

提问：数据里有重复的 username 和 email，不要重复的数据。另外增加手机号信息。

ChatGPT:

以下是更新后的测试用的用户数据，以 JSON 形式给出。

```
[
  {
    "id": 1,
    "username": "john_doe",
    "email": "john_doe@gmail.com",
    "phone": "555-1234",
    "age": 25,
    "gender": "male",
    "address": {
      "street": "123 Main St",
```

```
      "city": "Anytown",
      "state": "CA",
      "zipcode": "12345"
    }
  },
  {
    "id": 2,
    "username": "jane_smith",
    "email": "jane_smith@gmail.com",
    "phone": "555-5678",
    "age": 30,
    "gender": "female",
    "address": {
      "street": "456 Oak St",
      "city": "Anytown",
      "state": "CA",
      "zipcode": "12345"
    }
  },
  {
    "id": 3,
    "username": "bob_johnson",
    "email": "bob_johnson@yahoo.com",
    "phone": "555-9012",
    "age": 45,
    "gender": "male",
    "address": {
      "street": "789 Maple St",
      "city": "Anytown",
      "state": "CA",
      "zipcode": "12345"
    }
  }
]
```

此数据集包含了三个用户的信息，分别是他们的ID、用户名、电子邮件地址、手机号、年龄、性别和地址。现在每个用户都具有唯一的用户名和电子邮件地址。手机号信息是新添加的，用于测试包含手机号信息的功能。地址信息仍然是嵌套在每个用户对象中的一个对象，包括街道地址、城市、州和邮政编码。

提问：将上面的数据转换成XML格式。

ChatGPT:

以下是将测试用的用户数据转换成XML格式的结果。

```
<users>
```

```
  <user>
    <id>1</id>
    <username>john_doe</username>
    <email>john_doe@gmail.com</email>
    <phone>555-1234</phone>
    <age>25</age>
    <gender>male</gender>
    <address>
      <street>123 Main St</street>
      <city>Anytown</city>
      <state>CA</state>
      <zipcode>12345</zipcode>
    </address>
  </user>
  <user>
    <id>2</id>
    <username>jane_smith</username>
    <email>jane_smith@gmail.com</email>
    <phone>555-5678</phone>
    <age>30</age>
    <gender>female</gender>
    <address>
      <street>456 Oak St</street>
      <city>Anytown</city>
      <state>CA</state>
      <zipcode>12345</zipcode>
    </address>
  </user>
  <user>
    <id>3</id>
    <username>bob_johnson</username>
    <email>bob_johnson@yahoo.com</email>
    <phone>555-9012</phone>
    <age>45</age>
    <gender>male</gender>
    <address>
      <street>789 Maple St</street>
      <city>Anytown</city>
      <state>CA</state>
      <zipcode>12345</zipcode>
    </address>
  </user>
</users>
```

XML 格式的数据使用标签来表示每个元素，如 <users> 表示用户列表，<user> 表示一个用户，然后用标签包含每个用户的详细信息，如 <id> 表示用户的 ID，<username> 表示用户名，以此类推。地址信息仍然是嵌套在每个用户对象中的一个元素，使用 <address> 表示。

类似的很多编程辅助工作都可交由 ChatGPT 处理，从而让开发者把时间用在更重要的事情上。

 17.4 编程接入 ChatGPT

除了通过网页使用 ChatGPT，OpenAI 还开放了 ChatGPT 的开放接口 API，让开发者可以通过程序直接调用 ChatGPT 获取结果。这样，其他开发者就可以在自己的程序和系统中接入 ChatGPT，提供智能应答的功能。

本节我们就来了解一下如何通过编程接入 ChatGPT。

17.4.1 申请 API key

进入 OpenAI 的开放平台（https://platform.openai.com），可以看到接口相关文档和演示代码，如图 17-15 所示。

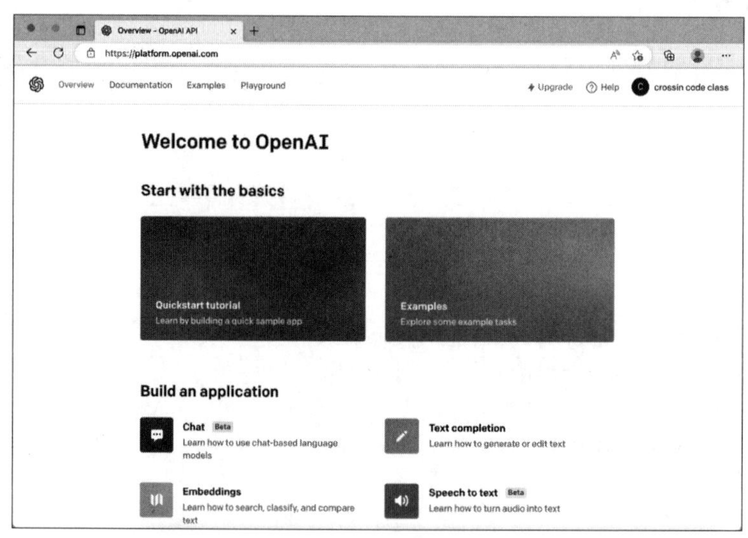

图 17-15 OpenAI 开放平台页面

调用 ChatGPT 的接口需要先申请一个 API key，登录注册好的账号后，单击页面右上角的用户名，选择【View API keys】选项，在弹出的页面中单击【Create new secret key】按钮，创建一个新的 API key，如图 17-16 所示。请注意，API key 申请成功后需要复制下来并妥善保存，在页面中无法再次查看。

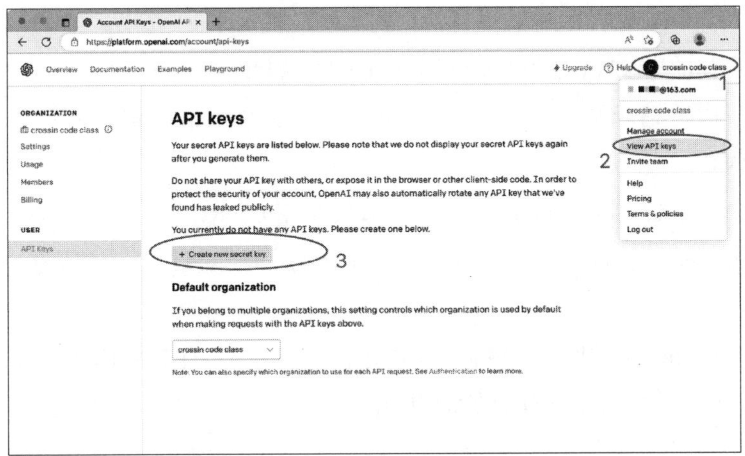

图 17-16　申请 OpenAI 的 API key

ChatGPT 的接口不是免费的，每消耗 1000 个 token 需要花费 0.002 美元，1000 个 token 大约相当于 750 个英文单词，通常一次问答会消耗几百个 token，也就是约 1 分人民币。目前，每个账号会被赠送 18 美元的 API 额度，可以在页面中查看 API 额度的使用情况，如图 17-17 所示。

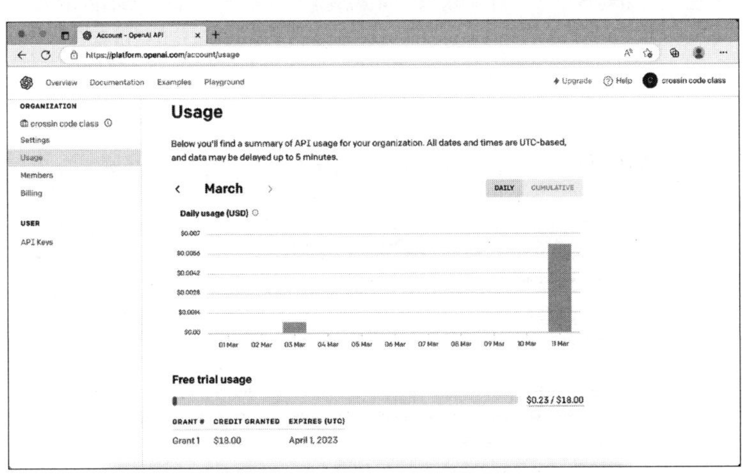

图 17-17　API 额度使用情况

17.4.2 通过 SDK 接入

有了 API key，就可以在代码中使用 ChatGPT 了。OpenAI 官方提供了 SDK，也就是一个现成的 Python 库供开发者使用，其名称为 openai。可以在命令行通过 pip 命令进行安装。

```
pip install openai
```

【示例 17-1 程序】

通过 OpenAI 的 SDK 调用 ChatGPT 接口。编写如下代码。

第 1 行：导入 openai 模块。

第 2 行：将创建的 API key 赋值给 openai 的 api_key 属性。

第 3～4 行：构造请求内容，格式是一个字典，其中 role 的值为 user，content 的值为向 ChatGPT 提问的内容。

第 5 行：通过 openai.ChatCompletion.create 函数调用 ChatGPT 接口，参数 model 设定为 gpt-3.5-turbo，messages 参数是对话列表，这里不考虑上下文，所以只包含一个元素，就是前面构造的请求内容。

第 6 行：获取 ChatGPT 的回答。响应结果中包含很多信息，如对话 ID、时间、消耗的 token 数等，我们这里只提取其中的 ChatGPT 回答的内容。

第 7 行：输出回答。

示例 17-1 通过 SDK 接入 ChatGPT

```
1. import openai
2. openai.api_key = '在网页上创建的API key'
3. prompt = '初学Python有哪些建议？'
4. msg = {'role': 'user', 'content': prompt}
5. result = openai.ChatCompletion.create(model= 'gpt-3.5-turbo', messages=[msg])
6. answer = result.choices[0].message[ 'content']
7. print(answer)
```

程序运行结果如图 17-18 所示，可以看到 ChatGPT 给出了对应的回答。

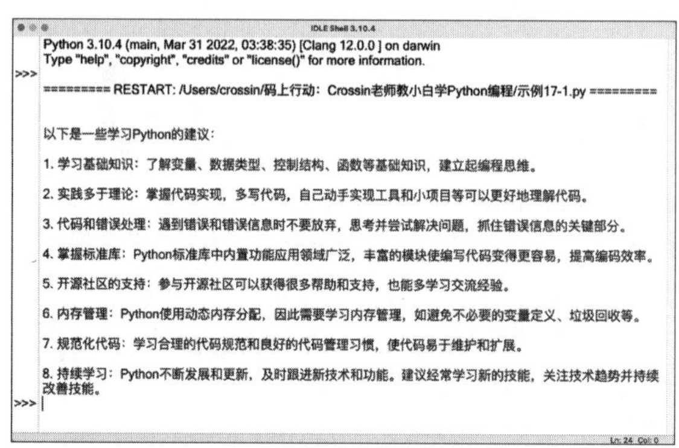

图 17-18　通过 SDK 接入 ChatGPT 并得到回答

在调用 SDK 时，可根据实际的开发需要调节传递的参数，从而实现更加完善的交互功能。这里不进行进一步演示，大家可参考开放平台上的文档和示例进行深入学习。

17.4.3 通过命令行调用

在安装了 openai 库之后，会自动配置好一个命令行工具，因此可以通过以下命令调用 ChatGPT。

```
openai -k 你的APIkey api chat_completions.create -m gpt-3.5-turbo -g user Python有什么优点?
```

命令执行效果如图 17-19 所示。

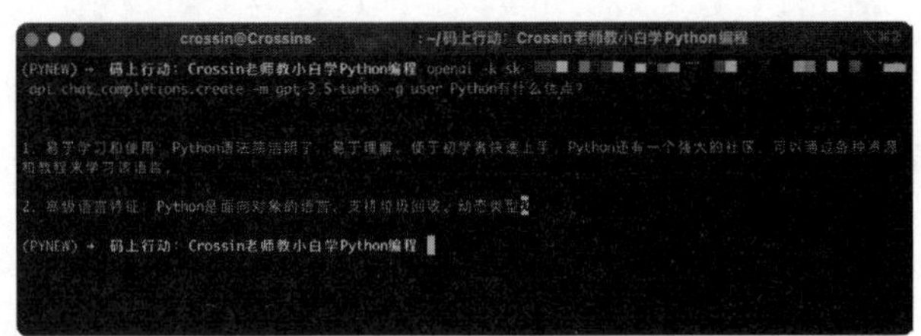

图 17-19 通过命令行调用 ChatGPT

17.4.4 通过网络请求 API

不管是通过 SDK 接入 ChatGPT 还是通过命令行调用 ChatGPT，本质上都是向 ChatGPT 的 API 接口发送网络请求，并在此基础上做不同形式的封装。所以，我们也可以直接通过 Python 代码向接口发送请求，实现与 ChatGPT 的对话。

【示例 17-2 程序】

通过 API 接口向 ChatGPT 发送网络请求。编写如下代码。

第 1 行：导入网络请求模块 requests（关于 requests 的具体用法参见 14.6 节）。

第 2 行：设定 ChatGPT 的 API 接口地址。

第 3 ~ 7 行：构造请求的头部信息，其中包含请求的数据格式及 API key。

第 8 ~ 13 行：构造请求的数据内容，格式为一个字典，包含了模型参数 model 和提问的具体内容列表 messages，数据结构及含义与之前 SDK 中使用的参数相同。

第 14 行：通过 requests 模块的 post 方法发送网络请求，参数为请求地址 url、头部信息 headers、请求数据 json。

第 15 行：将接口响应结果按照 JSON 格式提取成字典。

第 16 行：输出结果中的回答内容。

示例 17-2 通过接口请求 ChatGPT

```
1. import requests
2. u = 'https://api.openai.com/v1/chat/completions'
3. api_key = '在网页上创建的API key'
4. h = {
5.     'Content-Type': 'application/json',
6.     'Authorization': 'Bearer' + api_key
7. }
8. prompt = '学习Python有哪些阶段？'
```

```
msg = {'role': 'user', 'content':prompt}
d = {
    'model': 'gpt-3.5-turbo',
    'messages': [msg]
}
r = requests.post(url=u, headers=h, json=d)
r = r.json()
print(r['choices'][0]['message']['content'])
```

程序运行结果如图 17-20 所示，可以看到同样获取了 ChatGPT 的回答。

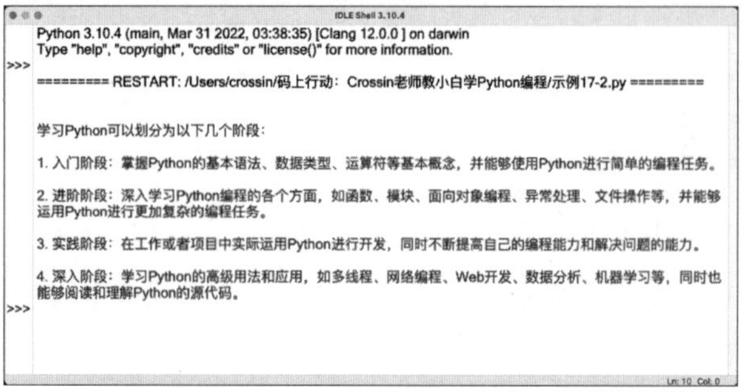

图 17-20　通过接口请求 ChatGPT 并得到回答

本章小结

在本章中，我们一起了解了 ChatGPT 的基本信息、使用方法和应用场景，并将其应用在了 Python 的学习和开发过程之中。通过上述实例我们可以感受到 ChatGPT 的强大功能，这将给编程学习带来极大的帮助，让学习者事半功倍。尽管在实际开发中，ChatGPT 还不足以替代程序员的工作，但将其作为编程辅助工具，用来编写程序框架、测试用例，甚至协助调试代码中的错误，都可以大大提高程序开发效率。可以预见在不久之后，ChatGPT 必将对工业界的开发流程产生重大的影响。